生物炭在废水处理中的应用

李慧琴　主编

中国环境出版集团·北京

图书在版编目（CIP）数据

生物炭在废水处理中的应用 / 李慧琴主编. —北京：
中国环境出版集团，2024.9. -- ISBN 978-7-5111-6020-
1

Ⅰ. X703

中国国家版本馆 CIP 数据核字第 2024L98F83 号

责任编辑　易　萌
封面设计　彭　杉

出版发行　**中国环境出版集团**
　　　　　（100062　北京市东城区广渠门内大街 16 号）
　　　　　网　　　址：http://www.cesp.com.cn
　　　　　电子邮箱：bjgl@cesp.com.cn
　　　　　联系电话：010-67112765（编辑管理部）
　　　　　发行热线：010-67125803，010-67113405（传真）
印　　刷　北京建宏印刷有限公司
经　　销　各地新华书店
版　　次　2024 年 9 月第 1 版
印　　次　2024 年 9 月第 1 次印刷
开　　本　787×960　1/16
印　　张　14.75
字　　数　260 千字
定　　价　56.00 元

中国环境出版集团郑重承诺：
中国环境出版集团合作的印刷单位、材料单位均具有中国环境标志产品认证。

编写委员会

前　言

　　水环境保护事关人民群众切身利益，事关实现中华民族伟大复兴中国梦。中国政府高度重视水环境保护工作，相继颁布了一系列法律法规和政策文件，为污水处理设施建设提供了政策和法律基础。随着中国经济的快速发展和城市化进程的加快，城市人口和工业生产规模不断扩大，污水排放量显著增加。大量未经处理的污水直接排放到江河湖泊等水体中，严重破坏了水环境，导致水质恶化、水生生物死亡、水资源浪费等问题，严重威胁人民的健康和生态环境的可持续发展。因此，加强污水处理设施建设、提高污水处理水平成为保障水环境质量、实现可持续发展的迫切需要。

　　生物炭作为一种新兴的水污染治理材料，因其优异的吸附性能和环境友好性而备受关注。其来源于农业废弃物、林业副产物等生物质，通过炭化过程转化而成，具有低成本和可再生的优势。生物炭的多孔结构和丰富的表面官能团，使其在去除水中污染物方面展现出良好的效果。随着水污染问题日益严峻，深入研究生物炭在水治理中的应用潜力，将为可持续环境保护提供新的解决方案。

　　本书基于多年在生物炭领域的研究，以方法为主线，以抗生素为例，探讨了生物炭在废水处理中的应用。内容共5篇12章：第1篇分2章介绍了生物炭及废水处理相关背景知识；第2篇分3章讨论了前改性技术在生物炭制备中的应用及废水处理研究；第3篇分4章分析了掺杂/负载技术在生物炭制备中的应用及废水处理研究；第4篇分2章验证了传统生物炭再生方法并提出了新型光自再生方法；第5篇探索了生物炭低碳发展技术。本书旨在为深化研究生物炭的学者们提供一些技术参考，以期不断提升生物炭在水治理中的应用潜力，推广其应用场景，并为不同国家或地区面临的水环境治理难题提供新的解决方案。

由于作者知识水平有限，书中存在错误或者纰漏在所难免，恳请广大读者批评指正。

目　录

第三篇　生物炭掺杂/负载及废水处理研究

第五篇 生物炭制备低碳路径探索

第一篇

生物炭污染治理基础

2010 年，全国水环境的形势非常严峻：一是对整个地表水而言，受到严重污染的风险较高，全国约有 10%劣 V 类水体。二是黑臭水体较多，交叉污染隐患较多，公众关注度和不满意度都较高。三是涉及饮水安全的水环境突发事件的数量依然不少。2015 年 2 月，中央政治局常务委员会会议审议通过了《水污染防治行动计划》（以下简称"水十条"），随着"水十条"的实施，"科学治污、精准治污"成为水污染治理行业的新要求。

科学治污的核心是创新技术或材料，提升处理效率；精准治污的要义是能够靶向去除目标污染物，且不会造成二次污染。生物炭作为一种新兴水污染治理材料，因其优异的吸附性能和环境友好性而备受关注。其来源于农业废弃物、林业副产物等生物质，通过炭化过程转化而成，生物炭以其低成本和可再生的优势在近几十年的研究中备受青睐，本篇简要总结了废水处理及生物炭发展情况，并就生物炭制备、表征及废水处理实验方法等做了简要分析，以期能为后续的篇章奠定基础。

第一章 绪 论

进入 21 世纪以来，全国水环境的形势非常严峻，体现在 3 个方面：第一，就全国范围内地表水而言，受到严重污染的劣 V 类水体所占比例较高，全国约 10%，有些流域甚至极大超过这一比例，如海河流域劣 V 类水体的比例高达 39.1%。第二，流经城镇的部分河段和城乡接合部的沟渠塘坝污染普遍较重，并且由于受到有机物污染，黑臭水体较多，受影响群众较多，公众关注度和不满意度都较高。第三，涉及饮水安全的水环境突发事件的数量依然不少。2015 年 2 月，中央政治局常务委员会会议审议通过《水污染防治行动计划》（以下简称"水十条"），2015 年 4 月 16 日发布，"水十条"旨在切实加大水污染防治力度，以保障国家水安全为目标。随着"水十条"的实施，"科学治污、精准治污"成为水污染治理行业的新要求。

第一节 水污染形势及防治攻坚战

为了改善污水排放现状，我国生态环境部门采取了一系列有效措施：一是在城市污水处理厂建设方面，中国各地加大了对城市污水处理厂的建设力度，特别是一类、二类城市和重点城市，建设了大量的污水处理厂。这些污水处理厂采用了多种工艺和技术，包括生物处理、化学处理、物理处理等，能够有效去除污水中的有机物、氮、磷等污染物，显著提升了水质的净化效果。二是在工业废水处理设施建设方面，除了城市污水处理厂，中国还加大了对工业废水处理设施的建设力度。通过对工业企业进行改造，引导其安装污水处理设施，实施污水处理工艺，有效控制和减少工业污水的排放，提高了工业废水处理的水平。三是在农村污水处理设施建设方面，针对农村地区存在的污水治理难题，中国政府出台了一系列政策措施，推动农村污水处理设施建设。通过建设农村污水处理厂、改造改建农村生活污水处理设施，实施农村"一村一站"污水处理工程等方式，有效改善了农村地区的污水处理状况。由于大量水污染处理设施成功投入使用，自 2011 年以来，全国地表水尤其十大流域的水质不断改善。2014 年十大流域好于Ⅲ类水质的断面比例为 71.7%，Ⅳ类、Ⅴ类为 19.3%，劣Ⅴ类为 9%。相较于 2012 年，水质好于Ⅲ类的断面比例提高了 2.7 个百分点，劣Ⅴ类的断面比例下降了 1.2 个百分点。相较于 2011 年，改善的程度更大一些，水质好于Ⅲ类的断面比例提升了 10.7 个百分点，劣Ⅴ类的断面比例下降了 4.7 个百分点。

第二节　黄河流域产业发展及水污染问题

近年来，"三北地区"黄河流域制药行业、化工行业、冶炼行业、电镀行业等逐渐发展，行业规模不断扩大，这些行业也是我国近年来污染问题和污染事故频发的领域，其排放的废水导致了一系列环境问题，主要表现在以下几个方面。

（1）部分废水均具有高化学需氧量（COD）和高毒性的特征，为典型的难处理高毒废水，尤其在事故状态下，几百 ppm（百万分之一）浓度级别的特征污染物能直接影响生物活性，杀死传统水污染处理设施中的活性污泥，因此事故废水无法通过生物降解技术有效降解。

（2）大部分高毒有机污染物具有较好的溶解性，在企业发生安全事故时，污染物很容易通过废水流入地表径流，进而影响周边的土壤、径流甚至地下水。尤其在事故发生后，高毒污染物会通过消防或事故污水排放，这在环境管理中常被忽视。

（3）大部分污染物都具有致癌、致畸、致突变（"三致"）特性，部分污染物还具有典型的生物累积性，可以通过生物圈的食物链富集。因此，即使低浓度的物质排放到外环境中也会通过食物链逐渐累积，最终影响人体健康。

（4）应严格防范同系非污染物的二次污染。例如，三价铬离子和酚等低毒分子，可以通过光催化氧化、生物氧化等渠道变为六价铬和邻苯二甲酸等高毒污染物，造成严重的环境二次污染；此外，制药废水中的医药中间体可能诱发微生物产生抗药基因，促生超级细菌或超级病毒，对人体健康构成威胁。

由于成本低廉、操作简便，生物处理方法在很长一段时间里迅速发展，并演化出多种生物反应器或技术形式，大幅降低了废水处理的成本。但是在实际操作中，高毒污水及复杂污水本身具有的高生物毒性，能够轻易杀死处理设施中的微生物，因此单独的生物处理法无法满足高毒污水及复杂污水长期稳定达标排放的要求，耐药性问题尤为突出。近年来，各国研究人员已检测出水环境中微量或痕量的残留抗生素。南京、北京、上海、深圳、兰州等地的环保科研人员先后在地表水体中发现 ppm[①]级的抗生素残留。随着研究的深入，国内外研究结果一致表明：抗生素的大量使用导致人类耐药性和抗生素在环境中的残留量不断增加。世界卫生组织最新发布的《抗菌素耐药：全球监测报告》列举了人类对 7 种不同抗生素耐药性的事实，如血液感染（败血症）、腹泻、肺炎、尿路感染和淋病等。同时，抗生素的高生物活性、持久性和生物富集性导致人畜共患发病率增加，并引发慢性中毒以及"三致"。随着研究的深入，各国环境及健康部门对抗生素排放问题的关注逐渐增加。

由于部分残留抗生素对生物处理过程产生影响，目前制药企业通过改进多效蒸发效率，增加后端深度处理工艺等技术来提高污水处理程度和出水质量。然而，抗生素类有机物多含苯环或大环，难以用普通氧化手段进行降解，而抗生素中的亲水基团同水分子结合也加大了物理处理手段的处置难度，所以抗生素残留的问题解决程度有限。

因此，需要在生物处理的前端或后端增加深度处理方法，提能增效。其中，吸附法、高级氧化法、多技术耦合法是被纳入水处理设施的工艺设计中确保最终污水的处理效果的常见方法。

第三节　常见废水处理方法

一、吸附法

吸附法具有悠久的发展历史，吸附法因具有技术门槛低、简单高效、适应性强、可重复利用的优势在环境工程领域经久不衰，是目前应用最广泛的深度处理技术。吸附法主要以活性炭为吸附剂，在处理设施水量较小时可能实现低成本运行，活性炭在工程应用中主要用于吸附有机物和重金属离子。功能吸附材料对特定污染物具有较强的吸附能力，但是经过处理的吸附剂普遍造价较高，并且由于结构单一、功能官能团有

---

① ppm 是百分百比浓度单位，表示质量占溶液质量的百万分之一（1 ppm=1 mg/kg 或 1 mg/L）。

限，对较大分子化学物的吸附能力有限。随着操作工艺的要求不断提高，处理材料的成本需求不断降低。

近年来，针对生物质炭（生物炭）的研究层出不穷，作为一种可再生的自然资源，生物质资源以其廉价、易获取、可再生等优势越来越受到研究人员的青睐。生物质资源可分为动物源生物质资源和植物源生物质资源，植物源生物质资源的来源更加广泛，比较容易获取，因此学者们针对各种以植物类生物质为代表的生物质材料的研究层出不穷。尤其对各种树木、花、草的根、茎、叶、树皮、种实、果皮、种子，乃至花粉、植物制品（纸、笔削、锯末）等原材料所制得的生物炭做了广泛而深入的研究。

二、高级氧化法

高级氧化法（AOPs）主要包括化学氧化、电化学氧化和光化学氧化，是一种利用原位生成的强氧化自由基（•OH）、硫酸盐自由基（•SO$_4^-$）、超氧自由基（•O$_2^-$）等快速有效地去除废水中有机污染物的技术。AOPs 中较为典型的是芬顿（Fenton）技术，而传统芬顿反应受到严格的 pH 范围、富铁污泥产量和高过氧化氢要求的限制，往往存在亚铁离子（Fe^{2+}）生成率低的问题，从而导致非均相芬顿技术在污水处理中的应用较为困难。另外，AOPs 虽然对抗生素耐药基因（ARGs）和多重耐药菌（ARB）的去除效率相对较高，但其相对复杂的工艺存在时间长、能耗高和去除效率不理想等局限性，需进一步完善。

在高级氧化法中，光催化法是近几年发展起来的新型水处理技术，它利用半导体催化剂的多相光催化技术表现出高效快速的降解能力，将众多难降解有机污染物分解成生物可降解物质或矿化成无毒的 CO$_2$ 和 H$_2$O。典型光催化剂可在阳光或紫外光的照射下通过光电子的转移和传递，实现对污染物的分解。光催化反应条件温和、能量消耗低，能矿化绝大多数的有机物，减少二次污染并能利用太阳光作为光源，因此它在有机污染物处理中具有其他传统技术无法比拟的优势，是一种极具发展前途的环境治理技术。目前，紫外光催化技术已经应用到工程实际中，但是传统二氧化钛（TiO$_2$）催化剂成本较高，紫外光源能量消耗较大，因此紫外光催化该技术还需要进一步研究与优化。

三、多技术耦合法

上述不同污水处置方法具有不同的有机污染物处理原理、优点和缺点。因此，在国内外的工程实践中，学者通常选择两种或若干种方法技术耦合联用，将不同废水处理方法的优势相互结合，同时发挥各个方法的优势，甚至利用不同方法间的协同作用，显著提升有机污染物处理的效率和效果。以光催化技术为例，光催化技术虽然是一种绿色的且极具应用前景的污染处理方法，但目前其本身存在诸多缺陷，如量子效率低、处理效率不高、不适合处理高浓度有机污染物等。

目前，各地研究人员主要开展了光电催化和吸附-光催化协同技术方面的研究。对于一个半导体材料而言，与其光催化活性相关的首要性质就是能带结构。仅就提高光生电子和空穴的氧化还原能力而言，带隙越宽的半导体带隙能越大，氧化还原能力越强，可以对广谱的药物分子进行降解。提高可见光吸收还可以通过引入杂质来实现，虽然掺杂可以较好地扩大半导体对太阳光谱的吸收范围，但是同时也会改变半导体的晶型结构（插入原子、取代原有原子、晶型转化等）从而导致状态不稳定。因此，一般来说，光催化剂的光催化氧化还原能力、量子效率、可见光吸收和稳定性是互相制约的，很难同时兼顾。Wu 等先后发现在 TiO_2 分子中掺入碳原子可以将催化剂的光响应范围扩大到可见光区域，并对相关材料的合成方法、模拟染料降解的过程进行分析说明，一般认为碳原子在合成材料中提供了一个电子捕获空穴，强化了光电子的转移行为，降低了光响应带隙。Hanane 和 Orha 等在研究中发现 TiO_2/活性炭体系的构建有助于同时发挥吸附和光催化反应的优势，实现催化与吸附在污染物降解中的协同作用，同时也有部分 TiO_2 颗粒被困在活性炭的孔道内部，限制了孔道的吸附能力和部分 TiO_2 颗粒的光催化降解作用的实现。Su 等进行了 TiO_2/碳量子杂化材料的开发，新型材料表现出高效的可见光催化能力，但是材料的尺寸较小，难以回收，易产生团聚或絮凝现象，同时碳量子点成本较高，难以实现工业化。Sharma 等对 TiO_2/石墨烯材料进行了研究，发现 TiO_2/石墨烯材料对难降解染料及抗生素等大环物质具有高效的可见光催化处理能力。Wang 等发现 TiO_2/石墨烯材料具有易制取、易回收、处理能力强、可见光响应强等优势。

综合以上研究得出，石墨烯氧化物 TiO_2 合成材料（GOT 材料）存在 p/n 异质结构的结论，通过石墨烯氧化物合成的半导体材料具有较小的带隙能。所有针对 GOT 材料或类似材料的研究表明，GOT 光电流产生动力学速度比纯相的 TiO_2 快。当受到可见光照射时，p 型氧化石墨烯（GO）可以发生较快的光响应，产生阴极光电流。然后，这种光电流被产生相对较慢的 TiO_2 阳极光电流抵消。这证明 p 型 GO 具有极好的导电性，有利于可见光下光电响应的出现。但是，TiO_2/石墨烯材料具有制作成本高、维护成本高的缺点。

第四节　生物炭的发展

一、生物炭来源及特点

生物质是一切有生命且可以再生的物质，包括所有动植物和微生物。生物质在整个能源中占据重要地位，排在煤炭、石油、天然气之后位列第四位。煤炭、石油、天然气作为不可再生资源，随着时间推移其储量越来越少，据科学家预测，煤炭仅能供人类使用 200 年左右。开发清洁、安全、高效、取之不尽的能源是未来发展的必然趋势，生物质作为可持续能源的重要组成部分，在解决能源、生态环境开发利用方面受到广大科研者的重视。生物质富含糖类、醛类、酸类、苯类、醇类、酯类、酚类、胺类物质，这些物质富含官能团，是生物炭功能化发展的必要条件。生物炭是由废弃生物质（秸秆、羽毛、农业废弃物、食物残渣等可再生资源）在缺氧条件下热解转化而成的多孔富碳产品，被称为 21 世纪的绿色友好材料，广泛应用于农业土壤改良、刺激作物生长和环境污染修复等领域。

生物炭的制备与应用主要通过对废弃物进行二次回收，实现其无害化、减量化、资源化利用的目的。它具备以下特点：①原料来源广泛、廉价、易获得；②拥有巨大的比表面积和丰富的官能团，孔隙大，作为一种低成本的环境友好型吸附材料，可以有效地与污染物进行物理吸附、疏水相互作用以及静电吸附，克服了传统活性炭成本高的缺陷；③高碱度、稳定性强、有良好的介孔结构和半导体特性、具备抗生物降解性，且表面含有丰富的含氧官能团（羧基、内酯和酚等），因此生物炭可以作为一种良好的光催化剂用于复杂废水污染的治理。近年来，科研人员越来越注重对生物炭的改性研究，以增强其在环境修复中的应用价值及对污染物的去除效果。例如，Jia 等通过批量实验研究了玉米秸秆生物炭对水溶液中土霉素的吸附及其机理；Zhang 等以中药残渣为原料，在不同温度下进行热解得到的生物炭为载体，制备高效炭基微生物复合材料以去除废水中的金霉素，并发现其去除机制为微生物降解和生物炭表面吸附的结果；Ai 等以玉米秸秆为原材料，制备含磷（P）、铁（Fe）、硫（S）的生物炭去除水体中的 Cr(VI)污染，去除率为 76.9%～99.4%。

大气、土壤和海洋通过生物质的作用维持着碳循环平衡。但工业发展和人类活动的加剧使空气中的二氧化碳浓度增加，破坏了三者之间的平衡，导致温室效应持续加剧。生物炭由于具有稳定性，能够有效地捕捉二氧化碳，从而达到较好的碳封存效果。康奈尔大学的约翰内斯·莱曼在 2009 年出版的《用生物炭管理环境》中乐观地估计，生物炭每年可吸收多达 10 亿 t 的温室气体，占 2007 年 85 亿 t 总排放量的 10% 以上。生物炭因其独特的性质在新兴领域占有一席之地。后来，人们发现生物炭还可以吸附有毒气体（如甲醇、甲苯等）、修复被重金属污染的土壤及处理环境废水。生物炭是在缺氧或厌氧条件下对生物质进行热化学处理的产物。农业上的许多动植物废料可以成为生物炭的原材料。利用生物质制备生物炭材料不仅能够以废治废，还能实现减污降碳协同增效。

二、生物炭在废水处理中的应用探索

首先，学者们对不同生物质原料的研究涵盖了上千种植物的各个部位，如根茎、树皮、叶片、种子、种皮、果肉等，它们均可制备成生物炭。生物质材料主要分为植物源与动物源两大类。植物源生物质主要由木质素、纤维素、半纤维素等组成，同时包含一些糖类物质及类脂物质，传统植物源生物质材料由于细胞壁的空间构型为网孔状结构，所以煅烧出来的生物炭主要呈现大量的大孔结构。动物源生物质材料的成分更为复杂，包括壳聚糖（如虾壳）、角蛋白（如废弃羽毛）、几丁质（如各种昆虫外壳）等，而这些成分又由蛋白质、脂肪、碳酸钙、聚乳糖、甲壳素等多种基本物质组成，空间结构复杂，因此制备得到的动物源生物炭具有更高的孔隙混乱度，孔径类型包括大孔、中孔、介孔、微孔。研究发现，生物炭孔隙率与比表面积成正比，比表面积是决定材料吸附能力的首要参数，它不仅直接影响材料的吸附能力，还影响活性官能团附着位点的多少。因此，作为主要参数，研究者们多年来一直致力于开发比表面积更大的生物炭。大多数植物源生物炭多孔材料的比表面积处于 1 000 cm^2/g 以下的水平，少数能够达到 1 500 cm^2/g 及以上，并且大多数比表面积大的生物炭依赖于高油性甚至具有很高利用价值的生物质原材料（油料作物）。研究方向逐渐从探索更大比表面积转向分析生物炭的表面特征。近年来的研究表明，维管束类植物源生物质原材料含有更高的含氧官能团，更容易被功能化，具有制备功能化更强的生物质炭的潜力。通常来说，由维管束类植物源生物质原材料制备得到的生物炭吸附活性比较强。动物源生物质原材料中含有更高比例的非碳元素，通过使用部分改性手段、梯度升温、控制气氛等方式可以促进非碳元素的原位固定，从而形成具有更强极性的功能位点。因此，我们在研究中通过设置不同的生物质原材料，探索原材料对生物炭内部骨架及生物炭表面的影响效果，为特定功能目标材料的设计提供辅助。研究表明，炭化和活化不仅能影响生物炭的造孔作用，还能直接影响材料的表面活性。Herath 等的研究表明，碱金属基活化剂的使用有助于增加含氧官能团的数量，但是会导致含硫及含氮官能团的流失；Wu 等的研究表明，氯化锌活化剂有助于含氮官能团的保留，但会加速氢元素的流失。通过炭化-活化、球磨、浸渍、表面氧化等方法对生物炭进行改性，可有效提升其吸附能力。通过炭化-活化处理可制备具有更大比表面积和更丰富官能团的生物炭。Pouretedal 等使用白杨制备生物炭，通过一系列实验证明该材料能有效去除阿莫西林、头孢氨苄、四环素（TC）、青霉素等，并且能利用氢氧化钠对吸附剂进行回收，实现吸附剂循环利用。考虑到大部分生物质中原始氮、硫的含量较低，因此在生物炭的制备过程中掺杂工艺通常采用氮硫剂和额外的水热处理，这就造成生物炭制备成本提高，部分能量消耗增加。

第二章　生物炭及废水处理相关方法

生物炭材料以其极低的准入条件、广泛且几乎无成本的原料、可再生的特性、表面大量活性官能团的结构，备受广大科研工作者的青睐。开发新型功能性活性吸附材料的研究近年来层出不穷，研究范围不仅覆盖了生物质原材料的选择，也逐渐涉及炭化、活化的条件，改性方法，不同酸碱、不同离子强度、不同气氛环境等外环境因素生物炭全制备流程因素。大量的研究结果表明，生物炭材料的特性主要受表面性质影响，而表面性质受全制备流程因素影响，以下内容对近年来针对生物炭全制备流程因素的研究进展进行总结分析。

第一节　生物炭制备方法

生物炭可以通过各种热化学转化技术生产，如水热炭化、热解和焙烧，经文献查阅及实践表明，传统的生物炭表面官能团有限，吸附能力低，从而降低了其吸附效率，直接热解去除污染物存在处理不彻底和效率较低的问题。因此，提高生物炭对污染物的去除效率对其进行改性至关重要。对生物炭进行改性（酸性或碱性物质浸渍等）可以使其表面结构和含氧官能团更丰富，从而增加改性后的生物炭吸附容量。此外，大量研究表明，活化、胺化、氧化、重组和磺化也都是实现生物炭材料改性或功能化的主要方法。这些不同的过程主要通过控制掺杂技术和生物炭生产过程中的操作条件来完成，通过某种改性手段将杂原子掺杂到生物炭中，可以获得优越的电化学性能、更大的比表面积和多功能结构。研究发现，除了简单的改性处理，水热法制备改性生物炭可以通过改变其表面功能结构加快对污染物的去除，从而提升炭材料的处理能力。通过水热制备生物炭，然后在惰性气氛下加入氢氧化钠（NaOH）进行活化，消除水中的磺胺甲噁唑（SMX），结果表明，SMX 的消除主要是由芳构化石墨结构中含氧官能团的累积造成的。炭基材料具有很强的孔隙充盈作用，其较大的孔隙体积和比表面积通常有利于有机污染物的吸附。Li 等采用 5 种炭化方法（水热、直接炭化、KHCO₃ 水热炭化等）制备茶叶废弃物生物炭，并测试其对 TC 的吸附能力，发现生物炭吸附 TC 的主要机制是孔隙充盈效应和 π—π 相互作用，其次是氢键和静电相互作用。可以看出，不同炭化方法会影响生物炭的形貌特征和化学组成。

一、常规制备方法

为将生物质原材料制备为具有较强吸附能力的吸附剂，炭化、活化流程是必不可少的，炭化过程能去除生物质原材料中的分子水与结合水，余下以碳为主要组成的骨架部分，通过活化剂作用可以将原有的孔道结构充分暴露，同时可以促使部分包裹在内部的非碳官能团充分暴露出来。因此，炭化和活化不仅可以影响材料的比表面积，还直接影响材料的表面特性，是制备功能性生物炭基材料的关键步骤。近年来，多数针对生物炭材料的开发为炭化与活化的条件，包括炭化温度、炭化气氛、活化剂、活化温度、活化气氛等条件。例如，不同炭化温度能够直接影响非碳元素的流失率，进而间接影响后期材料的成孔作用与表面功能化，而活化剂与活化温度的不同直接影响活性炭的造孔效果。一般来说，碱金属活化剂活化温度较高，主要以刻蚀作用为主，因此形成的孔结构以微孔、介孔为主；而氯化锌以离子造孔作用为主，因此形成的孔结构以介孔、中孔为主；而二氧化碳与水蒸气以气化造孔作用为主，因此形成的孔结构主要为中孔与大孔。

二、改性处理方法

生物炭及生物炭基材料的发展趋势是精细化发展，随着实际需求的不断提高，主要有以下几种方法：

（1）传统改性方法

传统的酸碱盐改性方法存在已久，但是由于额外物料及能源的投入，改性的成本与产出的效益并不成正比，因此长期以来并不为大多数研究人员所重视。近年来，随着水热方法的发展，水热酸碱盐改性方法被部分学者用于生物炭的后改性处理过程。水热改性技术的引用大幅提升了改性效果，与传统改性方法相比，显著增加了改性后材料表面功能官能团的数量，比表面积与吸附量分别增加了 205% 与 68%。然而，由于使用不同的高浓度带腐蚀性质的试剂，改性会造成后处理过程中产生大量的废水，材料制作的环境成本较高。

（2）水热前改性方法

近年来，通过对炭化和活化机理的探索，学者们发现不同原材料的微观结构和成分与最终制备的生物炭结构特性息息相关，因此将改性过程引入原材料预处理过程中，开发一种水热前改性方法，即通过对原料进行酸碱水热前处理，增加材料的水解程度。与传统改性相比，水热前改性的能耗稍高，但是原材料的消耗量更低也更安全。水热前改性方法主要在 100～200℃ 的温度下进行，而在低温（低于 160℃）下可以实现三维碳结构的重构。预处理的生物质分散在液体介质中的压力密封容器（如聚四氟乙烯高压灭菌器）将经历以下过程（或组合）之一：水解、脱水、脱羧、聚合和芳构化。水热法能温和地水解生物质中的木质素和半纤维素，并连续改变生物质的孔隙率，因此，水热前改性技术成为大幅提高生物炭性质的手段之一。

（3）非金属原子掺杂功能化

非金属原子掺杂可被认为一类通过掺杂、负载等形式让氧、氮、磷、硫等杂原子取代主分子链/环中的碳原子，类似于邻二氮杂苯中的氮。据有关报道，通常是通过热解和水热处理生物质原料时，将含有目标杂原子的物质引入处理体系，借助压力或热作用强行将杂原子掺入碳链，杂原子的掺入可以显著提高材料的表面极性、导电性和电子活性，这有利于形成更强的吸附效果。以掺氮材料为例，Chen 等研究表明，氮原子掺杂有利于改变材料的比表面积和吸附效率。

（4）金属元素掺杂

金属元素掺杂是实现生物炭功能化的有效策略。通过掺入铁、锌、铜等金属元素，生物炭在环境修复和能源存储中的性能显著提升。例如，掺杂铁元素增强了生物炭去除重金属和有机污染物的能力，并提高了生物炭的催化性能；掺杂铜元素改善了电导率，使其在超级电容器中表现更佳。此外，掺杂金属半导体材料（如二氧化钛、氧化锌、硫化镉）赋予生物炭光催化和化学稳定性等新功能，特别是掺钛生物炭在光照下显著提升有机污染物降解能力，助力水体净化。调控半导体掺杂浓度和分布可以优化生物炭的物理化学性质，增强其在环境治理、资源回收和能源转换中的功能性与适用性。

第二节　常见的生物炭表征方法

为探索生物炭的表面结构及其功能化情况，常对其进行比表面积、元素分析、电动（Zeta）电位、扫描电子显微镜与能谱仪、透射电子显微镜、傅里叶变换红外光谱、拉曼光谱、X射线光电子谱等表征分析。

一、比表面积

比表面积是影响生物炭材料吸附功能的最主要因素之一。为了检测样品的孔隙特征，常采用孔隙测量仪在 77 K 条件下进行 N_2 吸附/解吸实验，通过吸脱附曲线的特点可以推测孔隙材料的孔隙特征，采用贝特（BET）方程计算比表面积。其中，Ⅰ型等温线在较低的相对压力下吸附量迅速上升，达到一定相对压力后吸附趋于饱和值，类似于 Langmuir 型吸附等温线。一般来说，Ⅰ型等温线往往反映的是微孔吸附剂（分子筛、微孔活性炭）上的微孔填充现象，饱和吸附值等于微孔的填充体积。Ⅱ型等温线反映非孔性或大孔吸附剂上典型的物理吸附过程，这是 BET 方程最常说明的对象。Ⅲ型等温线十分少见。Ⅳ型等温线与Ⅱ型等温线类似，但曲线后段再次凸起，且中间段可能出现吸附回滞环，其对应的是多孔吸附剂出现毛细凝聚的体系。在中等的相对压力下，由于毛细凝聚的发生Ⅳ型等温线较Ⅱ型等温线上升得更快。Ⅴ型等温线与Ⅲ型等温线类似，但达到饱和蒸气压时吸附层数有限，吸附量趋于极限值。回滞环常见于Ⅳ型吸附等温线，指吸附量随着平衡压力增加时测得的吸附分支和压力减小时所测得的脱附分支，在一定的相对压力范围内不重合，分离形成环状。在相同的相对压力时脱附分支的吸附量大于吸附分支的吸附量。主要是用毛细凝聚理论解释。

BET 方程是基于 BET 比表面积测试法的简称，BET 比表面积测试法因以 BET 理论为基础而得名。BET 是 Brunauer（希朗诺尔）、Emmett（埃米特）和 Teller（泰勒）三位科学家的首字母缩写，三位科学家从经典统计理论基础推导出的多分子层吸附公式，即著名的 BET 方程，该方程成为颗粒表面吸附科学的理论基础，并被广泛应用于颗粒表面吸附性能研究及相关检测仪器的数据处理中。BET 方程建立在多层吸附的理论基础上，与物质实际吸附过程更接近，因此测试结果更准确。由 BET 方程作图进行线性拟合，得到直线的斜率和截距，从而求得 V_m 值，计算出被测样品比表面积。理论和实践表明，当 P/P_0 取点在 0.05～0.35 时，BET 方程与实际吸附过程相吻合，图形线性也很好，因此实际测试过程中选点在此范围内。

BET 方程如式（2.1）：

$$P/V(P_0-P)=[1/V_m \times C]+[(C-1/V_m \times C)\times(P/P_0)] \qquad (2.1)$$

式中：P——氮气分压；

P_0——液氮温度下，氮气的饱和蒸气压；

V——样品表面氮气的实际吸附量；

V_m——氮气单层饱和吸附量；

C——与样品吸附能力相关的常数。

BET 实验操作程序与直接对比法相似，不同的是 BET 实验需标定样品实际吸附氮气量的体积大小，理论计算方法也不同。BET 实验测定比表面积适用范围广，目前国际上普遍采用，测试结果的准确性和可信度高，特别适合科研单位使用。当被测样品吸附氮气能力较强时，可采用单点 BET 实验，测试结果与多点 BET 实验相比误差略大一点。

二、元素分析

有机元素分析仪（EA）利用微量高温燃烧和示差导热方法得到化合物中的各元素含量，单次测试时间仅需要 9 min。其测试模式通常可分为 CHNS 模式主要测试碳、氢、氮、硫元素，CHN 模式主要测试碳、氢、氮模式元素和 O 模式（主要测试氧元素）3 种。

在 CHNS 模式下，样品在可熔锡囊或铝囊中称量后，样品在 1 150℃、纯氧氛围的氧化管中完全燃烧产生二氧化碳（CO_2）、一氧化二氢（H_2O）、氮氧化物（NO_x）、二氧化硫（SO_2）、三氧化硫（SO_3）等气体，同时试剂将一些干扰物质，如卤族元素、S 和 P 等去除。随后该混合气在还原管（850℃、还原铜）中进一步还原为 CO_2、H_2O、氮气（N_2）、SO_2 等气体，经过吸附-解吸柱分离后进行热导检测，得到碳（C）、氢（H）、氮（N）、硫（S）元素含量。测定氧（O）的方法主要是裂解法，样品在高纯氦氛围下热解后与铂碳反应生成一氧化碳（CO），然后通过热导池检测，最终计算出氧的含量。有机元素分析仪广泛应用于各类样品（有机化合物、药物、高分子材料、食品、植物、土壤、河流/海洋沉积物等）中 C、H、N、S 和 O 元素（质量分数＞0.5%）的定性定量分析，例如，有机化合物纯度鉴定和环境样品中总碳/总氮含量测定等。根据样品属性及所需测试元素种类，从 CHNS 模式、CHN 模式和 O 模式 3 种模式中选择不同的操作模式进行测试。

三、Zeta 电位

Zeta 电位是液体中悬浮的粒子很接近表面位置的静电势。Zeta 电位是由胶体中粒子与粒子间的相互作用造成的，因此它可以用来预测胶体体系里粒子聚集的稳定性。Zeta 电位指的是液体中滑动面或剪切面的电位。在这个滑动平面内，当液体在这个边界外自由运动时，它与粒子结合在一起。远离粒子的净电势（在液体中）为 0。

热运动使液相中的离子趋于均匀分布，带电表面则排斥同性离子并将反离子吸引到表面附近，溶液中离子的分布情况由上述两种相对抗作用的相对大小决定。根据斯特恩的观点，一部分反离子由于电性吸引或非电性的特性吸引作用（如范德瓦耳斯力）而与表面紧密结合，构成吸附层（或称斯特恩层）。其余的离子则扩散地分布在溶液中，构成双电层的扩散层。由于带电表面的吸引作用，在扩散层中反离子的浓度远大于同性离子，离表面越远，过剩的反离子越少，直至在溶液内部反离子的浓度与同性离子相等。

离子因其热能而持续运动。离子在静电作用下被吸引到粒子表面，同时因热扩散的作用远离粒子表面，最终达到平衡分布，形成所谓的离子云。值得注意的是，一层反离子与粒子表面直接接触，则它们处于紧密层（condensed layer），而另外的反离子则处于扩散层（diffuse layer）。紧密层和扩散层相接的地方存在一个滑移层（处于距离紧密层朝外方向很短的地方），我们可以认为，粒子在水中运动时，滑移层左侧的离子都能跟随粒子一起运动，而其右侧的粒子则没有那么"死心塌地"地跟它走，所以两者之间会产生滑动。在这种情况下，Zeta 电位指的是水相中固体粒子的滑动面相对于远处（离子平衡处）的电位，这个电位是可以实际测到的。因此，纳米颗粒本身带不带电荷或带什么电荷并不重要，重要的是，如果 Zeta 电位仪检测得到的是正值，就说明纳米颗粒整体表现出来的是正电荷，我们称为纳米颗粒表面带正电荷；如果 Zeta 电位仪检测得到的是负值，就说明纳米颗粒整体表现出来的是负电荷，我们称为纳米颗粒表面带负电荷。

四、扫描电子显微镜与能谱仪

扫描电子显微镜（SEM）是一种电子显微镜，它通过用聚焦电子束扫描表面来产生样品的图像。可以看到炭基吸附剂表面的状态、形貌特征，提供孔结构的表征佐证，也可以通过电子能谱分析给出半定量的表面官能团结构分析。

电子与样品中的原子相互作用，产生反映样品表面形貌和成分的信息。电子束的扫描路径类似光栅，通过结合电子束位置与检测信号的强度生成图像。在最常见的 SEM 模式下，用艾弗哈特-索恩利（Everhart-Thornley）探测器可以检测到由电子束轰击原子所激发的二次电子。不考虑其他因素，可以检测到的二次电子数及信号强度取决于样品形貌。在二次电子成像（SEI）中，二次电子是从样品表层发射的。因此，SEI 可以产生超高分辨率的样品表面图像并显示尺寸小于 1 nm 的细节。

非导电样品在被电子束扫过时会有电荷富集，特别是在二次电子成像模式下，这会导致扫描故障和图片失真。在 SEM 的常规成像中，样品必须具有导电性，至少表面是导电的，并且样品要电接地，以防止静电电荷的累积。除做好样品清洁和安装时导电性良好外，金属物体几乎不需要为 SEM 做特殊的预处理。非导电材料通常要通过低真空溅射或高真空蒸发沉积在样品上涂覆超薄的导电材料涂层。目前，用于样品的涂层导电材料有金、金/钯合金、铂、铱、钨、铬、锇和石墨。重金属涂层可能会增加低原子序数样品的信噪比。

背散射电子（BSE）是通过弹性散射从样品反射的成束电子。BSE 的发射位置较深，因此 BSE 图像的分辨率低于散射电子。尽管如此，BSE 与从特征性 X 射线获得的光谱通常用于分析型 SEM，因为 BSE 信号的强度与样品的原子序数（z）密切相关。BSE 图像可以提供样本中不同元素的分布信息，但不能提供结构细节。对于主要由轻元素组成的样本，如生物样本，BSE 成像可以对直径为 $5\sim10$ nm 的胶态金免疫标记成像，而这些标记难以或无法通过二次电子成像检测到。当电子束从样品中激发出内壳层电子时，样品会发射出特征 X 射线，这源于高能电子充满壳层并释放能量。这些特征 X 射线的能量或波长可以通过能谱仪（EDX）或波谱仪（WDX）测量，并可用于识别和测量样品中的元素丰度进而绘制元素分布图。

五、透射电子显微镜

透射电子显微镜（TEM）是一种强大的显微技术，广泛应用于科研和工业领域，能揭示材料和生物样品的微观结构和性质。TEM 利用电子束穿透薄样品并产生高分辨率图像，从而提供样品内部的详细信息。TEM 使用加速到高能量（通常为 $100 \sim 300$ keV）的电子束，这些电子的波长很短，因此可以实现亚纳米级别的分辨率。TEM 使用电磁透镜来控制和聚焦电子束。透镜的设计和性能直接影响成像质量，高精度的电磁透镜可以减少像差，提升分辨率。由于电子需要穿透样品，样品必须非常薄（通常小于 100 nm）。常用的制备方法包括机械研磨、电解抛光、离子束刻蚀和超薄切片技术。现代 TEM 通常配备高灵敏度的电荷耦合器件（CCD）或互补金属氧化物关导体（CMOS）相机，用于数字化图像捕捉，提供更高的分辨率和动态范围。最新的发现使得直接检测电子并转换为图像成为可能，从而提高了信噪比和时间分辨率，适用于低剂量成像和实时观察。

近年来，TEM 技术取得了显著进展，高分辨透射电子显微镜（HRTEM）利用相位衬度成像技术，可以直接观察到原子尺度的晶体结构；扫描透射电子显微镜（STEM）：结合 SEM 的扫描技术，电子束在样品上逐点扫描，探测器收集各点的穿透电子，生成高分辨率图像；利用电子断层扫描（ET）技术，通过多角度成像实现样品的三维结构重建；消像差技术：利用像差矫正器可以大幅降低球差和色差，从而提高高分辨成像的清晰度和分辨率。

六、傅里叶变换红外光谱仪

傅里叶变换红外光谱（FT-IR）仪是利用干涉仪干涉调频原理，将光源发出的光经迈克尔逊干涉仪变成干涉光，再让干涉光照射样品，接收器接收带有样品信息的干涉光，计算机软件通过傅里叶变换红外光谱仪分析即可获得样品的光谱图。

根据分析原理，光谱技术主要分为吸收光谱、发射光谱和散射光谱 3 种；按照被测位置的形态来分类，光谱技术主要分为原子光谱和分子光谱 2 种。红外光谱属于分子光谱，有红外发射和红外吸收光谱 2 种，其中红外吸收光谱使用最广泛。红外吸收光谱由分子振动和转动跃迁引起，化学键或官能团的原子不断振动（或转动），其振动频率与红外光的振动频率相匹配。因此，当用红外光照射分子时，分子中的化学键或官能团可发生振动吸收，不同的化学键或官能团吸收频率不同，在红外光谱上表现为不同位置，从而揭示分子中含有何种化学键或官能团。红外光谱法实质上是一种通过分析分子内部原子间的相对振动和分子转动等信息来确定物质分子结构和鉴别化合物的分析方法。

七、拉曼光谱技术

拉曼光谱（Raman）技术在炭材料分析中发挥着重要作用，作为一种非破坏性、高灵敏度的表征手段，在炭材料的结构、功能和性能分析中具有广泛的应用前景。结合其他分析技术，可以更全面地揭示炭材料在不同条件下的性质和行为，从而为炭材料的设计、合成和应用提供重要支持。拉曼光谱技术可以提供关于炭材料晶格结构的信息，如G带（石墨结构）、D带（缺陷结构）和2D带（双层石墨烯结构），从而帮助研究人员了解材料的结构特征。拉曼光谱技术对于表征氧功能化炭材料（如氧化石墨烯、碳纳米管等）中的羟基、醛基、羧基等官能团也具有很强的敏感性。通过D带的强度和位置可以判断炭材料中的缺陷类型和密度，如晶界、异质原子等。拉曼光谱技术可以用于测量炭材料中的残余应力，从而评估其力学性能和稳定性。

八、X射线光电子谱

X射线光电子谱（X-ray Photoelectron Spectroscopy，XPS），是一种通过收集X射线光子辐照样品表面时所激发出的光电子和俄歇电子能量分布的方法。XPS谱峰的能量和强度可用于定性和定量分析炭基吸附材料表面除H、He外所有表面元素；可用于材料表面各种元素的定性分析和半定量分析，一般通过XPS图谱的峰位和峰形获得样品表面元素成分、化学态和分子结构等信息，从峰强可获得样品表面元素含量或浓度。XPS可测量材料中元素组成、经验公式、元素化学价态和电子态。用一束X射线激发固体表面，同时测量分析材料表面1～10 nm发射出电子的动能，通过对激发出的超过一定动能的电子进行计数，可以得到光电子谱。光电子谱中出现的谱峰代表原子中发射的一定特征能量的电子。

对于一个化学成分未知的样品，应首先做全谱能量扫描，以初步判定表面的化学成分。全谱能量扫描范围一般取0～1 200 eV，因为几乎所有元素的最强峰都在这一范围。由于组成元素的光电子线和俄歇线的特征能量值具有唯一性，与XPS标准图谱手册和数据库的结合能进行对比，可以用来鉴别某特定元素的存在。鉴定顺序：①鉴别总是存在的元素谱线，如 C、O 的谱线；②鉴别样品中主要元素的强谱线和相关的次强谱线；③鉴别剩余的弱谱线，假设它们是未知元素的最强谱线。高分辨谱定性分析元素的价态主要看两个点：①对照标准谱图值（NIST 数据库或文献值）来确定谱线的化合态；②对于 p、d、f 等具有双峰谱线的（自旋裂分），双峰间距也是判断元素化学状态的一个重要指标。在大多数情况下，人们关心的不仅是表面某个元素的价态，还包括处理前后样品表面元素的化学位移变化，可以揭示样品的表面化学状态或样品表面元素之间的电子相互作用。一般来说，某种元素失去电子，其结合能会向高场方向偏移；某种元素得到电子，其结合能会向低场方向偏移，对于给定价壳层结构的原子，所有内层电子结合能的位移几乎相同。这种电子的偏移可以给出元素之间电子相互作用的关系。

第三节　生物炭吸附性能分析

生物炭对废水中污染物的吸附实验主要从吸附剂投加量、污染物去除性能，动力学、等温线及热力学分析，pH、腐殖酸、水环境主要离子影响等方面进行研究。吸附剂投加量通过添加不同的吸附剂到固定的污染物溶液中来确定最优投加量，从而得出最优去除率。动力学实验通过由密到疏不同的时间间隔（如 0.5 min、1 min、2 min、3 min、5 min、7 min、10 min、15 min、20 min、25 min、30 min、40 min、60 min）取样分析，常见动力学模型有伪一级动力学模型、伪二级动力学模型和 Elovich 模型等。吸附等温线实验通过设置不同温度（20℃、30℃、40℃等）、不同污染物浓度（如 20 mg/L、50 mg/L、100 mg/L、200 mg/L、300 mg/L、500 mg/L 等）来进行，常见吸附等温线模型有 Freundlich 模型和 Langmuir 模型。不同因素的影响实验通过设置不同梯度条件来探索各因素对污染物吸附效果的影响。实验数据分析中涉及的公式为：

（1）吸附量和去除率

$$吸附量（mg/g）=[(C_0-C_e)V]/W \qquad (2.2)$$

$$去除率（\%）=(C_0-C_e)\times 100/C_0 \qquad (2.3)$$

式（2.2）、式（2.3）中：

C_0、C_e——各种抗生素溶液及混合抗生素溶液的初始浓度和吸附后的残余浓度，mg/L；

V——各种抗生素溶液的体积，mL；

W——SFB 粉末的投加量，mg。

（2）动力学模型

伪一级动力学模型：
$$\frac{\mathrm{d}Q}{\mathrm{d}t} = k_1(Q_e - Q_t) \tag{2.4}$$

伪二级动力学模型：
$$\frac{\mathrm{d}Q}{\mathrm{d}t} = k_2(Q_e - Q_t)^2 \tag{2.5}$$

Elovich 模型：
$$\frac{\mathrm{d}Q_t}{\mathrm{d}t} = \alpha \exp(-\beta Q_t) \tag{2.6}$$

式（2.4）～式（2.6）中：

Q_e——平衡时被吸附质的吸附量，mg/g；

Q_t——每次时间 t（min）时被吸附质的吸附量，mg/g；

k_1——伪一级动力学平衡常数，min^{-1}；

k_2——伪二级动力学平衡常数，g/（mg·min）；

α——初始吸附速率，mg/（g·min）；

β——解吸系数，g/mg。

（3）吸附等温线模型

Freundlich 模型
$$Q_e = K_F C_e^{\frac{1}{n}} \tag{2.7}$$

Langmuir 模型
$$Q_e = Q_m K_L C_e / (1 + K_L C_e) \tag{2.8}$$

式（2.7）、式（2.8）中：

Q_e——被吸附质在吸附剂上的吸附量，mg/g；

C_e——被吸附质吸附终点的浓度，mg/L；

K_F——Freundlich 模型吸附系数，$\mathrm{mg\ g}^{-1}（\mathrm{mgL}^{-1}）^{-\frac{1}{n}}$，是反映吸附量的指标；

n——Freundlich 指数，描述吸附等温线的非线性情况；

K_L——反映吸附质和吸附剂之间相关性的量，L/mg；

Q_m——拟合的最大吸附量，mg/g。

（4）吸附热力学模型

吸附热力学模型是研究吸附剂行为的重要模型。常见的热力学参数包括污染物吸附的吉布斯自由能变化（ΔG）、焓变（ΔH）和熵变（ΔS）。

$$\Delta G = -RT\ln k \tag{2.9}$$

$$\ln k = \Delta S / R - \Delta H / (RT) \tag{2.10}$$

式（2.9）、式（2.10）中：

R——气体常数，常取 8.314，J/（mol·K）；

k——平衡常数；

T——热力学温度，K；

$\ln k$——通过热力学计算得出，代表了线性化公式中 $\ln(Q_e/C_e)$ 对 Q_e 曲线的截距。

（5）竞争吸附分配系数

K_d（L/kg）为个体吸附分配系数，通过吸附容量（Q_e，mg/g）与抗生素浓度（C_0，mg/L）的比值计算得出：

$$K_d = 1\,000 \times \frac{Q_e}{C_w} = 1\,000 \times \left(\frac{C_0 - C_w}{C_w}\right)\frac{V}{M} \tag{2.11}$$

式中：C_w——溶液中物质的浓度，mg/L；

V——溶液体积，L；

M——吸附剂质量，g。

参考文献

[1] 程合锋. 铋系层状化合物的结构设计、功能化组装及其光催化性质研究[D]. 济南：山东大学，2012.

[2] 葛峰，郭坤，周广灿，等. 南京市4个污水处理厂的活性污泥中细菌的分离鉴定和抗生素耐药性分析[J]. 环境科学，2012，33（5）：1646-1651.

[3] 李娣，施伟东. 可见光光催化降解抗生素研究进展（英文）[J]. 催化学报，2016，37（6）：792-799.

[4] 刘国宏. 纳米材料作为吸附剂分离富集环境污染物的研究[D]. 北京：清华大学，2004.

[5] 买文宁，杨明，曾令斌. 抗生素废水处理工程的设计与运行[J]. 给水排水，2002，28（4）：42-45.

[6] 田觅. 生态文明理念下的乡镇水资源可持续利用及措施分析[J]. 清洗世界，2024，40（4）：130-132.

[7] 王懿. 持久性全氟化合物典型污染源环境污染特性研究[D]. 南京：南京农业大学，2011.

[8] 邢丽贞，冯雷，陈华东，等. TiO_2光催化氧化技术在水处理中的研究进展[J]. 水科学与工程技术，2008，22（1）：551-556.

[9] 徐浩. 海口市城区地表水中抗生素残留状况调和典型抗生素光降解模拟实验研究[D]. 海口：海南大学，2013.

[10] 余维祥. 生态文明理论与实践研究[M]. 武汉：湖北人民出版社，2019.

[11] 张宏义. 政府工作报告[N]. 济源日报，2024-04-30（1）.

[12] 周冯琦，程进，陈宁，等. 中国环境绩效管理理论与实践[M]. 上海：上海社会科学院出版社，2022.

[13] Abiola F O, Aboagarib E, Zhou C, et al. Co-pyrolysis of lignocellulosic and macroalgae biomasses for the production of biochar - A review[J]. Bioresource Technology, 2019, 297: 122408.

[14] Acosta R, Fierro V, Martinez De Yuso A, et al. Tetracycline adsorption onto activated carbons produced by KOH activation of tyre pyrolysis char[J]. Chemosphere, 2016, 149: 168-176.

[15] Ahmed M B, Zhou J L, Ngo H H, et al. Adsorptive removal of antibiotics from water and wastewater: Progress and challenges[J]. Science of the Total Environment, 2015, 532: 112-126.

[16] Ai D, Tang Y, Yang R, et al. Hexavalent chromium Cr（Ⅵ）removal by ball-milled iron-sulfur @ biochar based on P-recovery: Enhancement effect and synergy mechanism[J]. Bioresource Technology, 2023, 371: 1-11.

[17] Ai J, Lu C, Van Den Berg F W J, et al. Biochar catalyzed dechlorination - which biochar properties

matter?[J]. Journal of Hazardous Materials，2021，406：124724.

[18] A J J，B L Z，A X W，et al. Highly ordered macroporous woody biochar with ultra-high carbon content as supercapacitor electrodes-sciencedirect[J]. Electrochimica Acta，2013，113（4）：481-489.

[19] Ange N D，Altintig E，KgSe T E. Influence of process parameters on the surface and chemical properties of activated carbon obtained from biochar by chemical activation[J]. Bioresource Technology，2013，148：542-549.

[20] Ayub S，Siddique A A，Khursheed M S，et al. Removal of heavy metals（Cr，Cu and Zn）from electroplating wastewater by electrocoagulation and adsorption processes[J]. Desalination and Water Treatment，2020，179：263-271.

[21] Belayachi H，Bestani B，Benderdouche N，et al. The use of TiO_2 immobilized into grape marc-based activated carbon for RB-5 Azo dye photocatalytic degradation[J]. Arabian Journal of Chemistry，2015，12（8）：3018-3027.

[22] Chen C，Cai W，Long M，et al. Synthesis of visible-light responsive graphene oxide/TiO_2，composites with p/n Heterojunction[J]. Acs Nano，2010，4（11）：6425-6432.

[23] Chen S S，Yu I，Cho D W，et al. Selective glucose isomerization to fructose via nitrogen-doped solid base catalyst derived from spent coffee grounds[J]. ACS Sustainable Chemistry & Engineering，2018，6（12）：16113-16120.

[24] Chen T，Luo L，Deng S，et al. Sorption of tetracycline on H_3PO_4 modified biochar derived from rice straw and swine manure[J]. Bioresourse Technology，2018，267：431-437.

[25] Cheng，Wenbo，Jun，et al. Hydrothermal synthesis of N，S co-doped carbon nanodots for highly selective detection of living cancer cells[J]. Journal of Materials Chemistry，B Materials for Biology and Medicine，2018，6（36）：5775-5780.

[26] Cruz M，Gomez C，Duran-Valle C J，et al. Bare TiO_2 and graphene oxide TiO_2 photocatalysts on the degradation of selected pesticides and influence of the water matrix[J]. Applied Surface Science，2017，416：1013-1021.

[27] Cui X，Dai X，Khan K Y，et al. Removal of phosphate from aqueous solution using magnesium-alginate/chitosan modified biochar microspheres derived from Thalia dealbata[J]. Bioresource Technology，2016，218：1123-1132.

[28] Deng J，Li X，Wei X，et al. Different adsorption behaviors and mechanisms of a novel amino-functionalized hydrothermal biochar for hexavalent chromium and pentavalent antimony[J]. Bioresource Technology，2020，310：123438.

[29] Elystia S，Edward H S，Putri A E. Removal of Chromium（Ⅵ）and Chromium（Ⅲ）by using *Chlorella*

sp Immobilized at Electroplating Wastewater[J]. IOP Conference Series Earth and Environmental Science，2020，515：012078.

[30] Fang J，Jin L，Meng Q，et al. Biochar effectively inhibits the horizontal transfer of antibiotic resistance genes via transformation[J]. Journal of Hazardous Materials，2022，423（Pt B）：1-10.

[31] Fei C，Qi Y，Yu Z，et al. Photo-reduction of bromate in drinking water by metallic Ag and reduced graphene oxide（RGO）jointly modified $BiVO_4$，under visible light irradiation[J]. Water Research，2016，101：555-563.

[32] Fei Y，Yong L，Sheng H，et al. Adsorptive removal of antibiotics from aqueous solution using carbon materials[J]. Chemosphere，2016，153：365-385.

[33] Gai C，Guo Y，Peng N，et al. N-Doped biochar derived from co-hydrothermal carbonization of rice husk and Chlorella pyrenoidosa for enhancing copper ion adsorption[J]. RSC Advancesances，2016，6（59）：53713-53722.

[34] Ganiyu S O，Sable S，Gamal El-din M. Advanced oxidation processes for the degradation of dissolved organics in produced water：A review of process performance，degradation kinetics and pathway[J]. Chemical Engineering Journal，2022，429：1-24.

[35] Gao T，Shi W，Zhao M，et al. Preparation of spiramycin fermentation residue derived biochar for effective adsorption of spiramycin from wastewater[J]. Chem，2022，296：1-9.

[36] Gao Y X，Li X，Fan X Y，et al. Wastewater treatment plants as reservoirs and sources for antibiotic resistance genes：A review on occurrence，transmission and removal[J]. Journal of Water Process Engineering，2022，46：1-10.

[37] Gma B，Fg A，Av C，et al. Preparation，characterization and environmental/electrochemical energy storage testing of low-cost biochar from natural chitin obtained via pyrolysis at mild conditions[J]. Applied Surface Science，2018，427：883-893.

[38] Han L，Ro K S，Sun K，et al. New evidence for high sorption capacity of hydrochar for hydrophobic organic pollutants[J]. Environmental Science & Technology，2016，50：13274-13282.

[39] Hassan M E，Chen Y，Liu G，et al. Heterogeneous photo-Fenton degradation of methyl orange by Fe_2O_3/TiO_2，nanoparticles under visible light[J]. Journal of Water Process Engineering，2016，12：52-57.

[40] Herath A，Layne C A，Perez F，et al. KOH-activated high surface area douglas fir biochar for adsorbing aqueous Cr（Ⅵ），Pb（Ⅱ）and Cd（Ⅱ）[J]. Chemosphere，2020，269（24）：128409.

[41] Huang J，Zimmerman A R，Chen H，et al. Ball milled biochar effectively removes sulfamethoxazole and sulfapyridine antibiotics from water and wastewater[J]. Environmental Pollution，2020，258：

113809.

[42] Huang L, Zhang G, Bai J, et al. Desalinization via freshwater restoration highly improved microbial diversity, co-occurrence patterns and functions in coastal wetland soils[J]. Science of The Total Environment, 2020: 142769.

[43] Huff M D, Kumar S, Lee J W. Comparative analysis of pinewood, peanut shell, and bamboo biomass derived biochars produced via hydrothermal conversion and pyrolysis[J]. Journal of Environment Management, 2014, 146: 303-308.

[44] Islam M A, Ahmed M J, Khanday W A, et al. Mesoporous activated carbon prepared from NaOH activation of rattan (lacosperma secundiflorum) hydrochar for methylene blue removal[J]. Ecotoxicology and Environmental Safety, 2017, 138: 279-285.

[45] Jan S U, Ahmad A, Khan A A, et al. Removal of azo dye from aqueous solution by a low-cost activated carbon prepared from coal: Adsorption kinetics, isotherms study, and DFT simulation[J]. Environmental Science and Pollution Research, 2021, 28: 10234-10247.

[46] Jia M, Wang F, Bian Y, et al. Effects of pH and metal ions on oxytetracycline sorption to maize-straw-derived biochar[J]. Bioresource Technology, 2013, 136: 87-93.

[47] Jiao S, Li J, Li Y, et al. Variation of soil organic carbon and physical properties in relation to land uses in the Yellow River Delta, China[J]. Scientific Reports, 2020, 10 (1): 20317.

[48] Kambo H S, Dutta A. A comparative review of biochar and hydrochar in terms of production, physico-chemical properties and applications[J]. Renewable & Sustainable Energy Reviews, 2015, 45: 359-378.

[49] Karthik V, Kumar P S, Vo D, et al. Hydrothermal production of algal biochar for environmental and fertilizer applications: A review[J]. Environmental Chemistry Letters, 2021, 19: 1025-1042.

[50] Kaya N, Uzun Z Y. Investigation of effectiveness of pine cone biochar activated with KOH for methyl orange adsorption and CO_2 capture[J]. Biomass Conversion and Biorefinery, 2021, 11: 1067-1083.

[51] Kyzas G Z, Deliyanni E A, Matis K A. Graphene oxide and its application as anadsorbent for wastewater treatment[J]. Journal of Chemical Technology & Biotechnology, 2014, 89 (2): 196-205.

[52] Leichtweis J, Silvestri S, Carissimi E. New composite of pecan nutshells biochar-ZnO for sequential removal of acid red 97 by adsorption and photocatalysis[J]. Biomass Bioenerg, 2020, 140: 1-12.

[53] Li G, Zhu W, Zhu L, et al. Effect of pyrolytic temperature on the adsorptive removal of p-benzoquinone, tetracycline, and polyvinyl alcohol by the biochars from sugarcane bagasse[J]. Korean Journal of Chemical Engineering, 2016, 33 (7): 2215-2221.

[54] Li H. How close is artificial biochar aging to natural biochar aging in fields? A meta-analysis[J].

Geoderma，2019，352：96-103.

[55] Li H，Dong X，Da Silva E B，et al. Mechanisms of metal sorption by biochars：Biochar characteristics and modifications[J]. Chemosphere，2017，178：466-478.

[56] Li H，Hu J，Yue M，et al. An investigation into the rapid removal of tetracycline using multilayered graphene-phase biochar derived from waste chicken feather[J]. Science of The Total Environment，2017，603-604：39-48.

[57] Li T，Zhu P，Wang D，et al. Efficient utilization of the electron energy of antibioticsto accelerate Fe（Ⅲ）/Fe（Ⅱ）cycle in heterogeneous Fenton reaction induced by bamboo biochar/schwertmannite[J]. Environmental Research，2022，209：1-10.

[58] Liu Y，Li F，Deng J，et al. Mechanism of sulfamic acid modified biochar for highly efficient removal of tetracycline[J]. Journal of Analytical and Applied Pyrolysis，2021，158：1-7.

[59] Lu B，Fang Y，Huang L，et al. Molecular characterization and antibiotic resistance of clinical streptococcus dysgalactiae subsp. equisimilis in Beijing，China[J]. Infection Genetics & Evolution Journal of Molecular Epidemiology & Evolutionary Genetics in Infectious Diseases，2016，40：119-125.

[60] Lü F，Lu X，Li S，et al. Dozens-fold improvement of biochar redox properties by KOH activation[J]. Chemical Engineering Journal，2022，429（1）：132203.

[61] Lu L，Shan R，Shi Y，et al. A novel TiO_2/biochar composite catalysts for photocatalytic degradation of methyl orange[J]. Chem，2019，222：391-398.

[62] Luo Y，Mao D，Rysz M，et al. Trends in antibiotic resistance genes occurrence in the Haihe River，China[J]. Environmental Science & Technology，2010，44（19）：7220-7225.

[63] Lyu H，Zhang Q，Shen B. Application of biochar and its composites in catalysis[J]. Chem，2020，240：1-11.

[64] Marta M，Patryk O. Biochar and engineered biochar as slow and controlled-release fertilizers[J]. Journal of Cleaner Production，2022，339：130685.

[65] Moussavi G，Khosravi R. Preparation and characterization of a biochar from pistachio hull biomass and its catalytic potential for ozonation of water recalcitrant contaminants[J]. Bioresour Technol，2012，119：66-71.

[66] Muisa-Zikali N，Mwedzi T，Siziba N. Assessment of nutrient enrichment and heavy metal pollution of headwater streams of Bulawayo，Zimbabwe[J]. Physics and Chemistry of the Earth，Parts A/B/C，2021，122：102912.

[67] Narada B D，Fowler R E，Pittman C U，et al. Lead（Pb^{2+}）sorptive removal using chitosan-modified biochar：Batch and fixed-bed studies[J]. RSC Advancesances，2018，8（45）：25368-25377.

[68] Ngah W，Hanafiah M. Removal of heavy metal ions from wastewater by chemically modified plant wastes as adsorbents：A review[J]. Bioresour Technol，2008，99（10）：3935-3948.

[69] Organization W H. ZH mediacentre news 2014：WHO's first global report on antibiotic resistance reveals serious，worldwide threat to public health[J]. World Health Organization，2014.

[70] Orha C，Pode R，Manea F，et al. Titanium dioxide-modified activated carbon for advanced drinking water treatment[J]. Process Safety & Environmental Protection，2017，108：26-33.

[71] Pan X，Gu Z，Chen W，et al. Preparation of biochar and biochar composites and their application in a Fenton-like process for wastewater decontamination：A review[J]. Science of the Total Environment，2021，754：142104.

[72] Panahi H，Dehhaghi M，Yong S O，et al. A comprehensive review of engineered biochar：Production，characteristics，and environmental applications[J]. Journal of Cleaner Production，2020，270：122462.

[73] Patra B R，Mukherjee A，Nanda S，et al. Biochar production，activation and adsorptive applications：A review[J]. Environmental Chemistry Letters，2021，19：2237-2259.

[74] Peng B，Chen L，Que C，et al. Adsorption of antibiotics on graphene and biochar in aqueous solutions induced by π-π interactions[J]. Scientific Reports，2016，6（1）：1-10.

[75] Poureteda H R，Sadegh N. Effective removal of amoxicillin，cephalexin，tetracycline and penicillin G from aqueous solutions using activated carbon nanoparticles prepared from vine wood[J]. Journal of Water Process Engineering，2014，1：64-73.

[76] Prasannamedha G，Kumar P S，Mehala R. et al. Enhanced adsorptive removal of sulfamethoxazole from water using biochar derived from hydrothermal carbonization of sugarcane bagasse[J]. Journal of Hazardous Materials，2021，407（1）：124825.

[77] Rashidi N A，Yusup S. Biochar as potential precursors for activated carbon production：Parametric analysis and multi-response optimization[J]. Environmental Science and Pollution Research，2020，27：27480-27490.

[78] Sharma A，Lee B K. Rapid photo-degradation of 2-chlorophenol under visible light irradiation using cobalt oxide-loaded TiO_2/reduced graphene oxide nanocomposite from aqueous media[J]. Journal of Environmental Management，2016，165（11）：1-10.

[79] Shi J，Huang W，Han H，et al. Pollution control of wastewater from the coal chemical industry in China：Environmental management policy and technical standards[J]. Renewable and Sustainable Energy Reviews，2021，143（4）：110883.

[80] Sormo E，Silvanil L，Bjerkli N，et al. Stabilization of PFAS-contaminated soil with activated biochar[J]. Science of the Total Environment，2021，763：144034.

[81] Su J，Lin Z，Chen G. Ultrasmall graphitic carbon nitride quantum dots decorated self-organized TiO_2 nanotube arrays with highly efficient photoelectronchemical activity[J]. Applied Catalysis B Environmental，2016，186：127-135.

[82] Tahir A，Al-Obaidy A，Mohammed F H. Biochar from date palm waste，production，characteristics and use in the treatment of pollutants：A Review[J]. IOP Conference Series：Materials Science and Engineering，2020，737：012171.

[83] Tahir K，Ahmad A，Li B，et al. Visible light photo catalytic inactivation of bacteriaand photo degradation of methylene blue with Ag/TiO_2，nanocomposite prepared by a novel method[J]. Journal of Photochemistry & Photobiology B Biology，2016，162：189-198.

[84] Tu Y J，Chang C K，You C F，et al. Treatment of complex heavy metal wastewaterusing a multi-staged ferrite process[J]. Journal of Hazardous Materials，2012，209-210：379-384.

[85] Wang H，Wang B，Zhao Q，et al. Antibiotic body burden of Chinese School Children：A multisite biomonitoring-based study[J]. Environmental Science & Technology，2015，49（8）：5070-5079.

[86] Wang P，Wang J，Wang X，et al. One-step synthesis of easy-recycling TiO_2-rGO nanocomposite photocatalysts with enhanced photocatalytic activity[J]. Applied Catalysis B：Environmental，2013，132-133（12）：452-459.

[87] Wang X，Chi Q，Liu X，et al. Influence of pyrolysis temperature on characteristics and environmental risk of heavy metals in pyrolyzed biochar made from hydrothermally treated sewage sludge[J]. Chemosphere，2019，216：698-706.

[88] Wani I，Ramola S，Garg A，et al. Critical review of biochar applications in geoengineering infrastructure：Moving beyond agricultural and environmental perspectives[J]. Biomass Conversion and Biorefinery，2021：1-29.

[89] Wu X，Shu Y，Qiang D，et al. Synthesis of high visible light active carbon doped TiO_2 photocatalyst by a facile calcination assisted solvothermal method[J]. Applied Catalysis B：Environmental，2013，142-143（5）：450-457.

[90] Wu Z，Sun Y，Hu L，et al. Preparation of activated carbon from formic acid hydrolysis residue by chemical activation of $ZnCl_2$[J]. Advanced Materials Research，2014，860-863：527-533.

[91] Yang G A，Gs A，Zhen Y B，et al. Influences of soil and biochar properties and amount of biochar and fertilizer on the performance of biochar in improving plant photosynthetic rate：A meta-analysis[J]. European Journal of Agronomy，2021，130：126345.

[92] Yuan P，Wang J，Pan Y，et al. Review of biochar for the management of contaminated soil：Preparation，application and prospect[J]. Science of the Total Environment，2019，659：473-490.

[93] Zhang M，Ma W，Cui J，et al. Hydrothermal synthesized UV-resistance and transparent coating composited superoloephilic electrospun membrane for high efficiency oily wastewater treatment[J]. Journal of Hazardous Materials，2020，383：121152.1-121152.9.

[94] Zhang Q Q，Ying G G，Pan C G，et al. Comprehensive evaluation of antibiotics emission and fate in the river basins of china：Source analysis，multimedia modeling，and linkage to bacterial resistance[J]. Environmental Science & Technology，2015，49（11）：6772-6782.

[95] Zhang S，Wang J. Removal of chlortetracycline from water by Bacillus cereus immobilized on Chinese medicine residues biochar[J]. Environmental Technology & Innovation，2021，24：1-12.

[96] Zhang W，Yan L，Wang Q，et al. Ball milling boosted the activation of peroxymonosulfate by biochar for tetracycline removal[J]. Journal of Environmental Chemical Engineering，2021，9（6）：106870.

[97] Zhang X，Zhang Y，Ngo H H，et al. Characterization and sulfonamide antibiotics adsorption capacity of spent coffee groundsbased biochar and hydrochar[J]. Science of the Total Environment，2020，716：137015.

[98] Zhao-Hui Y U，Xia J X，Ren H T. Water pollution accident emergency response and early-warning model in Gansu-Ningxia-Inner mongolia section of the YellowRiver[J]. Yellow River，2014，36（4）：37-40.

[99] Zheng C，Yang Z，Si M，et al. Application of biochars in the remediation of chromium contamination：Fabrication，mechanisms，and interfering species[J]. Journal of Hazardous Materials，2021，407：1-16.

[100] Zuo X，Chen M，Fu D，et al. The formation of alpha-FeOOH onto hydrothermal biochar through H_2O_2 and its photocatalytic disinfection[J]. Chemical Engineering Journal，2016，294：202-209.

第二篇

生物炭前改性及废水处理研究

生物炭作为一种可再生的环保材料，因其优良的吸附性能和稳定性，在废水处理领域得到了广泛应用。然而，未经改性的生物炭在处理某些复杂污染物时效果有限。因此，前改性技术应运而生，通过对生物炭进行物理改性或化学改性，可以显著提升其对特定污染物的去除能力。比表面积和表面官能团是影响生物炭吸附性能的两大主要因素。比表面积的增大一方面体现为微孔结构的增加，而增加的微孔结构有助于提升物理吸附能力；更大的比表面积在理论上有助于增加吸附剂与被吸附质之间的吸附自由能。表面官能团主要影响化学吸附性能，由于羟基、氨基、羧基等不同官能团的组成及配比差异，不同的生物炭往往表现出不同的表面特征。吸附剂表面大量的官能团有助于提高其化学吸附能力。本篇的主要内容：

一是利用水热酸碱前改性促进动植物源生物质原材料水解，从而暴露出更多的表面含氧官能团，进而提升对其他含极性官能团的吸附效果；二是可以利用超声、微波等高载能波促进材料的内部结构水解，利用水解后产生的大量含氧官能团提供更多的吸附功能位点，提升材料吸附性能。前改性处理后的生物炭不仅优化了其表面性质和孔结构，还引入了功能团，增强了生物炭对污染物的吸附和去除能力。这一过程不仅提高了废水处理的效率，还促进了资源的循环利用，推动了可持续发展的进程。通过研究生物炭的前改性方法，探讨其在废水治理中的应用潜力，将为环境保护和资源回收提供新思路。

第三章　水热前改性生物炭制备及抗生素吸附研究

一般来说，酸碱改性作用能够改善生物炭的吸附性能，但酸碱或氧化剂改性的方法提升材料表面官能团密度有限。研究发现，通过水热辅助方法取得的功能性生物炭具有大量的表面官能团，因此，探索在炭化之前利用前改性手段改变材料的原始结构，并通过水解或氧化还原作用提升材料表面特定官能团的类型和密度，可以有效提升生物炭的表面化学吸附活性。一般认为，在封闭的蒸汽系统，高温高压的环境下，水体中的生物质不但可以实现炭化，还会改变其原始结构。

因此，本章实验探索水热前改性手段对生物炭吸附能力提升的潜力。实验中采用水热酸碱辅助处理生物质方法，制备功能性秸秆炭和羽毛炭（生物炭）材料。一方面，使用酸碱水热前改性的方法旨在增加表面活性官能团，另一方面，为了验证材料的功能性，进行了酸碱水热前改性生物炭的研究，进行大量的表征分析及吸附机理分析；此外，实验同时探索了通过降低水热温度减少单纯水热炭化造成的大量能量的浪费，减少对水热装置的安全需求。

第一节　水热前改性生物炭制备方法

一、水热前改性过程

分别将碎羽毛和碎秸秆装入套筒，具体添加的原材料用量、配比等信息如表 3.1 所示。

套筒中同时加入 10 mL 去离子水，加盖装入不锈钢反应釜。将装配好的反应釜置于鼓风干燥箱中以 10℃/min 的速度加热至 220℃，发生交联反应持续 6 h。将羽毛组的反应釜取出，用玻璃棒将褐色液体引流至石英舟内，石英舟加盖置于管式炉中，在惰性气氛保护下，以 10℃/min 的升温速率加热至 450℃，保温 1 h 后自然冷却至室温，将其取出并研磨，干燥，标记 AFBF7 待用。将秸秆组的反应釜取出，用药匙将固态物移出置于石英舟中，加盖置于管式炉内，在惰性气氛保护下，以升温速率 10℃/min 加热至 450℃，保温 1 h 后自然冷却至室温，将其取出并研磨，干燥，标记 AFBC7 待用。

表 3.1　水热前改性生物炭名称、反应条件及平均产率

材料名称	原材料	pH	条件	产率/%
AFBC2	碎秸秆 4 g	2		21.57
AFBC7	碎秸秆 4 g	7	水热 220℃，6 h 炭化 450℃，1 h 活化 750℃，1 h	23.66
AFBC12	碎秸秆 4 g	12		13.13
AFBF2	碎羽毛 4 g	2		26.75
AFBF7	碎羽毛 4 g	7		25.09
AFBF12	碎羽毛 4 g	12		26.50

二、酸碱水热前改性过程

分别向装有碎羽毛和碎秸秆的 2 组 4 个 25 mL 聚四氟乙烯套筒中加入 0.005 mol/L 的硫酸（H_2SO_4）溶液与 0.01 mol/L 的氢氧化钾（KOH）溶液各 10 mL，以替代常规制备过程中的 10 mL 去离子水。所有套筒加盖装入不锈钢反应釜内，旋紧釜盖，置于鼓风干燥箱内，加热至 220℃后保持 6 h，使其发生交联反应。用玻璃棒将两个羽毛组褐色液体引流至石英舟内，加盖，置于管式炉内并在惰性气氛保护下，以 10℃/min 升温速率加热至 450℃，保温 1 h。自然冷却至室温，将其取出并研磨，用 0.1 mol/L 的盐酸 [HCl（aq）] 溶液或 0.1 mol/L 的 KOH 溶液与去离子水交替洗至中性，干燥后标记为 AFBF2、AFBF12 待用。秸秆组材料的制备过程基本同上述过程。酸碱水热前改性条件下制得的样品分别标记为 AFBC2、AFBC12。

取 6 个石英舟分别编号，将上述制备好的 AFBF2、AFBF7、AFBF12 及 AFBC2、AFBC7、AFBC12 各 3 g 放于石英舟内，每个石英舟分别加入 4.5 g 无水碳酸钾（K_2CO_3）。

每个石英舟中分别用移液枪加95%乙醇 1 mL，去离子水 9 mL，混匀后置于鼓风干燥箱中于 110℃下干燥 12 h，取出后的石英舟放在管式炉中在惰性气氛下加热，以 10℃/min 的升温速率加热至 750℃，保持 1 h。待石英舟自然冷却至室温，取出活化后生物炭以玛瑙研钵研碎，用 0.1 mol/L 的氯化氢（HCl）溶液或 0.1 mol/L 的氢氧化钾（KOH）溶液与去离子水交替洗至中性，干燥，再用玛瑙研钵研细，编号备用。制取的样品分别标记 AFBF2、AFBF7、AFBF12、AFBC2、AFBC7、AFBC12。

第二节 材料表征

一、元素分析

不同生物炭的元素分析结果见表 3.2。分析结果有助于揭示生物炭的结构框架。与一般常见的水热炭相比，AFBFs 表现出含有较高的氮和氧元素。经对比可以发现，AFBC2 中的氧元素含量大于其他样品。这可能是由于 AFBCs 中的半纤维素在高温和高压下很容易被硫酸水解和氧化造成的。AFBC2 中的氧含量归功于半纤维素水解氧化后生成的醛糖和聚醛糖。相对而言，AFBFs 中丰富的氮原子来源于角蛋白，而角蛋白是一种由氨基酸组成的蛋白质。含有大量的氮和氧元素说明结构方面存在缺陷。相应地，前改性水热炭表面含有大量的含氧官能团，这些官能团在化学吸附中起着重要作用。

表 3.2 不同生物炭的元素分析结果

原材料	名称	C/%	H/%	O/%	N/%
	AFBC2	67.2	1.52	29.92	1.36
秸秆	AFBC7	81.99	1.42	14.89	1.69
	AFBC12	85.41	1.39	11.77	1.43
	AFBF2	75.26	1.40	18.09	5.25
羽毛	AFBF7	73.73	1.56	21.99	2.72
	AFBF12	72.56	1.22	22.90	3.32

二、比表面积分析

比表面积是由参考量及速率来定量的，结果见图 3.1。根据国际理论与应用化学联合会（IUPAC）的标准分类，AFBF2、AFBF12、AFBC2 和 AFBC7 的氮气（N_2）吸脱附曲线呈特殊的 I（b）型曲线，表明这些多孔材料的表面是介孔结构。AFBF12 和 AFBC12 呈 II 型曲线，表明这些多孔材料的表面存在大孔结构。BJH（Barret，Joyner and Halenda）法[①]分析孔径分布及比表面积，6 种材料的比表面积分别为 937 m^2/g（AFBF2）、476 m^2/g（AFBF7）、1 216 m^2/g（AFBF12）、555 m^2/g（AFBC2）、522 m^2/g（AFBC7）和 842 m^2/g（AFBC12）。由此可见，酸碱前改性的水热炭比未改性的水热炭具有更大的比表面积，尤其碱改性的 AFBF12 和 AFBC12，对比未改性的 AFBF7 和 AFBC7，比表面积分别增大了 155.46% 和 61.30%。

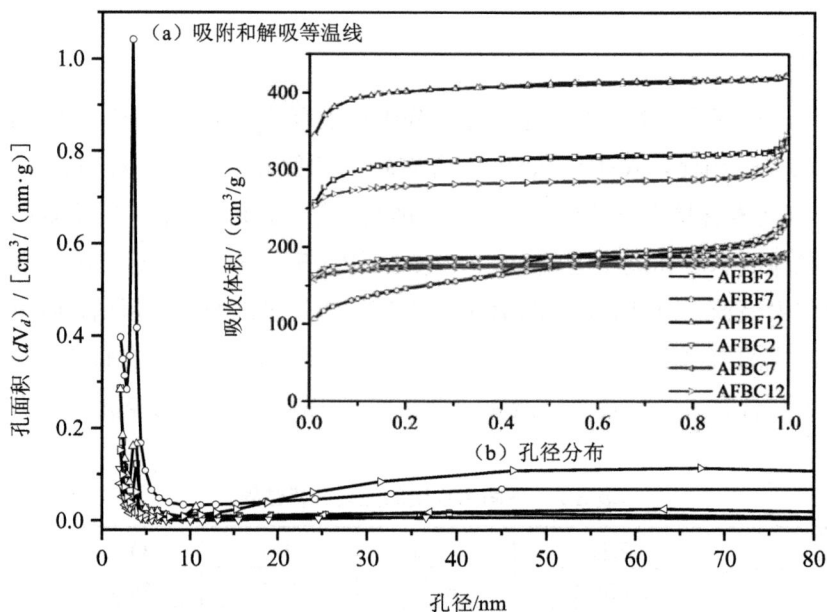

图 3.1　吸附和解吸等温线及孔径分布

因此，酸碱前改性有助于大幅增加传统生物炭的比表面积，改善吸附材料的表面积。我们推断，这主要是因为在水解过程中，不论是秸秆中的纤维素、半纤维素，还是羽毛中的角蛋白水解成了很多小分子，因此改性后比表面积增大。

---

① BJH 法是一种常用的测量吸附平均孔径的方法。

三、SEM 分析

通过 SEM 对材料制作的前改性水热炭进行形貌分析。整体而言，通过 AFBFs 的 SEM 结构（图 3.2）可以很容易看到，所有的前改性羽毛炭均具有独特的薄片结构，薄片结构虽然不尽相同（可能与改性的条件有关），但基本保持了原始的片层结构。而与此同时，从 AFBCs 的 SEM 结构中可以清楚地观测到均匀的球形秸秆炭结构。其中，酸碱前改性秸秆炭的微球状结构更为明显。

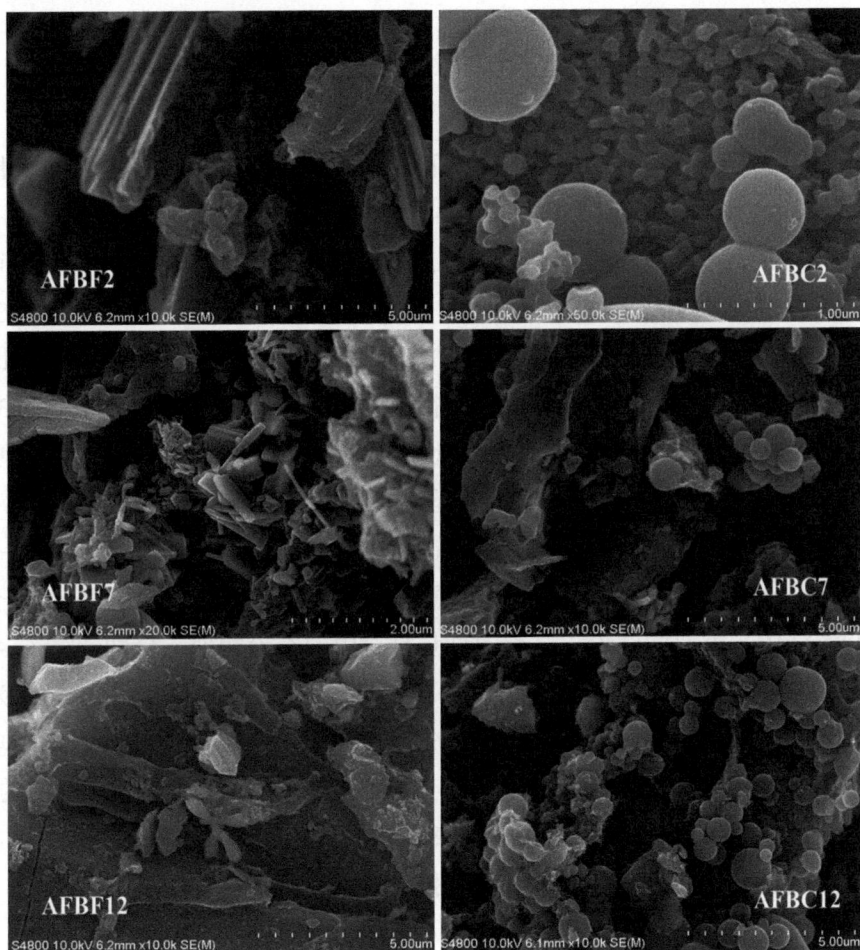

图 3.2　AFBFs 和 AFBCs 的 SEM 结构

由于水解受改性影响，羽毛炭中角蛋白层间所有的二硫键和大部分的肽键被打断，AFBF2 和 AFBF12 中呈现出较明显的多层氧化石墨烯结构。同时，AFBF2 和 AFBF12 的比表面积大于 AFBF7。AFBCs 的 SEM 图也可以得出类似的结论，受酸碱及高温高压条件的影响，秸秆中的纤维素与半纤维素间的酰基被打开，因此，AFBCs 中的碳微球由水解交联过程中的醛糖形成。酸碱前改性的秸秆炭间也存在不同的规律，SEM 图揭示了 AFBC2 由 1 μm 大小的球体组成，而 AFBC12 由 5 μm 大小的球体组成，酸前改性条件形成的球体更小，碱前改性形成的微球状结构更为均匀。SEM 图的分析结果与比表面积分析结果一致。

四、XPS 分析

为了进一步分析 AFBCs 和 AFBFs 的表面结构，我们对其 XPS 图谱进行了检测（图 3.3）。对于不同的前改性炭材料，发现了类似的 C 1s 谱峰。同时还发现了明显不同的 O 1s 谱峰。在图 3.3 中，左边的 O 1s 谱峰是 AFBCs 的。一般来说，所有的图谱都可以分成两组，其中结合能 531.3～531.6 eV 和 532.8～533.7 eV 位置出峰的分别是 C=O 和 C—OH 官能团。其中，AFBC7、AFBC2 和 AFBC12 表面的化学键 C=O/C—OH 比例通过分离的 XPS 图谱的峰面积进行计算，最终得出强度比分别为 9.80、6.27 和 1.32。这说明，在酸碱水热前改性的秸秆炭中含有大量的羟基，尤其以碱前改性的秸秆炭更多。分析认为，这可能是由于水解过程中产生的醛糖或醛糖基团包含大量羟基基团。

相应地，AFBFs 的 XPS 图谱中 O 1s 峰在图 3.3 右侧。图谱中分布在 531.1～531.3 eV 和 532.5～533.1 eV 结合能位置的这两组峰同前组 AFBCs 中的特征峰正好相吻合，因此可以得出与 AFBCs 类似的结论。与前改性秸秆炭中的结论相似，分别计算了 AFBF7、AFBF2 和 AFBF12 表面的化学键—CO/—OH 所对应的特征峰面积比值，分别为 1.12、1.23 和 4.29。酸碱水热前改性羽毛炭表面的—CO 键多于—OH 键。这同样归功于在水热的高温高压条件下，角蛋白的完全裂解所生成的大量带有羟基、羧基官能团的小分子。酸碱水热前改性的生物炭比传统生物炭的表面有更多的羟基、羧基等功能位点，而这些功能位点往往在化学吸附过程中能增强吸附效果并加快吸附速度。

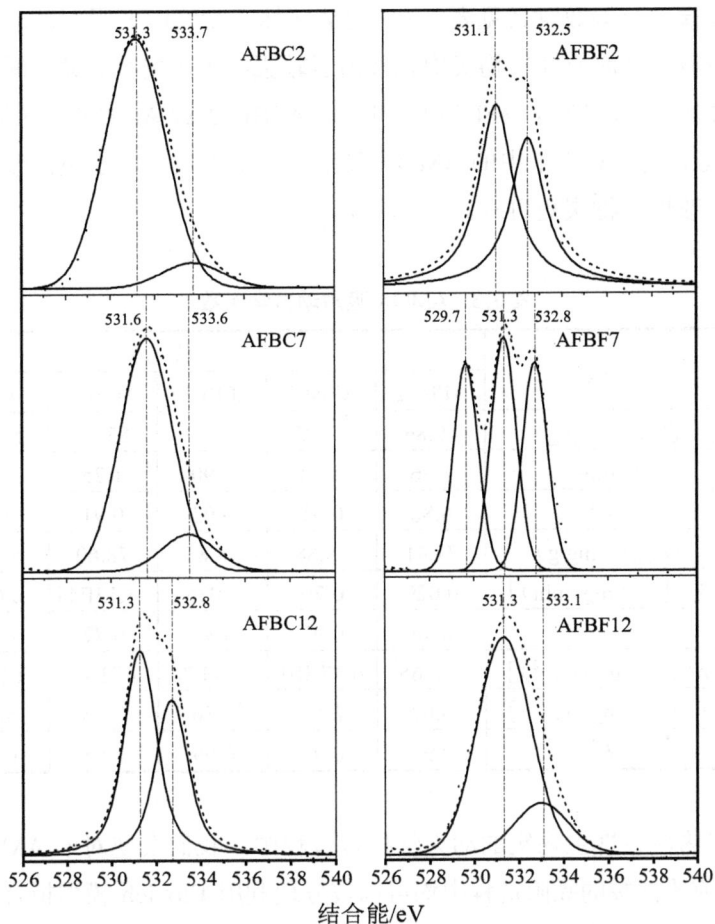

图 3.3　AFBCs 和 AFBFs 的 XPS 图 O 1s 谱峰

第三节　抗生素吸附性能分析

一、动力学和吸附能力

吸附和解吸实验都适合进行动力学分析。本书作为揭示吸附和解吸过程的有力工具，对不同的动力学模型（伪一级动力学模型、伪二级动力学模型和 Elovich 模型）进行了研究。具体模型及参数意义见表 3.3。阿莫西林（AMOX）吸附的动力学曲线见图 3.4。很明显，酸碱水热前改性生物炭均表现出了较强的吸附能力，尤其碱水热前改性的两种生物质活性炭 AFBC12 与 AFBF12。其中，AFBF12 对 AMOX 的去除率比 AFBF7 高 42.92%。换句话说，对于水中的 AMOX 吸附去除率来说，碱水热前改性材料比典型水热炭或传统的改性生物炭更可靠。

表 3.3 AMOX 吸附动力学参数

动力学模型	参数	样品名					
		AFBF2	AFBF7	AFBF12	AFBC2	AFBC7	AFBC12
伪一级动力学模型	$Q_{e,\exp}/$（mg/g）	70.86	57.95	85.49	83.42	51.22	88.80
	$k_1/\min^{-1}$	1.46	4.62	1.90	1.25	1.22	3.77
	R^2	0.88	0.95	0.92	0.91	0.76	0.99
伪二级动力学模型	$Q_{e,\exp}/$（mg/g）	74.41	58.88	88.85	78.60	54.43	89.97
	$k_2/$［g/（mg·min）］	0.029	0.20	0.035	$-1.13E44$	0.030	0.12
	R^2	0.95	0.97	0.97	0.72	0.88	1.00
Elovich 模型	$\alpha/$［g/（mg·min^2）］	386.65	6.37E10	6 243.70	472.77	61.12	1.65E16
	$\beta/$［g/（mg·min^2）］	6.62	2.16	6.36	7.46	5.85	2.07
	R^2	0.99	0.99	0.99	0.98	0.98	0.99

在对各种水热前改性生物炭的动力学拟合过程中，我们发现对于 AMOX 在 AFBFs 和 AFBCs 两种前改性炭的吸附过程中均可以较好地利用 Elovich 模型拟合。这通常代表着吸附过程为高能多相吸附过程，也说明吸附过程主要以化学吸附为主。在前文我们已经对 Elovich 模型中的参数 α 和 β 做出说明，其中 α 代表吸附常数，β 代表解吸常数，因此，α 值越大、β 值越小的拟合常数对应的材料具有较强的吸附能力和较低的解吸水平，更适合作为特征污染物的吸附材料使用。在 AMOX 吸附实验中，AFBC12 的 α 值最大、β 值最小。这说明 AMOX 在 AFBC12 上吸附过程进行较快，解吸过程缓慢。由表 3.3 可知，虽然 AFBFs 和 AFBCs 的吸附能力不同，但与传统的水热炭相比，AFBFs 和 AFBCs 均具有较强的吸附能力（65.04～92.87 mg/g）。

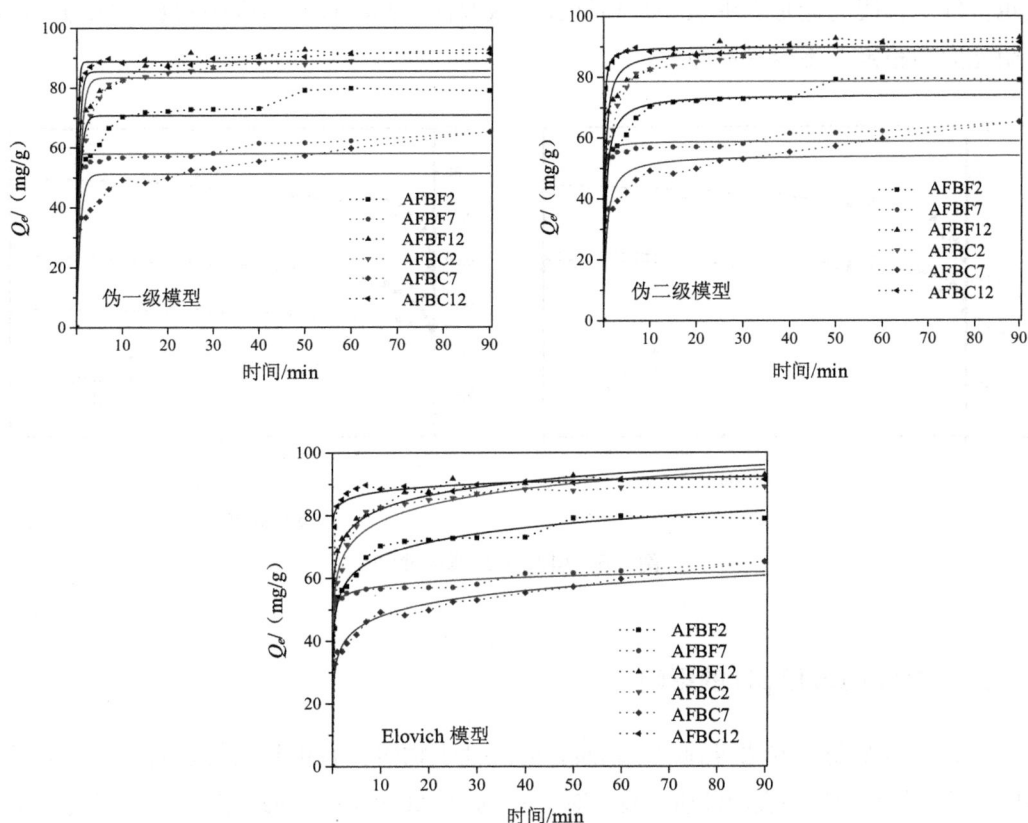

图 3.4　AMOX 吸附的动力学曲线

二、解吸实验结果分析

通过解吸实验我们可以了解吸附质在吸附剂表面吸附的稳定性。因此，我们分别对各种水热前改性生物质炭进行了解吸实验分析。AMOX 解吸曲线见图 3.5。仅水热前改性的羽毛炭（AFBF7）的解吸率高于酸水热前改性（AFBF2）和碱水热前改性羽毛炭（AFBF12），这体现了化学吸附过程所具有的特点，因此进一步说明经过酸碱水热前改性后的羽毛炭不仅吸附能力强，而且吸附效果稳定。在 60 min 后，解吸率仍然未达到 15%。相较于羽毛炭，秸秆炭的解吸率稍有提高。酸改性秸秆炭（AFBC2）在 60 min 后解吸率接近 30%，碱改性秸秆炭（AFBC12）比较稳定，90 min 时解吸率还不到 15%。

这也很好地说明无论是羽毛炭还是秸秆炭在碱改性后都不仅具有很强的吸附能力，并且吸附能力很稳定，不容易解吸。

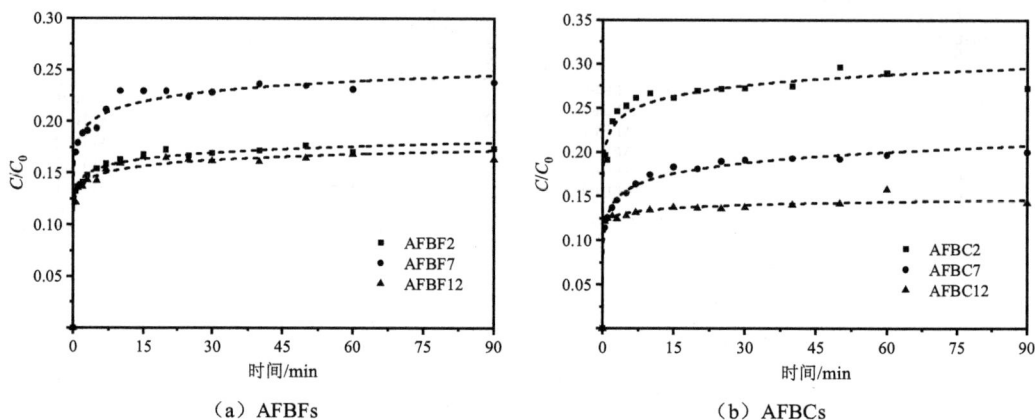

（a）AFBFs

（b）AFBCs

图 3.5　AMOX 的解吸曲线

三、Zeta 电位和 pH 的影响

相较于传统制备方法得到的生物炭，前改性生物炭具有更复杂的表面性质。由于制备的羽毛炭具有独特的表面性质，我们对 AFBFs 和 AFBCs 的 Zeta 电位进行了研究。通常来说，两性 AMOX 分子在不同的 pH 环境下表现出不同的离子形态 [图 3.6（a）]。AMOX 的化学特征是变化的，当 pH<2.4 时是 HL；当 2.4<pH<7.4 时是 H_2^+L；当 7.4<pH<9.6 时是 H^+L^-；当 pH>9.6 时是 L^-。因此，吸附剂的表面电位在 AMOX 的吸附中起着非常重要的作用。

一般而言，AFBFs 的表面电荷大于 AFBCs，AFBC2 的表面电荷是所有 AFBs 中最小的。吸附剂的吸附能力受不同 pH 下 AMOX 种类变化的影响。AFBC7、AFBC12、AFBF7、AFBF12 和 AFBF2 分别为 3.59、3.80、4.21、4.58 和 4.75 [图 3.6（b）]。当 pH 大于 3.59 时，AMOX 分子和吸附剂之间的静电引力随着 pH 的增加而增强。当 pH 大于 10 时，吸附能力较小，这可以通过不利的静电条件反映出来 [图 3.6（b）、（c）]。尽管生物水热炭的吸附能力通过前改性方法提高了，但是去除率很容易受 pH 的影响 [图 3.6（c）]。这些变化对酸碱水热前改性生物炭来说非常明显。这可能是由于酸碱前改性中形成了大量的羟基官能团。这一结论从另一个角度证明，当吸附质溶液的 pH 为 12 时，各前改性生物炭对 AMOX 的吸附去除率明显下降 [图 3.6（c）]。

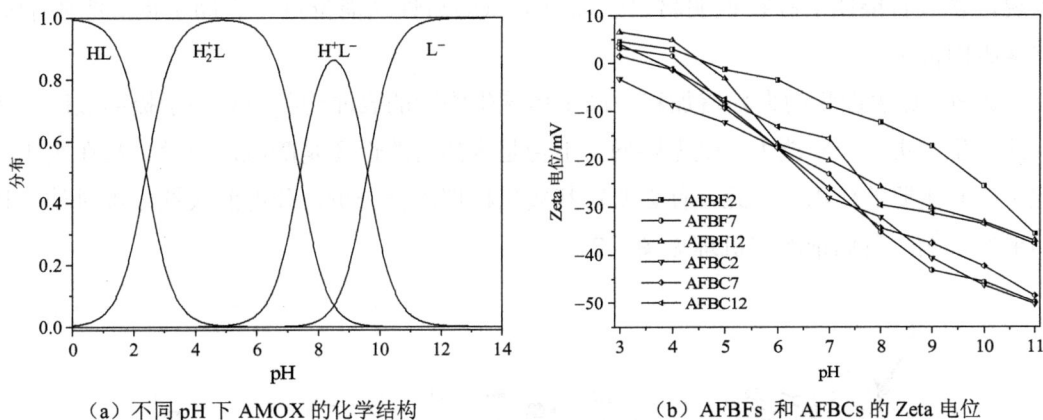

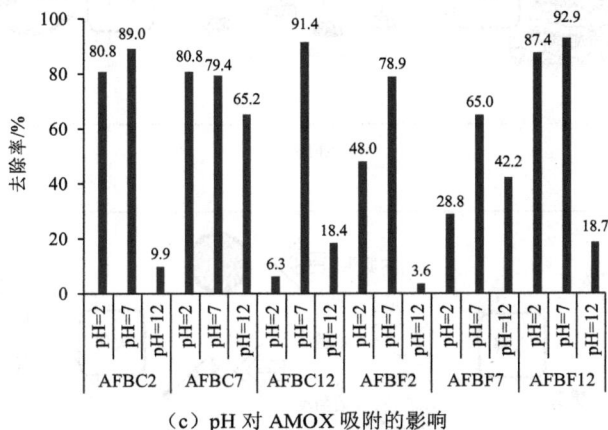

（a）不同 pH 下 AMOX 的化学结构

（b）AFBFs 和 AFBCs 的 Zeta 电位

（c）pH 对 AMOX 吸附的影响

图 3.6　不同 pH 下 AMOX 的化学结构、AFBFs 和 AFBCs 的 Zeta 电位、
pH 对 AMOX 吸附的影响

第四节　机理分析

综合前文对 AFBFs 与 AFBCs 的表面特征分析，我们可以发现这两种水热炭，尤其酸碱前改性生物炭，与传统生物炭有本质上的不同，最根本的区别就是酸碱前改性

生物炭有着突出的表面化学性质。由于制备方法的创新，酸碱前改性的羽毛炭与秸秆炭表面具有大量的特殊的活性基团，这些活性基团主要由一些含氧官能团构成。一般来说，含氧官能团的存在说明材料表面有大量的活性功能位点，有助于提高吸附剂的化学吸附能力。

此外，比表面积的大幅增加和不同于传统生物炭的表面构象也有助于提高酸碱水热前改性生物炭的吸附能力。毫无疑问，不管是水热前改性还是酸碱前改性，都在炭化过程中起着重要的作用。因此，有必要对其炭化机理进行分析，分析前改性过程对秸秆和羽毛的影响，我们推测的机理见图 3.7。

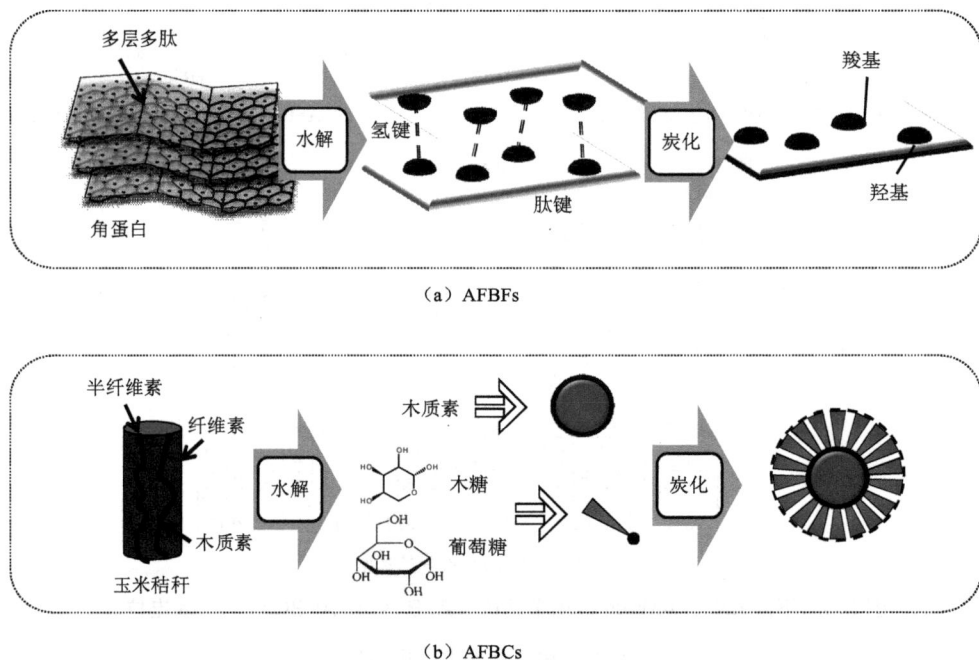

（a）AFBFs

（b）AFBCs

图 3.7　AFBFs 和 AFBCs 的形成机理

首先，羽毛（实验过程中主要是羽毛）主要由 β 角蛋白组成。通常，羽毛中的 β 角蛋白由多层折叠状的多肽片层通过二硫键和肽键连接在一起。这种层状结构有利于形成稳固且质轻的空间网状结构。然而，正是这种空间网状结构有助于微片层状的生物炭的形成。多硫键和多肽键在高温高压及酸碱溶液中很容易发生水解断裂。因此经过酸碱前改性处理的羽毛炭，其微片层状结构更加明显，在表征过程中由于水解的影响，AFBF2 和 AFBF12 片层更薄，表面也更粗糙。生物炭的表面出现了更多的羧基和羟基。因此，AFBF2 和 AFBF12 的 XPS 分析结果显示两种炭中有更强的 C═O 信号。

玉米秸秆的主要结构是木质素、纤维素和半纤维素。一般来说，3 种多糖结构在普通高温环境下很难被破坏，因此传统生物炭多保持原始的空间网状构象。在酸碱前改性的环境下，高温高压及酸碱条件促使秸秆中的纤维素和半纤维素发生水解，而半纤维素的水解可以得到木糖多糖乃至木糖单糖，纤维素水解的最终产物是葡萄多糖或单糖。而难以降解的木质素不会被水解。有疏水性的木质素在水溶液中被水解产生的木糖和葡萄糖包围。各种糖类组分的疏水基向内、亲水基向外，形成独特的微球结构。微球的直径大小同水解程度及木质素分子的大小有关。因此，作为亲水基的羟基在炭化后暴露在 AFBC2 和 AFBC12 纳米球状粒子的表面。这一现象 AFBC2 和 AFBC12 的 XPS 图中存在明显的羟基及羧基信号。

在水热炭化过程中引入前改性方法，并在酸性、中性及碱性环境下进行水热处理。分别使用羽毛和秸秆制成活化前改性生物水热炭材料（AFBFs 和 AFBCs）。为了评估 AFBs 的吸附能力，进行了特征分析和机理研究。相比之下，在酸碱前改性的生物水热炭材料上，可以很明显地观察到一些较薄的炭层、较小的微孔炭球和较多的羟基官能团。酸碱前改性后，AFBs 进一步增加了比表面积。我们同时通过大量的实验研究了阿莫西林的去除能力。

对比发现，碱前改性的 AFBs 有较高的吸附能力，高达 92.87 mg/g。水热前改性生物炭比普通生物炭的比表面积增加 155.46%，对 AMOX 的吸附能力增加 42.92%。Zeta 电位分析，研究了不同 pH 下吸附剂和吸附质的相互作用。此外，通过动力学研究发现，本研究中 AMOX 的去除以较强的化学吸附过程为主。由此可见，前改性方法对提高生物水热炭的特性是非常必要的。

第五节　本章小结

本研究在水热过程中引入了前改性环境，通过在水中添加酸或碱形成的酸性、中性及碱性环境下进行水热处理，研究得出以下结果：分别用羽毛和秸秆制成 AFBFs 和 AFBCs。为了评估酸碱水热前改性生物炭材料的吸附能力，进行特征分析和机理研究。

相较而言，通过酸碱前改性，AFBs 上明显可以观察到一些较薄的炭层、较小的微孔炭球和较多的羟基官能团，碱前改性的 AFBs 的比表面积比普通水热炭增加了 155.46%，对 AMOX 的吸附能力增加 42.92%。通过 Zeta 电位分析了不同 pH 下吸附剂与吸附质之间的相互作用。此外，动力学研究表明，本研究中 AMOX 的去除主要以较强的化学吸附过程为主。因此，前改性方法对于提高生物水热炭的特性非常有效。

第四章 超声水热前改性生物炭制备及抗生素吸附研究

　　前改性手段的使用将材料性能改善效率提升到了一个新的高度。无论是酸碱前改性条件还是中性前改性条件，都能通过水解作用破坏材料原始的骨架与空间网状结构，不同的酸碱前改性条件不仅可以有效改善材料表面性能，还能通过水解作用间接提升材料中的非碳元素比例，从而大幅增加表面非碳官能团的密度，直接提升材料对某些特定有机物的吸附特性。但是研究结果表明，炭化过程的高温处理加速了非碳元素的流失，进而减小了材料表面官能团密度，活性官能团在一定程度上决定了材料的表面功能化程度，从而影响材料对特定有机物的吸附能力，含氧官能团流失无疑使材料对部分目标物质的吸附去除能力大打折扣。较低炭化温度有助于保留材料中的初始氧元素和氮元素，但是炭化不彻底不利于大比表面积的形成。较高温度下，非碳元素流失加剧会导致大量的活性官能团流失。

　　随着近年来改性技术的不断发展，含其他非碳元素官能团掺杂的功能化生物炭的研究层出不穷。研究表明，不同改性技术可能导致孔隙度变少，尤其是微孔结构减少，从而降低材料对不同吸附质的吸附效果。前改性技术的引入可以增加材料的处理流程，同时溶剂条件的引入使超声前处理技术可以被引入前改性过程中。超声处理技术以其独特的高能量密度影响传播介质分子之间的摩擦。随着疏密波的传输，传输介质分子中可能发生空化作用，造成局部的升温和刻蚀。因此，在材料合成中经常使用超声波乳化前体溶液或者在材料制备后期去除材料伴生的可溶性杂质。在之前的生物炭制备中，Wang 和 Aneeshma 等在炭材料制备后期引入超声处理技术，主要是用于后期去除活化产生的一些灰分和可溶性盐，强化造孔作用，从而增加材料的孔隙度。然而，在 Okolie 等的研究中发现，炭化作用前使用超声处理是有助于促进原料的水解作用的，过程中可能将长链物质水解为大量的断链物质，因此在前改性过程中加超声处理也促进水解作用。还有部分实验利用超声的空化作用配合其他改性剂（酸、碱、氨水等）对材料进行深度改性。这也为在水热前改性中增加材料表面官能团数量多一种途径，同时实现材料表面的功能化。

第一节　超声水热前改性生物炭制备方法

一、超声辅助水热前改性

取 2 g 经过干燥处理的秸秆，放入聚四氟乙烯内衬套筒。相应地，将 10 mL 0.01 mol/L 的 KOH 溶液加入套筒。将这些套筒加盖后放入不锈钢水热反应釜套筒中，旋紧不锈钢反应釜后将其置于鼓风干燥箱中，把鼓风干燥箱的温度调到 200℃，稳定地加热 4 h 后自然冷却至室温，将反应釜打开，从中取出聚四氟乙烯的内衬套筒，打开套筒，用药匙取出水热反应后的秸秆焦，统一收集到烧杯中，放到超声仪中进行超声处理，超声频率为（22.5±1）kHz，超声辅助处理时间为 20 min。超声辅助处理后的泥状物移到刚玉舟中，将刚玉舟移至管式炉中，先以 10℃/min 的升温速度将温度升到 110℃，在氩气气氛下干燥 3 h 后进入炭化过程。

二、炭化、活化

炭化过程：在氩气气氛中 450℃下加热上述干燥后的焦炭 1 h（升温速度为 10℃/min）。随后自然冷却至室温，将炭化后的样品用玛瑙研钵研磨粉碎成粉末并称重。接着，取 1.5 g 上述炭化粉末并与 3.0 g KOH 固体均匀混合后，移至刚玉舟中，加入 10 mL 超纯水和 1 mL 乙醇，用玻璃棒加以搅拌，超声辅助处理 2 min 后将泥状样品放入鼓风干燥箱，加热至 105℃烘干 12 h，自然冷却至室温后，将装有样品的刚玉舟放入管式炉。

活化过程：在氩气气氛中，以 10℃/min 的升温速度将温度升到 750℃后保持 1 h，自然冷却至室温后，取出刚玉舟，以药匙将刚玉舟中的样品移至玛瑙研钵中，用玛瑙研钵将样品研碎成粉末，先取 50 mL 的稀盐酸清洗，用玻璃棒蘸取液体在 pH 试纸上测试，用超纯水和 0.5 mol/L 盐酸交替洗涤，以垫有中速定性滤纸的布氏漏斗过滤，检测滤液的 pH，直至滤液 pH 至中性。最后，将带有样品的定性滤纸放在鼓风干燥箱里烘干，烘干温度在 60℃保持 12 h，最终取出烘干的活性生物炭，用玛瑙研钵再次研磨，用 200 目细筛筛得 200 目以下的炭粉，得到水热超声辅助处理的富微孔生物炭（表 4.1）。称重后将 SFB 置于样品管中标注日期与重量后备用。

表 4.1　前改性生物水热炭名称、反应条件及平均产率

材料名称	原材料	pH	条件	产率/%
CB	秸秆 4 g	2	水热 220℃，4 h	21.57
FB	秸秆 4 g	7	炭化 450℃，1 h	23.66
SFB	羽毛 4 g	12	活化 750℃，1 h	26.50

第二节　超声水热前改性生物炭表征分析

一、元素分析

元素分析用于揭示生物炭内部框架的元素构成。在 CB、FB 和 SFB 的元素分析结果中（表 4.2）可以看到：CB 含有最高的 H、O、N 和 S 含量，与之对应地，C 元素的含量相对较少。随着水解过程的进行，非碳元素的含量不断减少（FB）。这是因为水热和活化作用均导致了含氧官能团的分解和流失。非碳元素的减少不利于更多非碳官能团的保留。通过引入超声辅助处理技术，SFB 中的氧含量相较于 FB 中的氧含量有了大幅提升。这归因于半纤维素、纤维素和木质素在超声波诱导下再次水解，辅助超声处理也有利于材料的表面功能化。因此，可判断在 SFB 表面应该有更多的含氧官能团，与后续采用 XPS 对生物炭的表面组成进行评价的结果一致。同时，根据文献可知，高能声波可能将它们撞击成较小的碎片，形成更大的比表面积。同时，对 SFB 的灰分含量、CEC 和水悬浊液进行分析，结果表明，SFB 的阳离子交换量大幅升高，灰分大幅降低，材料针对阳离子的吸附效能大幅增加。

表 4.2 CB、FB 和 SFB 的元素分析、表面电位及阳离子表面交换量分析结果

元素及其他参数	CB	FB	SFB
C/%	56.12	85.12	75.68
H/%	0.54	0.48	0.44
O/%	43.22	13.93	23.44
N/%	0.6	0.43	0.35
S/%	0.12	0.040	0.09
H/C	0.009 6	0.005 6	0.005 8
O/C	0.77	0.16	0.31
Ash	20.12	22.32	9.68
pH（H_2O）	7.30	7.20	6.70
CEC/（$cmol^+$/kg）	30.50	26.70	112.30

二、SEM 分析

图 4.1 分别给出了 CB、FB 和 SFB 的 SEM 照片，对比可以发现，原始的秸秆炭 CB 具有空间不规则的多孔结构，并且保留了传统生物质中的空间网状结构。CB［图 4.1（a）］中可以发现大量的不规则结构，这是由活化过程中活化剂的碱刻蚀造成的。同时，在不规则的断裂面可以发现大量的石墨碳结构堆积在一起，未出现生成更大比表面积的趋势或形成更多孔状的结构。相比之下，FB［图 4.1（b）］的改性效果比较明显，已经看不到太多的不规则断面，并且出现了部分球状的碳粒，这种现象可认为纤维素/半纤维素水解后的短链糖围绕不水解物形成的，这有助于增加生物炭材料的比表面积，还有助于材料表面极性官能团的暴露，因此能够提升材料的吸附能力。

从 SFB 的 SEM 图［图 4.1（c）、（d）］中可以看到更多的微碳球结构，SFB 碳颗粒主要呈块状，上面覆盖了大量的微碳球，这使材料的比表面积有很大的提高，大量的微碳球堆叠也导致材料的微孔、介孔结构大量增加，这说明超声辅助处理所产生的超声空化作用不仅有助于促进材料的水解过程，使原本的材料框架彻底坍塌，增加材料的比表面积，还有助于刻蚀水解后脆弱的材料表面，促进生成更多的微孔结构。原材料中很多水解过程中未能完全解离的部分通过超声辅助处理后彻底分裂或分离，使得炭材料的颗粒尺寸更小，表面的微球尺寸也更小。

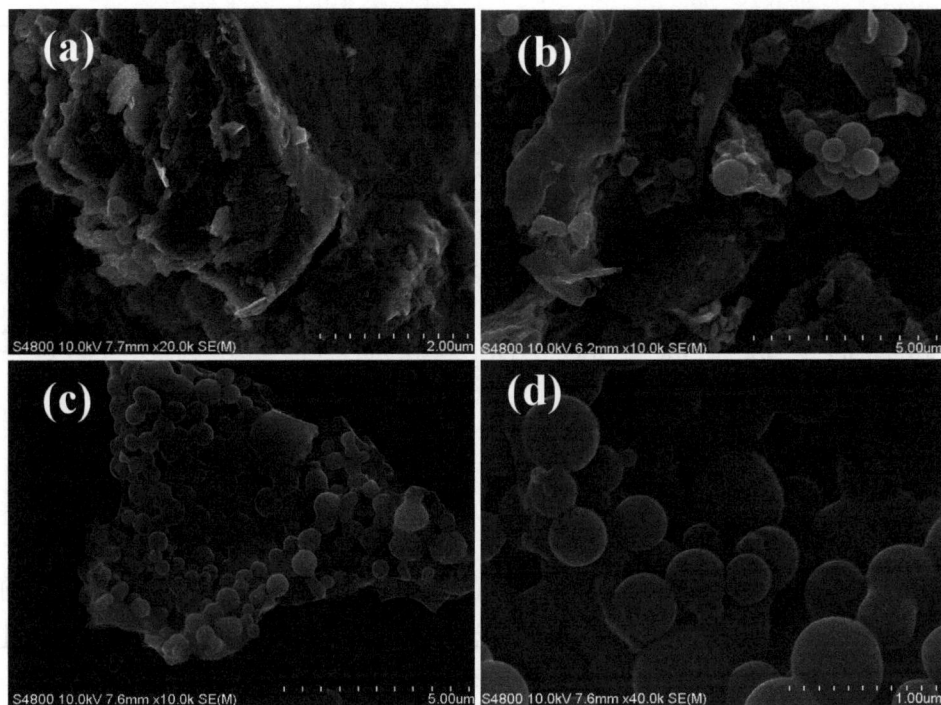

图 4.1 CB（a）、FB（b）和 SFB［（c）、（d）］的 SEM 图

三、比表面积分析

实验中用 N_2 吸脱附实验分析了 CB、FB 和 SFB 材料的比表面积，在 N_2 吸附/解吸等温线［图 4.2（a）］中，根据 IUPAC 的分类分析不同材料的孔径特点，其中 CB 和 FB 材料展现出了 Ⅱ 型吸附/解吸曲线，这表明吸附剂表面发生了多层吸附过程，并且吸附剂表面存在大量的介孔或大孔结构。相应地，根据 IUPAC 的分类，SFB 的 N_2 吸附/解吸曲线可以归类属于 Ⅰ 型，通常在存在大量微孔结构时出现。用 BET 模型计算这些吸附剂的比表面积。CB、FB 和 SFB 的比表面积分别为 732 cm^2/g、1 194 cm^2/g 和 2 368 cm^2/g。此外，还采用 BJH 方法进行孔径分布调查［图 4.2（b）］。可以看到，在 CB、FB 和 SFB 中分别存在大量的大孔、介孔和微孔结构。

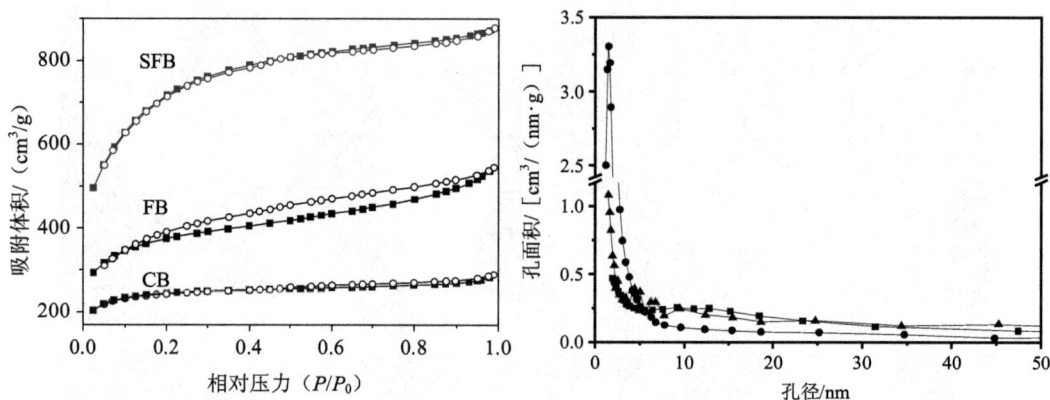

（a）SFB、FB 和 CB 的吸脱附曲线　　　　（b）SFB、FB 和 CB 的孔径分布

图 4.2　SFB、FB 和 CB 的吸脱附曲线及孔径分布

总体来说，一是通过基于超声辅助处置前改性得到的 SFB 比表面积是未经前改性处理的 CB 比表面积的 3.23 倍，这个提升无疑是非常大的；二是超声辅助前改性处理后的 SFB 表面具有更多的多孔结构，特别是微孔结构（约 1.5 nm），在 SEM 照片中也观察到了这一点，多孔结构更加有利于吸附抗生素；三是超声波辅助处理方法产生的空化气泡可以使生物质内许多由氢键、范德华力等弱分子间作用力支撑的可水解框架结构加速坍塌，原材料的框架体系彻底水解，分解后的物质团聚在未分解物质的周围，因此能够形成许许多多的球状结构，这也有助于形成更大的比表面积。

四、FTIR 分析

本实验中利用 FTIR 鉴定了吸附剂表面官能团与被吸附质分子之间的相互作用（图 4.3）。在波长 3 400 cm^{-1} 附近观察到最强特征峰，归属于羟基的伸缩振动峰；在波长 2 800～3 000 cm^{-1} 附近观察到弱峰，归因于 π 键中的—CH 的拉伸振动。在 SFB 的 FTIR 图谱中还发现在 1 600 cm^{-1}、1 380 cm^{-1} 和 650～800 cm^{-1} 存在比较明显的特征峰，这些特征峰分别对应的是酯基或羧基里的 C=O 结构，芳香类 C=C 键的拉伸振动与—CH 弯曲振动。另外，一些明显的峰值分布在 1 000 cm^{-1}、1 160 cm^{-1} 和 1 260 cm^{-1} 左右，分别属于纤维素中的—C—O、C—O—C 弯曲振动和酯基或醇基中—C—O 的拉伸振动。在 HY 的吸附体系中 1 380 cm^{-1} 左右的峰改变最明显，而在 AMOX 的吸附体系中改变并不明显。这个振动峰的变化证明芳香键在 LE 和 TC 的吸附体系中起到很大的作用。通过对比 3 种抗生素分子的空间结构，发现 LE 与 TC 的分子中共轭环较多，大 π 键较强，因此 π-π 堆积在 LE 与 TC 的吸附体系中可以扮演更重要的角色。总之，被吸附物与 SFB 之间的作用不仅同传统的羧基、羟基等含氧官能团息息相关，还同 π 键之间的相互作用有很大的关系。

五、拉曼光谱分析

此外，为了分析碳的结晶质量，对 SFB 的拉曼光谱（Raman）进行了检测（图 4.4）。在 1 330 cm^{-1} 和 1 583 cm^{-1} 处有明显的 D 带和 G 带，分别属于 sp^3 和 sp^2 碳型。相应地，D 和 G 波段的强度比（I_D/I_G）反映了碳的石墨化程度。I_D/I_G 比值越高，碳骨架的无序程度越低。SFB 的 I_D/I_G 很接近 1，因此材料的混乱程度较低。

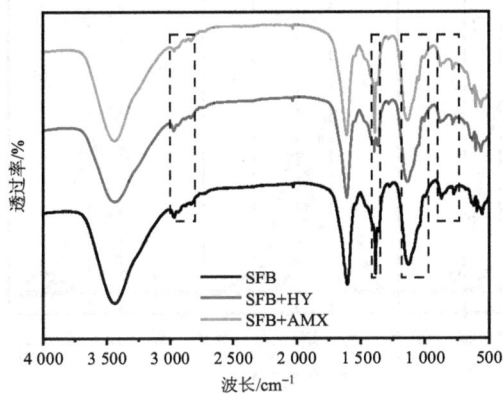

图 4.3　SFB 和吸附抗生素后 SFB 的 FTIR 图谱　　图 4.4　SFB 的 Raman 分析图谱

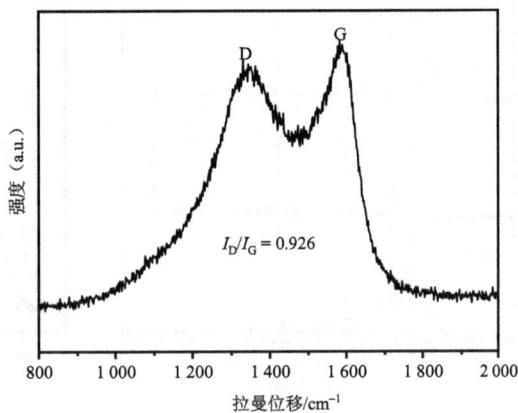

六、XPS 分析

图 4.5 展示了 CB、FB 和 SFB 的 XPS 分析图谱，其中 CB、FB 和 SFB 的 C 1s 峰在图 4.5（a）中展示。从图 4.5（a）中可以看到，在 284.4 eV 处检测到碳的主峰对应着 sp^2 形式的碳。相应地，285.1 eV 处对应的特征峰属于 sp^3 形式的碳结构，这两种峰在 3 种碳的 XPS 谱图中均有发现，说明 CB、FB 和 SFB 材料还是以石墨化的碳作为主要骨架。一般来说，功能化炭基材料具有复杂的 C 1s 光谱混合峰。在 FB 和 SFB 的生物炭光谱

中发现了清晰的其他 3 个单组分峰，结合能分别为 286.4 eV、289.9 eV 和 293.0 eV，这些特征峰分别属于 3 个代表羰基、酯基和 π-π 结构的卫星峰。在 FB 的 C 峰中的 sp³ 特征峰有明显的强度下降，这主要是因为通过水热改性处理增加了炭基和酯基，这与元素分析结果相吻合，也与下文的 O 1s 分析结果相吻合。

在 CB、FB 和 SFB 的 O 1s 峰中，所有的曲线都可以分解成结合能为 531.1～531.8 eV、532.2～533.3 eV 和 534.0～535.4 eV 的 3 个组分，这 3 个特征峰分别属于 —C≡O、—C—O 和 —O—H 基团。在图 4.5（b）中可以看到，在水热前改性过程中，通过材料的 C≡O 特征峰强与 C—OH 特征峰强比值（C≡O/C—OH）在 FB 中下降至 0.79，而在 SFB 中又上升至 1.08，这说明水热过程会减少材料表面羰基官能团的密度，而超声辅助水解过程有助于形成更多的表面羰基官能团。

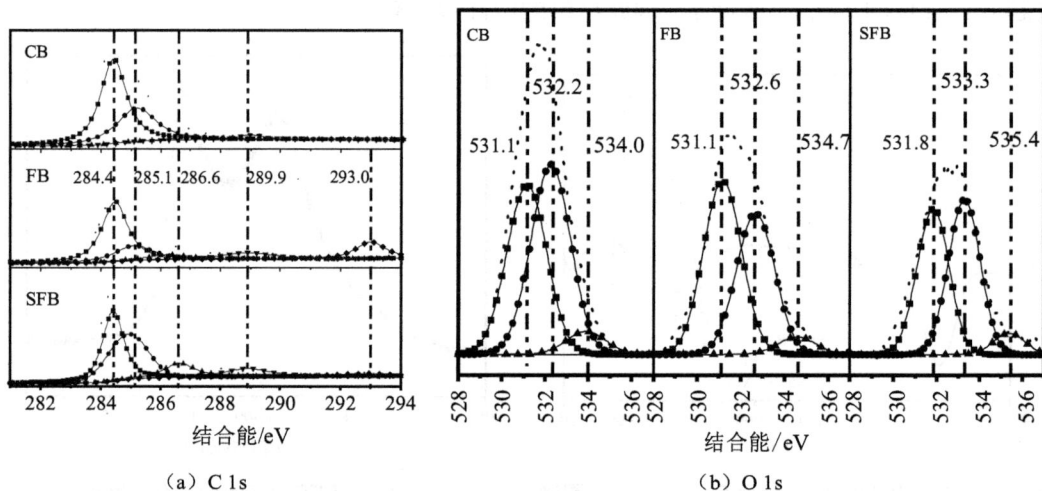

（a）C 1s   （b）O 1s

图 4.5　CB、FB 和 SFB 的电子 XPS 分析图谱

七、Zeta 电位分析

检测不同 pH 环境下材料的 Zeta 电位。两性 AMOX、TC 和左氧氟沙星（LE）分子在不同 pH 条件下呈现不同的电离形态。由 AMOX、TC 和 LE 各自分子的解离常数（AMOX 的 $pK_{a1} = 2.4$、$pK_{a2} = 7.4$、$pK_{a3} = 9.6$）、（TC 的 $pK_{a1} = 3.32$、$pK_{a2} = 7.78$、$pK_{a3} = 9.58$）和（LE 的 $pK_{a1} = 6.1$、$pK_{a2} = 8.2$），可知它们在不同 pH 环境下的化学性质是可变的。例

如，AMOX 分子主要表现为中性粒子 HL（pH<2.4），带正电粒子 H_2^+L（2.4<pH<7.4），中性粒子 HL（7.4<pH<9.6）和带负电粒子 L^-（pH>9.6）。TC 分子（H_3^+L、$H_2^+L^-$、HL^- 和 L^{2-}）和 LE 分子（H_2L^+、HL 和 L^-）也有类似的性质。

　　吸附剂的表面电位影响其与吸附质之间的静电吸引过程，从而影响吸附的整个过程。从图 4.6（a）中可以看出，SFB 的 pH_{Zeta} 约为 4.76，当溶液为中性时，表面电位为 −26.3 mV；而在中性条件下，AMOX、TC 和 LE 等分子分别表现为（0.71 H_2^+L + 0.29 L^-）、（0.85 H_2L^+ + 0.15 H^+L^-）和（0.94 H_2L^+ + 0.6 HL）。图 4.6 显示 AMOX 分子与 SFB 之间的静电引力小于 TC 和 LE，这也同后面的去除率测试结果相吻合。但需要指出的是，大多数抗生素分子以阳离子的形式存在，中性条件下呈电负性的材料可以提高其针对抗生素分子的吸附能力，从而提高吸附速度。

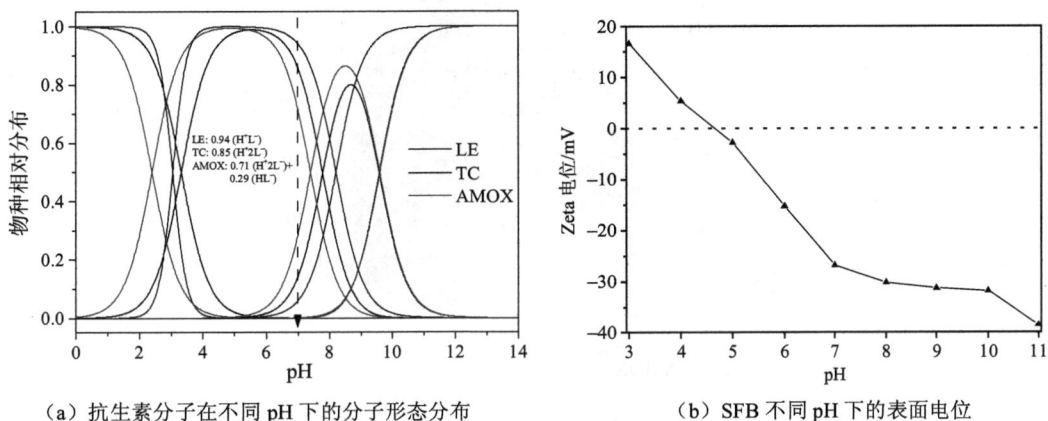

　（a）抗生素分子在不同 pH 下的分子形态分布　　　（b）SFB 不同 pH 下的表面电位

图 4.6　抗生素分子在不同 pH 下的分子形态分布及 SFB 不同 pH 下的表面电位

第三节　抗生素吸附性能分析

一、吸附性能评价

　　通过将 CB、FB 和 SFB 加入含抗生素的单一溶液中，探讨 CB、FB 和 SFB 的吸附能力（图 4.7）。根据前文提到的预实验确定系列实验 SFB 的投加量为 0.2 g/L。SFB

对 AMOX、TC 和 LE 具有非常好的去除效率，在 60 min 后，SFB 吸收了 99.45% 的 LE，显著高于 CB 的 48.34% 和 FB 的 60.17%。这说明 SFB 对抗生素污染物的吸附性最高。一般来说，去除率主要受比表面积和吸附剂的功能化表面影响，例如，氢键和 π-π 堆积的形成就影响吸附过程。吸附规律在抗生素与 CB、FB 和 SFB 之间相类似。CB、FB 和 SFB 表面的极性官能团可以给吸附质上的极性基团带来更高的亲和力（如抗生素分子中的含卤素基团、羟基和羧基）。同时 FB 和 SFB 上的芳构化基团可以提供额外的吸附亲和力，增加了吸附力。因此，FB、SFB 对 LE（芳构化更强）的去除率均高于 TC 和 AMOX。

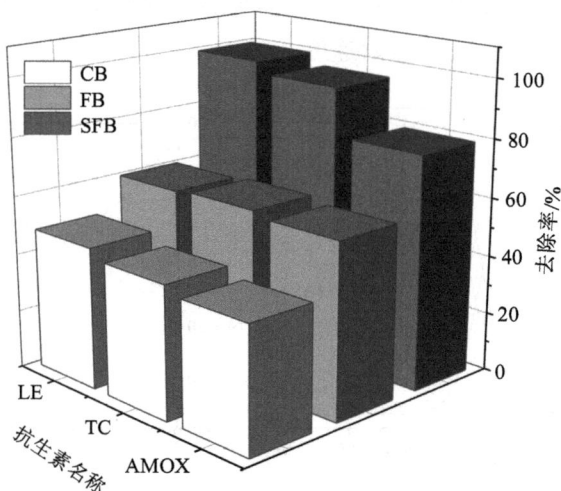

图 4.7　AMOX、TC 和 LE 在 CB、FB 和 SFB 上的去除率

二、吸附动力学实验结果

（1）单一抗生素吸附动力学实验结果

本实验中的动力学实验结果如表 4.3 及图 4.8 所示。其中表 4.3 总结了各吸附动力学参数，通过不同模型的拟合，根据 R^2 的大小发现这些模型的拟合结果优先顺序是 Elovich 动力学模型＞伪一级动力学模型＞伪二级动力学模型，这表明吸附剂在吸附过程中主要以化学吸附为主。基于线性回归系数，Elovich 模型描述的抗生素吸附动力学数据置信水平大于 99%。同时，从图 4.8 中可以看出拟合的结果和整个动力学实验的趋势。整体来说，SFB 对不同的抗生素均表现出了超高的吸附效率，吸附过程可分为两个阶段。

表 4.3　单独吸附体系中不同吸附动力学模型的拟合参数

动力学模型	模型参数	AMOX	TC	LE
伪一级	$Q_{e,cal}$ /（mg/g）	371.23	439.70	482.31
	k_1 /min^{-1}	3.05	3.36	3.20
	R^2	0.94	0.94	0.98
伪二级	$Q_{e,cal}$ /（mg/g）	364.3	432.84	474.04
	k_2 /［g/（mg·min）］	8.84	9.53	7.16
	R^2	0.90	0.92	0.94
Elovich	α /［g/（mg·min^2）］	2.23×10^5	7.09×10^5	2.48
	β /［g/（mg·min）］	20.75	23.00	19.34
	R^2	0.99	0.99	0.99

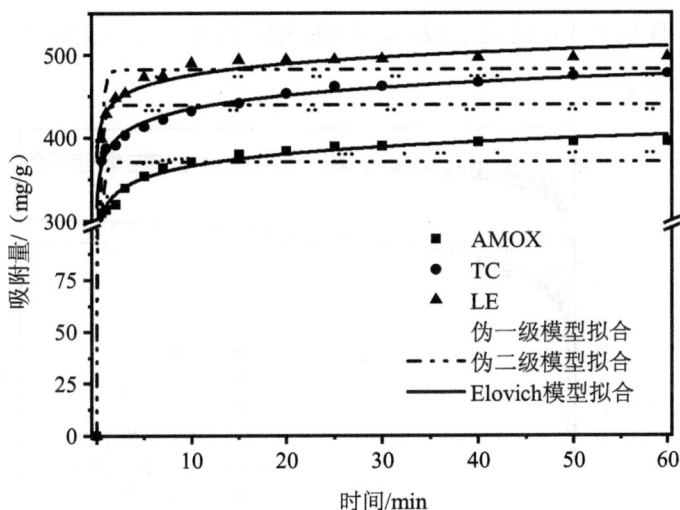

图 4.8　不同动力学模型对 SFB 吸附单一抗生素的拟合曲线

　　在第一阶段，对 AMOX、TC 和 LE 的去除率在 10 min 内就快速达到了很高的水平，分别高达 72.26%、96.59% 和 97.98%，在 10 min 末，抗生素的吸附基本达到平衡。第二阶段抗生素的吸附去除率提升有限，但是一直在缓慢提升，SFB 对 3 种抗生素的最终去除率分别达到 78.28%、95.49% 和 99.45%。这已经是一个非常高的水平，尤其对 3 种抗生素的吸附量达到 350 mg/g 及以上，说明 SFB 对抗生素的吸附能力非常强。由 Elovich 模型的参数可以看到，对各种抗生素的吸附系数远高于解吸系数，这也说明了抗生素的脱附效率远低于吸附效率。

（2）混合抗生素吸附动力学实验结果

此外，在混合抗生素体系中，开展 SFB 对各种抗生素的竞争吸附体系的动力学研究。SFB 对 AMOX、TC 和 LE 的吸附能力分别为 87.59%、98.89% 和 99.93%，显著高于单个抗生素溶液的 78.28%（AMOX）、95.49%（TC）和 99.45%（LE）（图 4.9）。这也说明在混合抗生素体系中，3 种抗生素相互混合促进了吸附。在混合吸附体系中，TC 和 LE 的 Elovich 模型拟合结果 R^2 值较高，这也揭示了化学吸附在吸附过程中占主导地位。通过伪二级动力学计算的吸附量 Q_e 分别为 121.53 mg/g、161.58 mg/g 和 164.42 mg/g。这些结果揭示了 SFB 对抗生素的超强吸附能力。此外，在补充实验中也计算了针对单一抗生素的 Q_e（表 4.4）。总体来说，无论是在单独吸附体系还是在混合吸附体系中，SFB 均对 LE 展现了极高的吸附去除能力，而与此同时，LE 的 K_{ow} 也是 3 种抗生素中最高的。

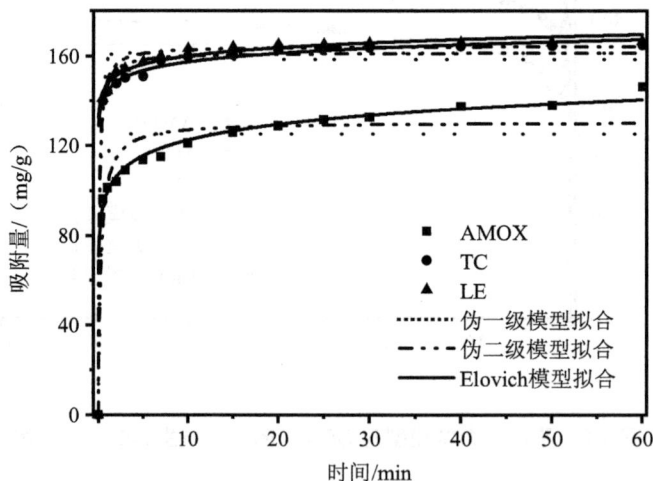

图 4.9   不同动力学模型对 SFB 吸附混合抗生素的拟合曲线

表 4.4　混合抗生素溶液吸附体系中不同吸附动力学模型的拟合参数

动力学模型	模型参数	AMOX	TC	LE
伪一级	$Q_{e,cal}$ /（mg/g）	125.14	158.61	161.47
	k_1 /min^{-1}	2.34	3.94	3.79
	R^2	0.88	0.98	0.98
伪二级	$Q_{e,cal}$ /（mg/g）	121.53	161.58	164.42
	k_2 /［g/（mg·min）］	8.16	0.06	0.06
	R^2	0.82	0.99	0.99
Elovich	α/［mg/（g·min）］	1.85×10^3	3.51	1.72
	β/（g/mg）	10.09	5.56	5.36
	R^2	0.99	0.99	0.99

三、吸附等温线实验结果

一直以来，Langmuir 模型和 Freundlich 模型是最具代表性的吸附等温模型，它们被广泛用于各种有机污染物去除研究。一般来说，吸附剂的分子结构或者表面特征会影响吸附等温线的拟合结果，因此可以通过吸附等温线拟合规律分析进一步推断材料的吸附特点。

（1）单一抗生素吸附等温线实验结果

单一抗生素在 20℃、30℃和 40℃下吸附过程采用 Langmuir 模型和 Freundlich 模型。吸附等温线研究结果表明，SFB 对各种抗生素的吸附等温线过程均可以较好地用 Freundlich 等温线拟合，拟合结果如图 4.10 所示，特征常数列于表 4.5 中。可推测 SFB 表面发生的吸附是非理想的多层吸附过程。

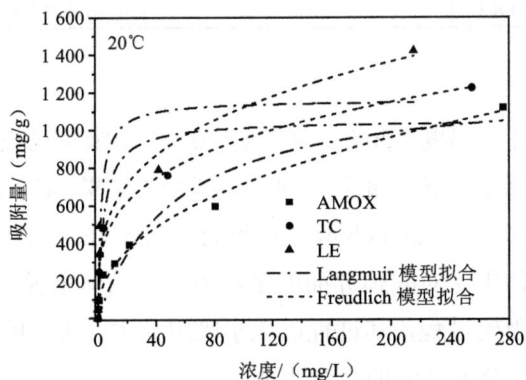

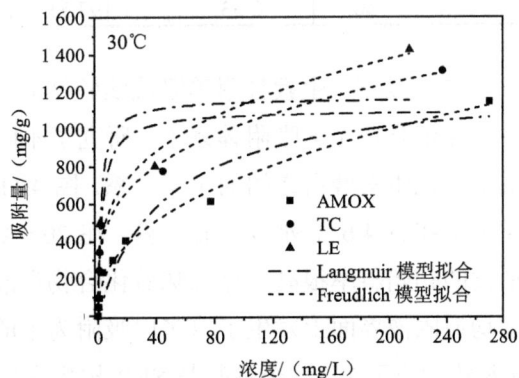

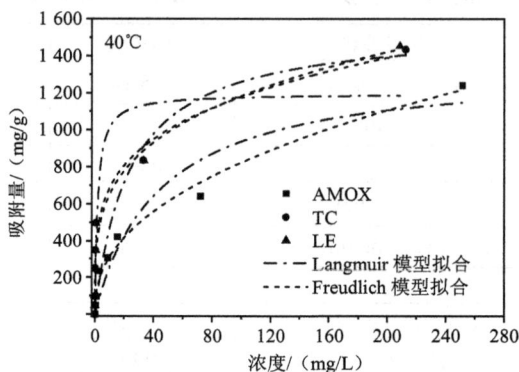

图 4.10　20℃、30℃和 40℃单一抗生素体系中 SFB 根据不同等温线拟合的吸附平衡

表 4.5　单一抗生素吸附体系 Freundlich 和 Langmuir 吸附等温线参数

抗生素	$T/℃$	Langmuir 模型参数			Freundlich 模型参数		
		$K_L/$（L/mg）	$Q_m/$（mg/g）	R^2	$K_F/$ $\left[\mathrm{mg \cdot g^{-1}}\left(\mathrm{mg \cdot L^{-1}}\right)^{-\frac{1}{n}}\right]$	n	R^2
AMOX	20	0.02	1 246.9	0.93	101.5	0.42	0.99
	30	0.02	1 243.45	0.93	110.54	0.42	0.99
	40	0.02	1 349.98	0.92	115.72	0.42	0.99
TC	20	0.25	1 050.69	0.92	276.68	0.27	0.99
	30	0.33	1 102.87	0.91	294.34	0.27	0.98
	40	0.04	1 144.13	0.87	395.16	0.24	0.96
LE	20	0.43	1 159.16	0.88	306.02	0.28	0.97
	30	0.46	1 168.44	0.88	318.92	0.28	0.97
	40	0.53	1 197.53	0.89	352.21	0.26	0.98

（2）混合抗生素吸附等温线实验结果

在混合抗生素吸附体系中，研究了不同环境温度（20℃、30℃和 40℃）下吸附剂投加量与抗生素残留之间的平衡关系。图 4.11 展示了各温度下不同模型拟合的结果，特征常数均在表 4.6 中列出。很显然，在 20～40℃，Freundlich 模型的拟合效果最好。拟合曲线的初始斜率很高，这意味着化合物在液体中比对固体界面的亲和力高。总体来说，非均质固液界面上发生了以多层吸附为主的吸附过程，其过程以化学吸附为主，所有的 n 参数均小于 1，这个参数与 SFB-抗生素体系分子之间的亲和力成正比。

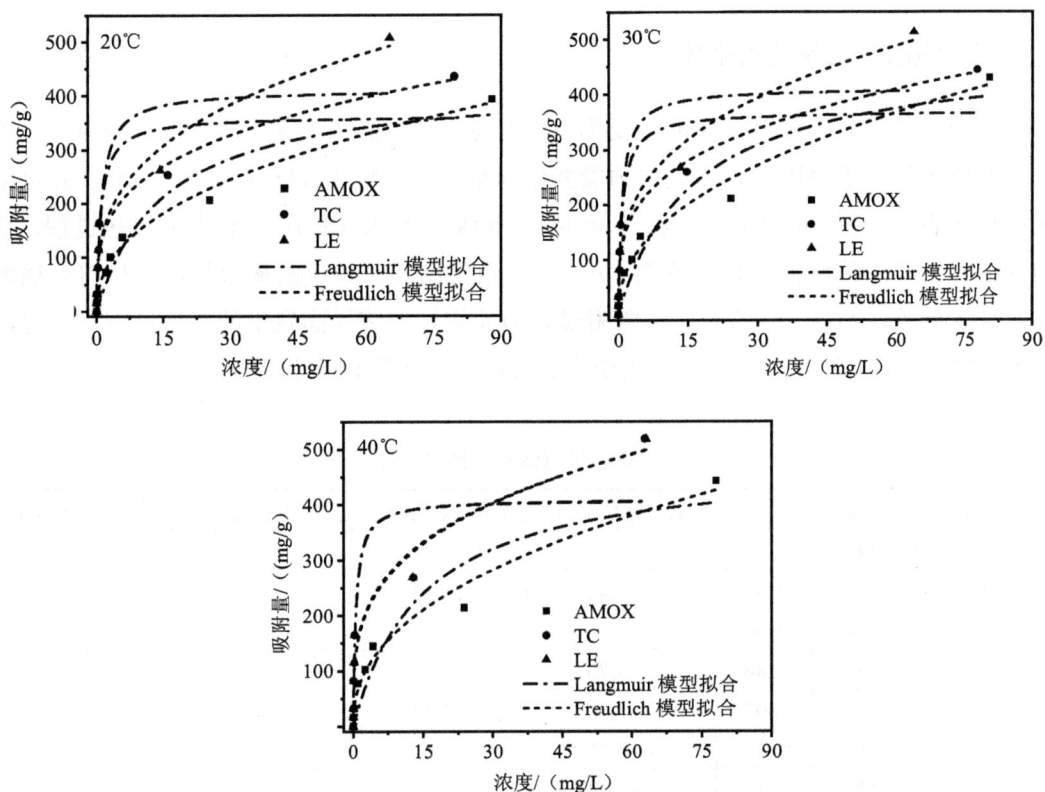

图 4.11　在 20℃、30℃和 40℃时，SFB 上混合抗生素的吸附平衡

表 4.6　混合抗生素吸附体系 Freundlich 模型和 Langmuir 模型等温线参数

抗生素	$T/℃$	Langmuir 模型参数			Freundlich 模型参数		
		K_L / (L/mg)	Q_m / (mg/g)	R^2	K_F / (mg/g)	n	R^2
AMOX	20	0.06	427.67	0.94	57.62	0.42	0.99
	30	0.06	476.84	0.92	61.75	0.43	0.99
	40	0.07	481.18	0.91	65.83	0.43	0.98
TC	20	1.03	362.12	0.90	126.71	0.28	0.96
	30	1.13	370.02	0.90	131.77	0.28	0.99
	40	1.74	408.91	0.85	156.15	0.28	0.96
LE	20	0.89	410.84	0.87	129.78	0.32	0.97
	30	1.16	412.33	0.87	139.00	0.31	0.97
	40	1.63	415.54	0.86	151.61	0.29	0.97

四、吸附热力学实验结果

热力学是研究吸附剂行为的重要模型。作为最常用的热力学参数，本实验中计算了抗生素单吸和竞争吸附的吉布斯自由能变化（ΔG）、焓变（ΔH）和熵变（ΔS），并将结果整理在表 4.7 中。其中 ΔH 值为正，对应 AMOX、TC 和 LE 在 SFB 上的吸热过程，这与其他相关等温线研究也是一致的。ΔS 的正值突出表明系统的熵增加，这也符合熵增加原理。此外，ΔG 的负值表明了吸附过程为非均相固液界面发生的自发过程。同时，ΔG 值随吸附温度的升高而降低，表明在较高的温度下吸附亲和力变强。

表 4.7　竞争吸附体系中的热力学参数

抗生素	T/K	$\ln K$	$\Delta G/$（kJ/mol）	$\Delta H/$（kJ/mol）	$\Delta S/$［kJ/（mol·K）］	$E_a/$（kJ/mol）
AMOX	293	4.50	−12.18	18.83	0.11	18.83
	303	5.33	−13.42			
	313	5.49	−14.29			
TC	293	6.86	−16.70	22.14	0.13	22.14
	303	6.95	−17.50			
	313	7.44	−19.37			
LE	293	6.58	−16.04	24.63	0.14	24.63
	303	6.97	−17.57			
	313	7.23	−18.81			

五、共存腐殖酸对阿莫西林吸附的影响

腐殖酸（HA）是一种常见的溶解有机物，存在于水处理设施或自然径流中。因此，在抗生素竞争实验环境中引入 HA，探讨 HA 的共存对抗生素吸附性能的影响。从图 4.12 中可以看出，随着 HA 浓度的上升，当 TC 去除率从 98.84% 提高到 99.57%，LE 去除率从 99.93% 到 95.94% 稳步下降。特别是当 HA 浓度为 0～5 mg C/L 逐渐上升时，AMOX 吸收率从 87.78% 到 95.42% 上升得比较明显，而当 HA 浓度从 5 mg C/L 上升到 20 mg C/L 时，AMOX 吸收率持续下降到 89.88%。

通常，HA 具有竞争性吸附作用。这是由 HA 与吸附质及 HA 与吸附剂之间的复杂

相互作用造成的，主要是拮抗作用。然而，SFB 无疑在本实验中是一种可靠的对外环境比较耐受的吸附剂，在不同 HA 浓度下，其吸附性能甚至有不同程度的提升。

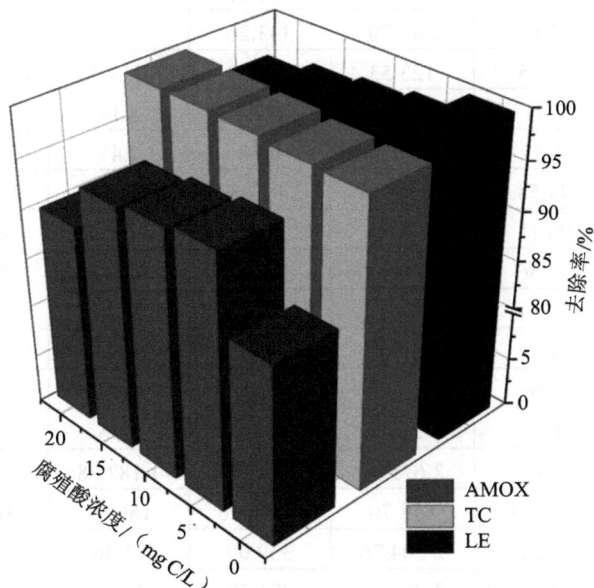

图 4.12　共存腐殖酸对不同抗生素在 SFB 上吸附的影响

六、竞争吸附系数

本研究对竞争吸附系数 K_d 进行分析，并将计算参数列在表 4.8 中。K_d 竞争吸附值为 4.47～491.33 g/L、5.47～1 339.09 g/L、7.76～728.89 g/L，TC 和 LE 分别在 20℃处，所有的 K_d 随着温度的升高进一步增加，K_d 的最大值在 LE 的 40℃处观察到吸附亲和力强，足以支持表面更均匀的覆盖的结论。

表 4.8　不同抗生素在 SFB 上的竞争吸附系数 K_d 值　　　　　　单位：g/L

T/℃	浓度/(mg/L)	单一吸附			竞争吸附		
		AMOX	TC	LE	AMOX	TC	LE
20	10	73.98	1 404.25	1 518.93	491.33	1 339.09	728.89
	20	93.03	878.70	794.4	125.73	398.75	460.29

$T/℃$	浓度/	单一吸附			竞争吸附		
	(mg/L)	AMOX	TC	LE	AMOX	TC	LE
20	50	64.12	265.09	301.91	33.96	243.62	328.09
	70	25.63	241.70	343.26	32.99	239.09	280.38
	100	18.15	123.53	417.20	23.62	284.13	259.13
	200	7.41	15.80	18.88	8.14	15.78	18.36
	500	4.05	4.80	6.60	4.47	5.47	7.76
30	10	74.58	1 842.75	2 027.52	1 060.64	1 339.09	1 646.80
	20	96.11	878.70	1 184.34	146.22	453.88	554.38
	50	73.86	258.07	292.63	60.40	248.99	371.29
	70	29.61	335.02	411.54	33.46	330.32	301.75
	100	21.17	209.07	436.85	30.12	297.12	417.36
	200	7.96	17.50	20.44	8.72	17.60	19.99
	500	4.25	5.54	6.66	5.36	5.72	8.03
40	10	74.02	2 675.97	2 438.00	1 182.08	74 663.43	330 303.28
	20	108.49	878.70	2 316.26	189.84	657.43	744.91
	50	81.51	2 204.26	339.00	71.36	1 651.07	442.38
	70	34.36	3 087.97	471.20	39.16	389.34	518.99
	100	26.70	753.01	576.15	33.76	549.06	502.91
	200	8.89	25.16	24.87	9.01	20.88	21.03
	500	4.94	6.74	6.96	5.66	8.26	8.20

第四节　机理分析

在高温、高压的水热处理下，水解反应得以促进，原料中的半纤维素和纤维素被水解并产生单糖或多糖，从而诱导 FB 产生大量规则的碳球。碳球的形成降低了微孔的比例，因此我们在前改性过程中引入超声波辅助处理，利用超声波的能量密度属性用于冲击水解原始生物质纤维骨架，这样有助于完成水解过程，也有助于加速水解进程，在 SFB 中发现了更多由水解形成的碳微球。FB 和 SFB 的比表面积高于 CB 也证明了这一点。此外，SFB 中的微孔和中孔比 FB 多，大孔少。SEM 和 BET 的研究清楚地说明了这一机制。

为了研究富微孔结构的 SFB 对典型抗生素分子的吸附去除能力，本研究中以 β-内酰胺、四环素类和 4-喹诺酮类药物中的典型抗生素 AMOX、TC 和 LE 为典型污染物，开展材料吸附性能评价。总体来说，由于采用了独特的超声辅助水热前改性方法，SFB 比表面积较 CB 提高了 210.60%，吸附容量提高了 87.11%。动力学实验解释了材料吸附过程满足叶勒维奇模型，说明物理与化学混合吸附过程同时存在。吸附平衡及热力学实验揭示了吸附过程主要为放热过程、自发过程，Freundlich 模型拟合较好地说明了非均质固液界面上的吸附过程以多层吸附为主。

此外，结合材料的不同表征手段，发现 SFB 中的碳微球结构除提高比表面积外，还增强了吸附剂的表面功能性。高分辨率的 C 1s 和 O 1s 的 XPS 光谱都显示出在 SFB 表面比 FB 和 CB 有更多的羟基、酯和 π 键官能团。不同的极性官能团和芳香结构的特征峰在吸附前后强度的变化可以间接评价吸附发生的特点和机理。在本吸附体系中，当超声波驱动吸附剂表面的功能化时，水解过程同时诱导表面芳构化。此外，开展的耐受性实验与稳定性实验表明，即使在高温或高浓度 HA 下，SFB 对不同抗生素分子的吸附亲和力也是非常稳定的。本研究也进一步讨论了 SFB 固液界面的吸附作用形成机理。这些都说明超声辅助前改性方法在制造功能化生物炭中具有潜在的应用前景。

第五节　本章小结

本研究在前改性过程中引入超声波辅助处理，研究得出以下结果：利用能量密度高的超声波冲击水解原始生物质纤维素骨架，加速水解进程，纤维素水解为多糖后，炭化后 SFB 的形貌中形成大量碳微球堆叠，因此形成更大的比表面积。此外，扫描电镜和比表面积的结果也证明 SFB 中的微孔和中孔更多，大孔更少，SFB 比表面积较 CB 增加了 210.60%，吸附容量提高了 87.11%。

本研究中以 β-内酰胺、四环素类和 4-喹诺酮类中典型抗生素 AMOX、TC 和 LE 为典型污染物，用于评价材料对抗生素的吸附性能。动力学实验表明吸附过程符合 Elovich 模型规律，说明吸附过程是以化学吸附为主的混合吸附过程，热力学实验揭示了吸附过程主要为放热过程、自发过程，Freundlich 吸附等温线模型拟合较好说明非均质固液界面上的吸附过程以多层吸附为主。此外，结合不同的材料表征手段，发现 SFB 中的碳微球结构除比表面积外，还增强了吸附剂的表面功能性。本研究进一步讨论了 SFB 固液界面的吸附作用形成机理。XPS 光谱结果显示出在 SFB 表面比 FB 和 CB 有更多的羟基、酯基和 π 键官能团。超声波空化作用可以驱动水解作用的进行，造成吸附剂内部碳骨架的彻底坍塌和表面功能化，水解过程也同时诱导表面芳构化。另外，开展吸附强度实验，即使在高温或高浓度 HA 下，SFB 对不同抗生素分子的吸附亲和力也是非常稳定的。

因此，超声辅助前改性方法在制造功能化生物炭中具有潜在的应用前景。

第五章　微波水热前改性生物炭制备及抗生素废水处理研究

在之前的研究中，成功使用超声辅助前改性方法制备一种超高吸附率、超低脱附率的功能化生物炭。在比表面积约提升 210% 的情况下，成功将脱附率降低到原来脱附率（中性条件下）的 10%。尽管超声辅助前改性解决了传统吸附材料普遍存在的高脱附率问题，但仅通过制造更多的微孔结构及改善表面官能团，材料表面的功能化结构并不均匀，孔内及球性结构内部还包裹有其他非碳元素或功能性官能团，因此功能性官能团密度也未能得到更大幅度的提高，这是传统空间三维结构的生物炭材料普遍存在的问题。近年来，中外科学家先后开始生物炭基材料的二次功能开发的研究。复合改性方法类似于两种方法的结合，但其思路为炭基多孔材料的应用开辟了一个全新的领域。它改变了以往改性方法目标的单一性，一方面尽力利用刻蚀效用增加材料的孔隙率（比表面积）；另一方面利用改性剂及吸附材料间的相互（氧化或螯合）作用，改善材料表面的官能团属性，提升污染物去除效果。因此，生物炭基功能化材料的开发势必成为领域研究的热点及难点。然而，如果我们想要对超声前改性生物炭进行功能化改造，会存在一定障碍，要么是功能化颗粒可能被包裹在孔道内部，要么是表面官能团有限，表面负载率会很低，这都直接影响生物炭材料的二次功能开发。因此，需要考虑如何制备表面含有更多官能团或功能位点的生物炭基材料，同时希望新制得的材料依然能够保持超高吸附率与超低脱附率的吸附特性。

第一节　微波水热前改性生物炭制备方法

秸秆于秋末取自呼和浩特市赛罕区台阁牧村玉米田，去除砂石泥土、各种碎石头及可见的土壤等杂质，尽量去除霉变部位，避免杂质引入其他物质；先置于太阳光下晒 7 d，基本干燥后，置于 60℃ 的鼓风干燥箱中干燥 24 h，然后用剪子将秸秆去皮，将秸秆芯剪到 0.5 cm 左右的长短备用。

炭化过程：将上述秸秆芯置于 105℃ 干燥箱内干燥 24 h 后，取 0.25 g 秸秆芯碎块到微波消解管中，然后在管中加入 4 mL 0.01 mol/L 的 NaOH 溶液，盖好聚四氟乙烯衬垫及防爆瓶盖后放入微波反应器进行微波反应。将反应器条件设置为反应时间 30 min，功率 120 W，反应温度 180℃。反应后采用空气鼓风快速冷却至室温，重复上述反应 6 次，然后将 6 次反应后的秸秆芯碎块取至刚玉舟中，放入管式炉，以氮气（60 mL/min 的通气气流）作为惰性气氛，以 10℃/min 的升温速度快速升温至 450℃ 炭化 1 h，等管式炉自然冷却至室温后，取出刚玉舟，碳化物放入玛瑙研钵研磨为细末，然后移至刚玉舟中。

活化过程：按照 1∶2 的质量比例在刚玉舟内加入 2 倍于秸秆炭质量的 KOH 粉末，依次放入 3 mL 去离子水与 3 mL 无水乙醇，用玻璃棒搅拌至糊状，超声混合后放入 105℃ 干燥箱内干燥 12 h。将刚玉舟再次放到管式炉，以氮气（60 mL/min 的通气气流）作为惰性气氛，以 10℃/min 的升温速度快速升温至 750℃ 活化 1 h，待管式炉自然冷却至室温后，取出刚玉舟，火化后的秸秆炭放入玛瑙研钵研磨为细末，依次用 0.1 mol/L 的 HCl 与去离子水浸泡、清洗活化后的炭粉末，用真空抽滤器抽滤，用水系 0.45 μm 滤纸过滤，直至滤液为中性。然后将带有活化后样品的定性滤纸放在鼓风干燥箱里烘干，烘干温度为 60℃ 保持 12 h，最终，将烘干的秸秆炭用玛瑙研钵研磨，用 200 目筛分得微波水热前改性的秸秆生物炭（MC）备用。

第二节　微波水热前改性生物炭表征分析

一、元素分析

MC 的元素分析结果列于表 5.1 中，可以发现 MC 含有最优的 H 元素含量和 N 元素含量。并且传统的生物炭材料含有较高的 C 含量,这些都表明微波前改性有助于保留非碳元素,这样在促进原始生物质结构分解的同时,形成更多的表面官能团。因此,微波辅助水解可能同时实现生物炭的表面自功能化。后续采用 XPS 对生物炭的表面组成进行评价。与此同时,高能微波可能有助于破坏薄壁结构,促进生物质内部结构的裂解与形成更大的比表面积的片层状结构。

表 5.1　MC 的元素分析、表面电位及阳离子表面交换量分析结果

元素	含量
C/%	68.74
H/%	0.604
N/%	1.07
S/%	0.09
O/%	—
H/C	0.008 8

二、SEM 图像分析

图 5.1 为实验中获取的 MC 的形貌,虽然原料同为秸秆芯,但是通过对比我们可以发现 MC 同普通的 CB、水热前改性制备的 FB 和超声辅助水热前改性制备的 SFB 均不同,在 MC 中并未发现生物质原料中原始的空间网状形貌,也没有常规或超声辅助水热前改性秸秆炭中的碳微球状结构,MC 主要呈微片层状结构。在图 5.1(a)、(b)、(c)中可以清楚看到 MC 的颗粒内存在大量不规则的碳层结构,并且从表观上看碳层厚度较薄。此外,碳层上附着大量的不规则结构,这些不规则结构具有很强的造孔作用,一般在拥有大量微孔结构的 SFB 中可以发现。在图 5.1(b)、(d)上也可以发现大量不规则结构的存在,这可能是由 K 基活化剂的刻蚀作用造成的,也导致材料的微孔、介孔结构大量增加。

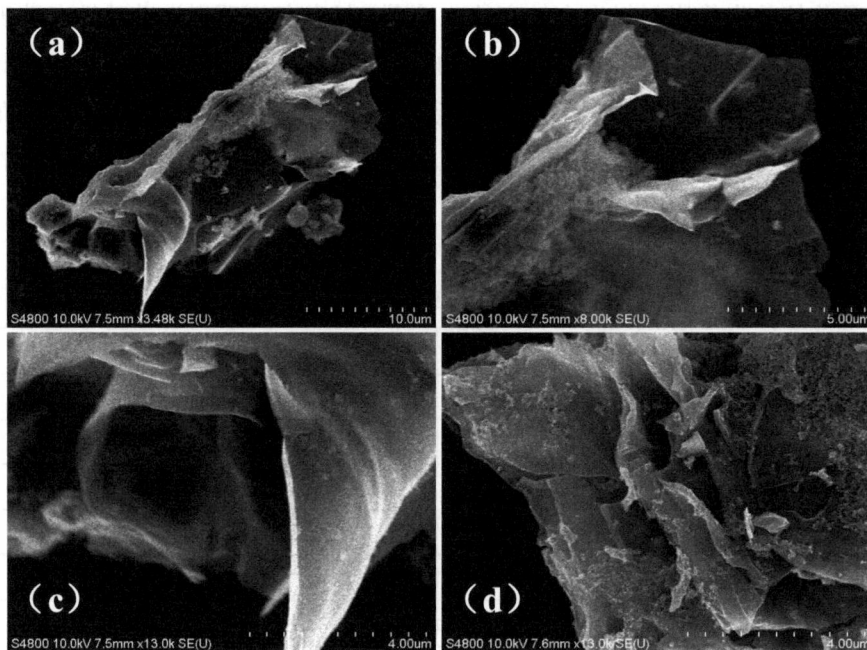

图 5.1　MC 的 SEM 图

三、比表面积分析

　　本实验中用 N_2 吸脱附方法分析了 MC 的比表面积（图 5.2）。根据 IUPAC 的分类分析不同材料的孔径特点，MC 的 N_2 吸附/解吸等温线属于 II 型吸附/解吸曲线，这表明吸附剂表面发生了多层吸附过程，并且吸附剂表面存在大量的介孔或大孔结构，这也同 SEM 的测试结果相吻合。用 BET 模型计算吸附剂的表面积。MC 的表面积是 1 056.32 cm^2/g。吸脱附曲线上明显的迟滞环也说明材料中孔结构复杂，并不是单纯的微、介孔或大、中孔结构。迟滞环的存在也暗示了多层吸附的存在。首先，通过微波辅助前改性处置得到的 MC 比表面积较改性前提高了 69%，但增幅小于 FB 与 SFB 的增幅，同时 MC 的比表面积也小于 FB 和 SFB 的比表面积。其次，在孔径分布图中我们看到 MC 的表面存在大量的微孔结构，这对小分子有机物的吸附是非常有利的。最后，微波辅助技术在前改性工艺中的应用有助于形成更大的比表面积的微片层状结构。

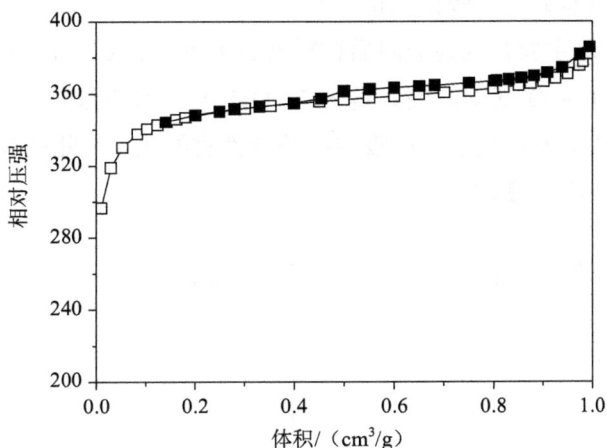

图 5.2　MC 的吸脱附曲线

四、XPS 分析

图 5.3 分别给出了 MC 吸附前后 C 1s 与 O 1s 的 XPS 谱图。C 1s 峰谱曲线中可以明显地在结合能为 284.6 eV 处检测到碳的主峰，这也对应着 sp^2 形式的杂化碳。在286.1 eV 处对应的特征峰属于 sp^3 形式的碳结构，与上述主峰一起揭示了大量共轭形式的碳排列特征。结合能分别为 288.5 eV、293.7 eV 和 296.4 eV 时发现不同的分别属于—C—O、π-π*结构与 π-π*结构的卫星峰。而 MC 的 π-π*结构特征峰的强度明显高于FB 和 SFB，这暗示 MC 中可能存在更薄的片层结构。

在吸附前后的 C 1s 峰谱中，在 288.5 eV、293.7 eV 和 296.4 eV 处的分峰强度明显降低，说明—C—O 和 π-π*结构均有效参与了 LE 的吸附过程，π-π*结构有助于吸附材料与 LE 分子间形成一种相对稳定的 π-π 堆栈吸附结构。这种堆栈的存在有效减小了材料表面可探测 π-π*结构的密度，因此相应的特征峰强度明显降低。此外，同第三章中CB、FB 和 SFB 的 XPS 谱图相对比，MC 中的—C—O 和 π-π*结构的特征峰强度更强，说明材料表面有更多的含氧官能团，并且更强和清晰的 π-π*结构信号表明材料有更薄的碳层结构。

在 MC 的 O 1s 特征峰中，所有的精细扫描曲线都可以分解成结合能为 531.2～531.3 eV、532.2～532.4 eV 的两个特征分峰，这两个特征峰分别属于—C=O 和—C—O 基团。从吸附前后的 MC 中可以看到，与吸附前的 MC 相比，吸附后的 MC 中—C═O 基团增加而—C—O 显著减少。这主要是因为吸附后材料附着了更多的 LE 分子，而根据 LE 的分子结构，LE 有两个—C═O 基团，因此是—C—O 参与了吸附过程，含有—C—O 的功能位点，如醛基或羧基均为有利于促进吸附的功能性官能团，因此被吸附物质的官能团信号在吸附后的材料表面强度增加了。

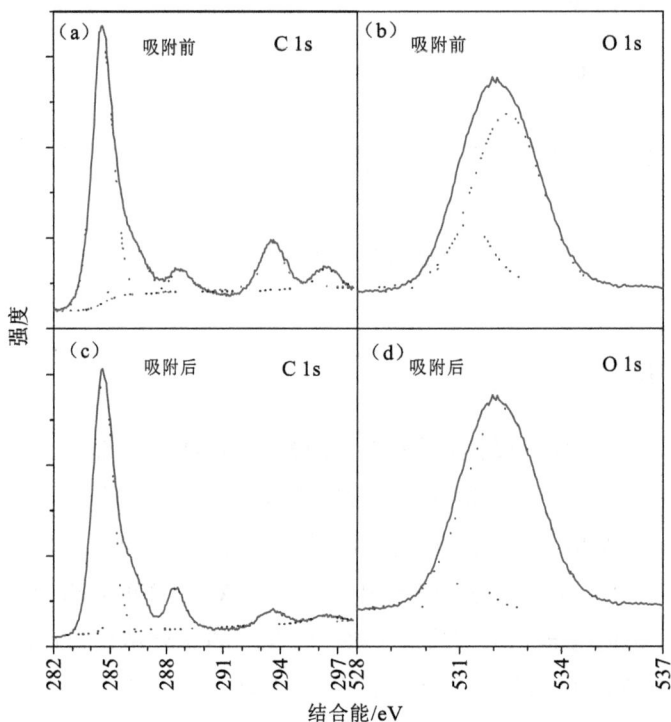

图 5.3　吸附前 [（a）、（b）] 与吸附后 [（c）、（d）] MC 的 C 1s 与 O 1s 轨道的 XPS 对比

第三节　抗生素吸附性能分析

一、吸附动力学实验结果

本实验确定了 MC 在 LE 吸附实验中的投加量为 0.2 g/L。利用图 5.4 中不同吸附动

力学曲线拟合发现，MC、FB 与 SFB 的吸附过程均可用伪二级动力学模型更好地拟合
（图 5.4 中可以看到不同动力学模型拟合的曲线，同时，相关参数均整合并列在表 5.2 中），
这说明吸附过程以化学吸附过程为主。

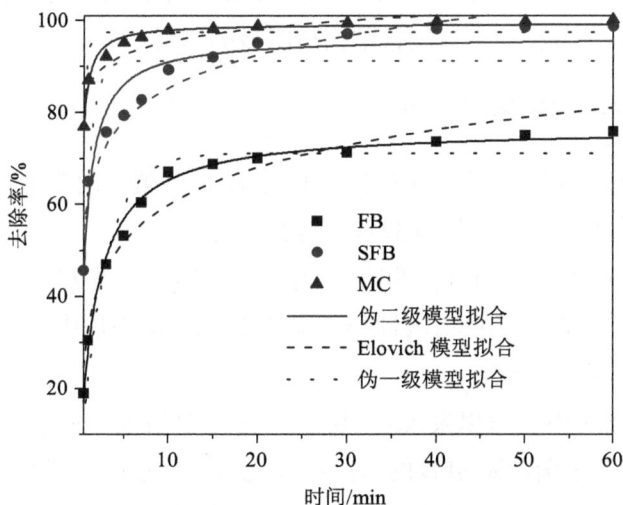

图 5.4　MC、FB 和 SFB 对 LE 吸附能力的动力学评价结果

表 5.2　不同吸附动力学模型的拟合参数

动力学模型	模型参数	FB	SFB	MC
伪一级	$Q_{e,\mathrm{cal}}$ / (mg/g)	355.17	455.77	487.28
	k_1 /min^{-1}	0.365	1.231	2.890
	R^2	0.935	0.772	0.816
伪二级	$Q_{e,\mathrm{cal}}$ / (mg/g)	382.75	482.01	496.36
	k_2 / [g/ (mg·min)]	0.007 47	0.017 2	0.067 5
	R^2	0.991	0.941	0.976
Elovich	α/ [g/ (mg·min^2)]	1.351	36.602	2.17
	β/ [g/ (mg·min)]	11.798	10.346	4.158
	R^2	0.946	0.937	0.838

在图 5.4 中，可以看到 SFB 和 MC 的吸附终点相近，在表 5.2 计算吸附量时我们也
发现 MC 的计算吸附量 $Q_{e,\mathrm{cal}}$ 明显高于 SFB，此外，SFB 吸附过程中有一个明显的"斜

坡期"。图 5.5 以及图 5.4 中的 5～20 min 这个时期,吸附量缓慢上升,吸附速率明显下降。与之不同的是在 MC 吸附 LE 的过程中,这个"斜坡期"仅存在了短短 5 min 左右,因此整个吸附过程快速达到平衡。通过计算动力学的数据发现了较高的 k_2 值,这反映了更快速达到平衡的动力学特征。因此,我们推测微片层状结构有利于被吸附物质的快速吸附,而 MC 是制备材料中片层状结构最明显的材料。

二、不同材料的脱附特点分析

结合本章前面的实验结果,对 MC、FB 与 SFB 开展脱附效能评价,所有脱附实验均在中性环境下进行,不单独进行酸碱环境脱附实验。

图 5.5 显示,3 种材料中 FB 的脱附率最高,约有 11.7%的 LE 脱附出来,而 MC 的脱附率最低,仅 1.1%,超声辅助前改性秸秆炭 SFB 的脱附率居中,约为 4%。MC 的脱附率是最低的,差异非常明显。

此外,从图 5.5 中也可以发现,FB 脱附过程中的脱附率一直在稳步上升,直至100 min 时基本达到平衡,而 SFB 的脱附率在脱附之初就已经基本达到了平衡,搅拌后存在部分波动下降,但是随后又上升到 4%以上,最后维持在 4%左右。与前两者均不同的是发生在 MC 上的 LE 脱附,虽然初始脱附率在 3%以上,但是随后又降低,直至 100 min后降低至 1.1%附近。

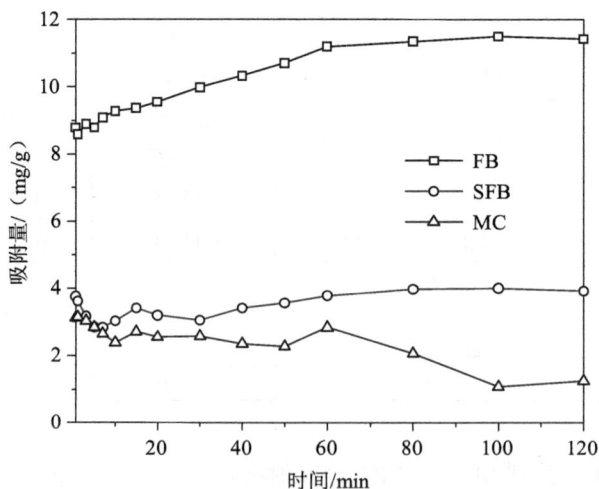

图 5.5　LE 在不同材料上的脱附率比较

　　推测这是由 MC 中特殊的片层结构造成的。随着脱附实验的进行，部分 LE 的吸附并不牢固，重新溶解到水中，随着脱附和再吸附的平衡，材料表面不断发生脱附和再吸附，导致材料表面结构或表面性质动态变化。最终，MC 的吸附力再次提升，这也侧面证明了片层结构有助于降低材料的脱附率。

三、抗生素吸附等温线实验结果

　　本实验中研究了不同环境温度（20℃、30℃和40℃）下吸附剂投加量与抗生素残留之间的平衡关系。图 5.6 展示了各温度下不同模型拟合的结果，特征常数均在表 5.3 中列出。

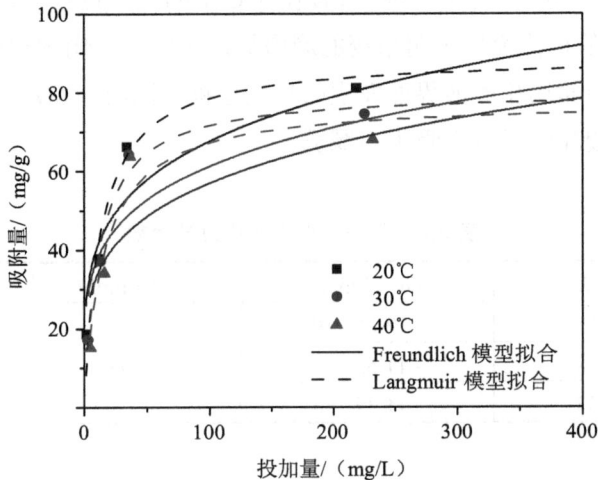

图 5.6　在 20℃、30℃和 40℃时，MC 上 LE 的吸附平衡

表 5.3　LE 吸附体系 Freundlich 模型和 Langmuir 模型吸附等温线参数

$T/℃$	Langmuir 模型			Freundlich 模型		
	$K_L/$（L/mg）	$Q_m/$（mg/g）	R^2	$K_F/$（mg/g）	n	R^2
20	0.076	88.92	0.94	0.223	24.25	0.90
30	0.083	80.13	0.98	0.214	22.82	0.81
40	0.064	77.64	0.92	0.230	19.73	0.72

很显然，在 20～40℃，Langmuir 模型的拟合效果更好，说明非均质固液界面上发生了以单层吸附为主的吸附过程，吸附过程以化学吸附为主，这同前面得到的吸附剂形貌以及吸附剂的吸附性质是非常吻合的。同时，可以看到拟合曲线的初始斜率很高，这意味着化合物在液体中比对固体界面的亲和力高。总体来说，所有的 n 参数均小于 1，这个参数与 MC/抗生素分子之间的亲和力成正比。

四、吸附热力学

热力学是研究吸附剂行为的重要模型。本研究中吸附体系的热力学结果见表 5.4，作为最常用的热力学参数，其中计算了抗生素吸附的吉布斯自由能变化（ΔG）、焓变（ΔH）和熵变（ΔS）。其中，ΔH 值为正，对应 LE 在 MC 上的吸热过程，这与其他相关等温线研究是一致的。ΔS 的正值突出表明系统的熵增加，这也符合熵增加原理。此外，ΔG 的负值表明吸附过程为非均相固液界面发生的自发过程。同时，ΔG 值随着吸附温度的升高而增大，表明在较高的温度下吸附力减弱。

表 5.4　吸附过程中的热力学参数

T/K	$\ln K$	ΔG/（J/mol）	ΔH/（J/mol）	ΔS/［kJ/（mol·K）］
293	5.03	−12 262.10		
303	4.58	−11 536.41	−27 087	47.845
313	4.37	−11 372.75		

第四节　机理分析

在很多的化学反应中，可以结合不同的原位表征手段揭示化学反应过程或者其他材料表面形貌的变化，从而揭示反应机理。但是，长期以来，通常的做法是使用反应前后的材料表征间接揭示吸附的机理，这样做的缺点比较明显。在材料干燥过程中，吸附在材料表面的目标物质分子由于结晶作用的存在可能发生位移、转移或形态的变化，这样会直接影响表征的结果。为了更详细地探求吸附剂对目标分子的作用规律，我们考虑在吸附过程中引入原位表征技术对吸附过程进行原位检测，利用原位检测技术探索吸附反应过程的细微特点，从而更详细地揭示吸附过程的原理。本次测试得到的原位红外漫反射信号如图 5.7 所示。

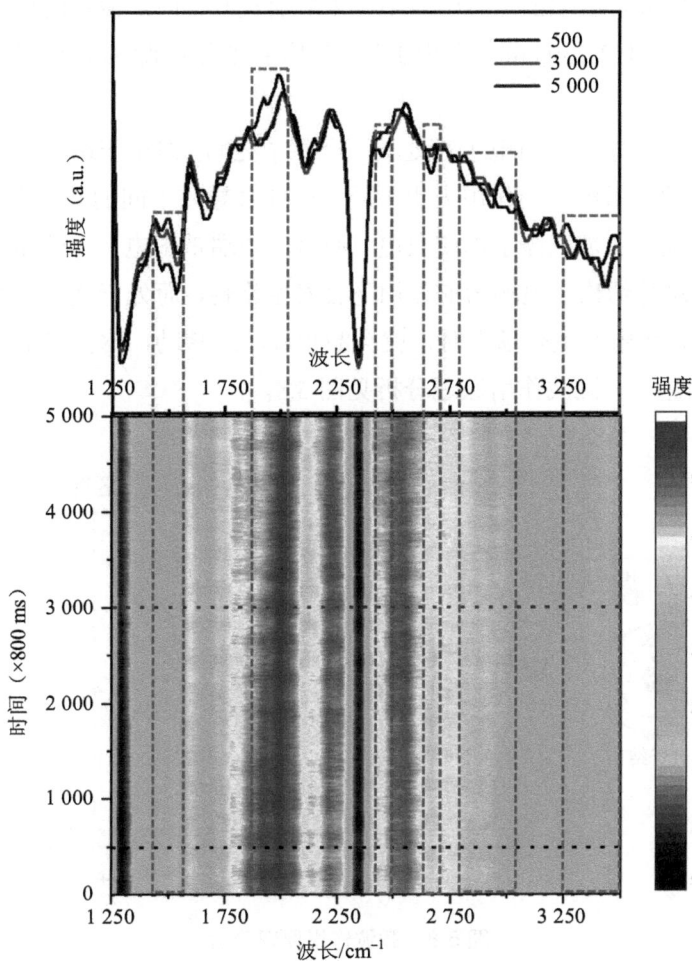

图 5.7 LE 在 MC 上吸附过程的 DRIFTS

原位检测技术对材料表面在吸附过程中的信号变化具有更详细的解析。可以发现在 1 500 cm^{-1} 附近的信号在 1 200 s（20 min）前变化得非常迅速，这表示在 1 500 cm^{-1} 附近信号对应的—C≡C 键在吸附初期发挥了作用。类似地，在 2 600 cm^{-1}、3 400 cm^{-1} 附近的信号也是在吸附初期发生了迅速的变化，其对应的大 π 键和羟基在吸附前期（前

20 min 内）起到了极大的作用。此外，可以在 1 870 cm^{-1} 与 2 480 cm^{-1} 处发现晚于 2 400 s（吸附 40 min 后）的信号变化，这说明，与之对应的—C≡O 与—CH 在吸附后期对吸附做出贡献，也说明吸附后期虽然吸附效率并未显著提升，但是被吸附质与吸附剂的表面重构并未停止。在大于 3 250 cm^{-1} 区域的信号变化主要由溶液中水分子的信号变化生成，因此不做讨论。

　　水分子中的氢氧原子共用电子对处于两个原子之间，但由于两个原子核所带电荷不同，对它们之间的共用电子的作用力也不同，因此会导致中间的共用电子对发生偏移，电子偏向氧原子端，于是氧原子端带负电，而氢原子端带正电，这就相当于形成了一个偶极子的结构，这种结构在电场力的作用下会发生旋转，而处于类似于微波这样的剧烈（GHz 级别）交替作用的电磁场中时，就会激烈旋转或移动，水分子的快速运动在宏观上看就是水被加热了。微波作用原理分析见图 5.8。

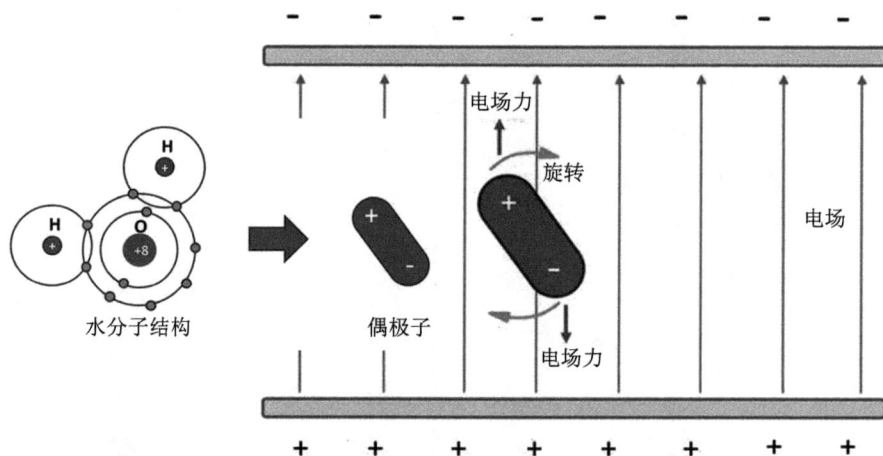

图 5.8　微波作用原理分析

　　剧烈运动的水分子本身正处于水热前改性状态，分布于前改性空间中，外环境压力增加导致运动更快。在材料细胞壁中的水分子受限于细胞壁结构，可能会被局部汽化，挤破牢固的细胞壁空间网状结构，随着大量的细胞壁结构被挤破，形成一个个小的且不规则的碎薄片结构。

　　综上所述，微波辅助水热前改性技术的应用开发出了一种具有良好性质的超高吸附效率、超低脱附效率的吸附材料，这种材料具有优秀的表面性质，非常适用于二次开发，对今后开发生物质炭基功能材料具有重大意义。

超声辅助水热前改性及微波辅助水热前改性技术都是首次在生物质炭材料制备中应用，同超声辅助前改性秸秆炭 SFB 相比，本研究中开发的微波辅助前改性秸秆炭 MC 的比表面积并不大，但是材料的吸附性能、抗脱附性能相较于 SFB 均上升到一个新的高度。在吸附能力进一步提升的情况下将脱附率从超过 4%降低到 1%左右，这样的吸附剂性能可以有效针对多种有机污染物。

同时，通过不同的表征测试可知，材料的表面主要由微片层状结构组成。片层表面分布的大量微孔结构有助于形成超高吸附效率。同时材料表面存在大量的含氧官能团和 π-π* 结构，这些都有助于形成稳定的吸附。在吸附平衡实验中我们发现 Langmiur 方程对吸附拟合效果最佳，这揭示了吸附过程主要为化学吸附与单层吸附，同材料表征中观察到的规律实现了交叉验证。吸附动力学实验表明，MC 吸附过程主要服从伪二级动力学方程，这进一步证明吸附过程以化学吸附为主，与材料表面特征相关。同时利用脱附动力学研究发现新开发的 MC 具有很高的吸附稳定性，可以将脱附效率稳定在 1% 左右，这一特征对处理剧毒污染物有很重要的意义。我们还利用 XPS 对吸附前后的 π-π* 结构的变化进行了测试，从而验证 π-π* 结构对吸附过程的贡献。

第五节 本章小结

微波辅助水热前改性技术首次在生物炭材料制备中应用，研究得出以下结果：与超声辅助前改性秸秆炭 SFB 相比，本研究中开发的微波辅助前改性秸秆炭 MC 的比表面积并不大，通过不同的表征测试可知 MC 的表面主要由微片层状结构组成，片层表面分布的大量微孔结构有助于形成超高吸附效率。同时，材料表面存在大量的含氧官能团和 π-π 堆积结构，利用 XPS 对吸附前后的 π-π 堆积结构的变化结果证实 π-π 堆积结构对吸附过程的贡献。利用 DRIFTS 证明了吸附过程中不同官能团在不同的吸附阶段发挥了动态的作用。这些都有助于形成稳定的吸附。吸附平衡实验及动力学研究表明吸附过程主要为化学吸附与单层吸附，但是材料的吸附性能、抗脱附性能相较于 SFB 均上升到了一个新的高度。

同时利用脱附动力学研究发现新开发的 MC 具有很高的吸附强度，可以将脱附率稳定在 1%左右，这样的吸附强度强于大多数现存生物炭材料，可以有效针对多种有机污染物，尤其对处理剧毒污染物有很重要的意义。

综上所述，微波辅助水热前改性技术的应用开发出了一种具有良好性质的超高吸附效率、超低脱附效率的吸附材料，同时，材料具有优秀的表面性质，非常适合用于二次开发，对今后开发生物质炭基功能材料具有重大意义。

参考文献

[1] Acosta R，Fierro V，Yuso A M，et al. Tetracycline adsorption onto activated carbons produced by KOH activation of tyre pyrolysis char[J]. Chemosphere，2016，149：168-176.

[2] Agrawal N，Roy D，Prasad N E. Multiwall-carbon nanotubes and carbon microbeads hybrid utilized for microwave absorption：A cost effective approach[J]. Materials Today: Proceedings，2022，50: A1-A5.

[3] Ahmed M B，Zhou J L，Ngo H H，et al. Adsorptive removal of antibiotics from water and wastewater：Progress and challenges[J]. Science of the Total Environment，2015，532：112-126.

[4] Ahmed M B，Zhou J L，Ngo H H，et al. Progress in the biological and chemicaltreatment technologies for emerging contaminant removal from wastewater：A critical review[J]. Journal of Hazardous Materials，2017，323：274-298.

[5] Ahmed M B，Zhou J L，Ngo H H，et al. Single and competitive sorption properties and mechanism of functionalized biochar for removing sulfonamide antibiotics from water[J]. Chemical Engineering Journal，2017，311：348-358.

[6] Ali A，Farzan H，Babak K，et al. N，Cu co-doped TiO$_2$@ functionalized SWCNT photocatalyst coupled with ultrasound and visible-light：An effective sono- photocatalysis process for pharmaceutical wastewaters treatment[J]. Chemical Engineering Journal，2020，392：123685.

[7] An Q，Jiang Y，Nan H，et al. Unraveling sorption of nickel from aqueous solution by KMnO$_4$ and KOH-modified peanut shell biochar：Implicit mechanism[J]. Chemosphere，2019，214：846-854.

[8] Atkinson R J，Hingston F J，Posner A M，et al. Elovich equation for the kineticsof isotopic exchange reactions at solid-liquid interfaces[J]. Nature，1970，226：148-157.

[9] Audrius A，Matthew D M，Chris G V. Tutorial：Defects in semiconductors—Combining experiment and theory[J]. Journal of Applied Physics 2016，119：181101.

[10] Berglund L A，Burgert I. Bioinspired wood nanotechnology for functional materials[J]. Advanced Materials，2018，30：1704285.

[11] Chatterjee R，Sajjadi B，Chen W，et al. Low frequency ultrasound enhanced dual amination of biochar：A nitrogen-enriched sorbent for CO$_2$ capture[J]. Energy & Fuels，2019，33：2366-2380.

[12] Chen S Q，Chen Y L，Jiang H. Slow pyrolysis magnetization of hydrochar for effective and highly stable removal of tetracycline from aqueous Solution[J]. Journal of Industrial and Engineering Chemistry，2017，56：3059-3066.

[13] Chen S. Chen Y，Jiang H. Slow pyrolysis magnetization of hydrochar for effective and highly stable removal of tetracycline from aqueous solution[J]. Industrial & Engineering Chemistry Research，2017，56：3059-3066.

[14] Chen X L，Li F，Chen H Y，et al. Fe_2O_3/TiO_2 functionalized biochar as a heterogeneous catalyst for dyes degradation in water under Fenton processes[J]. Journal of Environmental Chemical Engineering，2020，8（4）：103905.

[15] Chen X，Huang G，An C，et al. Emerging N-nitrosamines and N-nitramines from amine-based post-combustion CO_2 capture—A review[J]. Chemical Engineering Journal，2018，335：921-935.

[16] Dai L，Lu Q，Zhou H，et al. Tuning oxygenated functional groups on biochar for water pollution control：A critical review[J]. Journal of Hazardous Materials，2021，420：126547.

[17] Dai X H，Fan H X，Yi C Y，et al. Solvent-free synthesis of a 2D biochar stabilized nanoscale zerovalent iron composite for the oxidative degradation of organic pollutants[J]. Journal of Materials Chemistry A，2019，7：6849-6858.

[18] Deng H，Li G，Yang H，et al. Preparation of activated carbons from cotton stalk by microwave assisted KOH and K_2CO_3 activation[J]. Chemical Engineering Journal，2010，163：373-381.

[19] Fan M，Li C，Sun Y，et al. In situ characterization of functional groups of biochar in pyrolysis of cellulose[J]. Science of the Total Environment，2021，799：149354.

[20] Fang G，Liu C，Gao J，et al. Manipulation of persistent free radicals in biochar to activate persulfate for contaminant degradation[J]. Environmental Science & Technology，2015，49（9）：5645-5653.

[21] Fang G，Zhu C，Dionysios D D，et al. Mechanism of hydroxyl radical generation from biochar suspensions：Implications to diethyl phthalate degradation[J]. Bioresource Technology，2015，176：210-217.

[22] Fernández C D，Bermúdez C A，Arias E M，et al. Competitive adsorption/desorption of tetracycline，oxytetracycline and chlortetracycline on two acid soils：Stirred flow chamber experiments[J]. Chemosphere，2015，134：361-366.

[23] Funke A，Demus T，Willms T，et al. Application of fast pyrolysis char in an electric arc furnace[J]. Fuel Processing Technology，2018，174：61-68.

[24] Gao Y，Li Y，Zhang L，et al. Adsorption and removal of tetracycline antibiotics from aqueous solution by graphene oxide[J]. Journal of Colloid and Interface Science，2012，368：540-546.

[25] Gardner S D，Singamsetty C S K，Booth G L，et al. Surface characterization of carbon fibers using angle-resolved XPS and ISS[J]. Carbon，1995，33：587-595.

[26] Ge L，Liu X，Feng H，et al. Promotion effect of activated carbon，coal char and graphite on lignite

microwave dehydration process[J]. Journal of Analytical and Applied Pyrolysis，2022，161：105380.

[27] Genovese M，Jiang J，Lian K，et al. High capacitive performance of exfoliated biochar nanosheets from biomass waste corn cob[J]. Journal of Materials Chemistry A，2015，3：2903- 2913.

[28] Guillermo S M，Geoffrey D F，Christopher J S. Pyrolysis of tire rubber：Porosity and adsorption characteristics of the pyrolytic chars[J]. Industrial & Engineering Chemistry Research，1998，37（6）：2430-2435.

[29] Guo J，Jiang S，Pang Y. Rice straw biochar modified by aluminum chloride enhances the dewatering of the sludge from municipal sewage treatment plant[J]. Science of the Total Environment，2019，654：338-344.

[30] Guo S，Dong X，Zhu C，et al. Pyrolysis behaviors and thermodynamics properties of hydrochar from bamboo（Phyllostachys heterocycle cv. pubescens）shoot shell[J]. Bioresource Technology，2017，233：92-98.

[31] Han H，Rafiq M K，Zhou T，et al. A critical review of clay-based composites with enhanced adsorption performance for metal and organic pollutants[J]. Journal of Hazardous Materials，2019，369：780-796.

[32] Han L，Ro K S，Sun K，et al. New evidence for high sorption capacity of hydrochar for hydrophobic organic pollutants[J]. Environmental Science & Technology，2016，50：13274-13282.

[33] Hsu L，Tzou Y，Chiang P，et al. Adsorption mechanisms of chromate and phosphate on hydrotalcite：A combination of macroscopic and spectroscopic studies[J]. Environmental Pollution，2019，247：180-187.

[34] Hu B B，Wang K，Wu L，et al. Engineering carbon materials from the hydrothermal carbonization process of biomass[J]. Advanced Materials，2010，22：813-828.

[35] Huff M D，Kumar S，Lee J W. Comparative analysis of pinewood，peanut shell，and bamboo biomass derived biochars produced via hydrothermal conversion and pyrolysis[J]. Journal of Environmental Management，2014，146：303-308.

[36] Im D，Nakada N，Fukuma Y，et al. Effects of the inclusion of biological activated carbon on membrane fouling in combined process of ozonation，coagulation and ceramic membrane filtration for water reclamation[J]. Chemosphere，2019，220：20-27.

[37] Islam M A，Ahmed M J，Khanday W A，et al. Mesoporous activated carbon prepared from NaOH activation of rattan（Lacosperma secundiflorum）hydrochar for methylene blue removal[J]. Ecotoxicology and Environmental Safety，2017，138：279-285.

[38] Jo W K，Santosh K，Mark A I，et al. Cobalt promoted TiO_2/GO for the photocatalytic degradation of oxytetracycline and Congo Red[J]. Applied Catalysis B：Environmental，2017，201：159-168.

[39] Kaeseberg T，Zhang J，Schubert S，et al. Sewer sediment-bound antibiotics as a potential environmental risk：Adsorption and desorption affinity of 14 antibiotics and one metabolite[J]. Environmental Pollution，2018，239：638-647.

[40] Kang J，Liu H J，Zheng Y M，et al. Systematic study of synergistic and antagonistic effects on adsorption of tetracycline and copper onto a chitosan[J]. Journal of Colloid and Interface Science，2010，344：117-125.

[41] Kang S，Kim G，Choe J K，et al. Effect of using powdered biochar and surfactanton desorption and biodegradability of phenanthrene sorbed to biochar[J]. Journal of Hazardous Materials，2019，371：253-260.

[42] Kıdak R，Doğan Ş. Medium-high frequency ultrasound and ozone based advanced oxidation for amoxicillin removal in water[J]. Ultrasonics Sonochemistry，2018，40：131-139.

[43] Kim Y，Kim J. Isotherm，kinetic and thermodynamic studies on the adsorption of paclitaxel onto sylopute[J]. The Journal of Chemical Thermodynamics，2019，130：104-113.

[44] Kluska J，Kardaś D，Heda Ł. Thermal and chemical effects of turkey feathers pyrolysis[J]. Waste Management，2016，49：411-419.

[45] Kruse A，Koch F，Stelzl K，et al. Fate of nitrogen during hydrothermal carbonization[J]. Energy & Fuels，2016，30：8037-8042.

[46] Kurtzman C P，Price N P J，Ray K J，et al. Production of sophorolipid biosurfactants by multiple species of the Starmerella（Candida）bombicola yeast clade[J]. Fems Microbiology Letters，2010，311：140-146.

[47] Latham K G，Jambu G，Joseph S D，et al. Nitrogen doping of hydrochars produced hydrothermal treatment of sucrose in H_2O，H_2SO_4，and NaOH[J]. ACS Sustainable Chemistry & Engineering，2014，2：755-764.

[48] Lee Y，Park J，Ryu C，et al. Comparison of biochar properties from biomass residues produced by slow pyrolysis at 500℃[J]. Bioresource Technology，2013，148：196-201.

[49] Leng L，Xu S，Liu R，et al. Nitrogen containing functional groups of biochar：An overview[J]. Bioresource Technology，2020，298：122286.

[50] Li H Q，Huang G H，An C J，et al. Kinetic and equilibrium studies on the adsorption of calcium lignosulfonate from aqueous solution by coal fly ash[J]. Chemical Engineering Journal，2013，200-202：275-282.

[51] Li H，Hu J，Cao Y，et al. Development and assessment of a functional activated fore-modified bio - hydrochar for amoxicillin removal[J]. Bioresource Technology，2017，246：168-175.

[52] Li H，Hu J，Meng Y，et al. An investigation into the rapid removal of tetracycline using multilayered graphene-phase biochar derived from waste chicken feather[J]. Science of The Total Environment，2017，603-604：39-48.

[53] Li H，Hu J，Wang X，et al. Development of a bio-inspired photo-recyclable feather carbon adsorbent towards removal of amoxicillin residue in aqueous solutions[J]. Chemical Engineering Journal，2019，373：1380-1388.

[54] Li H，Huang G，An C，et al. Removal of tannin from aqueous solution by adsorption onto treated coal fly ash：Kinetic，equilibrium，and thermodynamic studies[J]. Industrial & Engineering Chemistry Research，2012，52：15923-15931.

[55] Li J，Li Y，Wu Y，et al. A comparison of biochars from lignin，cellulose and woodas the sorbent to an aromatic pollutant[J]. Journal of Hazardous Materials，2014，280：450-457.

[56] Li Z Q，Lu C J，Xia Z P，et al. X-ray diffraction patterns of graphite and turbostratic carbon[J]. Carbon，2007，45：1686-1695.

[57] Liu F，Yu R. Hydrothermal carbonization of forestry residues：Influence of reaction temperature on holocellulosederived hydrochar properties[J]. Journal of Materials Science，2017，52：1736-1746.

[58] Liu X，Meng Q，Wu F，et al. Enhanced biogas production in anaerobic digestion of sludge medicated by biochar prepared from excess sludge：Role of persistent free radicals and electron mediators[J]. Bioresource Technology，2022，347：126422.

[59] Lu Z，Zhang H，Shahab A，et al. Comparative study on characterization and adsorption properties of phosphoric acid activated biochar and nitrogen-containing modified biochar employing Eucalyptus as a precursor[J]. Journal of Cleaner Production，2021，303：127046.

[60] Lundqvist J，Andersson A，Johannisson A，et al. Innovative drinking water treatment techniques reduce the disinfection-induced oxidative stress and genotoxic activity[J]. Water Research，2019，155：182-192.

[61] Magnus H，Nicklas A，Christian C，et al. In situ characterization of nanowire dimensions and growth dynamics by optical reflectance[J]. Nano Letters，2015，15（5）：3597-3602.

[62] Mestre A S，Tyszko E，Andrade M V，et al. Sustainable activated carbons prepared from a sucrose-derived hydrochar：Remarkable adsorbents for pharmaceutical compounds[J]. RSC Advancesance，2015，5：19696-19708.

[63] Mia S，Dijkstra F A，Singh B. Aging induced changes in biochar's functionality and adsorption behavior for phosphate and ammonium[J]. Environmental Science & Technology，2017，51：8359-8367.

[64] Mittal A，Thakur V，Gajbe V. Evaluation of adsorption characteristics of an anionic azo dye Brilliant

Yellow onto hen feathers in aqueous solutions[J]. Environmental Science and Pollution Research, 2012, 19: 2438-2447.

[65] Mohsin N, Waheed M, Jiseon J, et al. One-step hydrothermal synthesis of porous 3D reduced graphene oxide/TiO$_2$ aerogel for carbamazepine photodegradation in aqueous solution[J]. Applied Catalysis B: Environmental, 2017, 203: 85-95.

[66] Najib N, Christodoulatos C. Removal of arsenic using functionalized cellulose nanofibrils from aqueous solutions[J]. Journal of Hazardous Materials, 2019, 367: 256-266.

[67] Namasivayam D, Lin K C, Tawfik A S. Recent advances in functionalized carbon dots toward the design of efficient materials for sensing and catalysis applications[J]. Small, 2020, 16: 1905767.

[68] Ngigi A N, Ok Y S, Thiele-Bruhn S. Biochar-mediated sorption of antibiotics in pig manure[J]. Journal of Hazardous Materials, 2019, 364: 663-670.

[69] Okolie J A, Escobar J I, Umenweke G, et al. Continuous biodiesel production: A review of advances in catalysis, microfluidic and cavitation reactors[J]. Fuel, 2022, 307: 121821.

[70] Paramasivan B. Evaluation of influential factors in microwave assisted pyrolysis of sugarcane bagasse for biochar production[J]. Environmental Technology & Innovation, 2021, 24: 101939.

[71] Peng C, Zhang C, Li Q, et al. Erosion characteristics and failure mechanism of reservoir rocks under the synergistic effect of ultrasonic cavitation and micro-abrasives[J]. Advanced Powder Technology, 2021: 4391-4407.

[72] Peng L, Ren Y, Gu J, et al. Iron improving bio-char derived from microalgae on removal of tetracycline from aqueous system[J]. Environmental Science and Pollution Research, 2014, 21: 7631-7640.

[73] Peter A, Chabot B, Loranger E. The influence of ultrasonic pre-treatments on metal adsorption properties of softwood-derived biochar[J]. Bioresource Technology Reports, 2020, 11: 100445.

[74] Pezoti O, Cazetta A L, Bedin K C, et al. NaOH-activated carbon of high surface area produced from guava seeds as a high-fficiency adsorbent for amoxicillin removal: Kinetic, isotherm and thermodynamic studies[J]. Chemical Engineering Journal, 2016, 288: 778-788.

[75] Poggi L A, Singh K. Thermal degradation capabilities of modified bio-chars and fluid cracking catalyst (FCC) for acetic acid[J]. Biomass & Bioenergy, 2016, 90: 243-251.

[76] Pouretedal H R, Sadegh N. Effective removal of amoxicillin, cephalexin, tetracycline and penicillin G from aqueous solutions using activated carbon nanoparticles prepared from vine wood[J]. Journal of Water Process Engineering, 2014, 1: 64-73.

[77] Qu J, Zhang Q, Xia Y S, et al. Synthesis of carbon nanospheres using fallen willow leaves and adsorption of Rhodamine B and heavy metals by them[J]. Environmental Science and Pollution

Research，2015，22：1408-1419.

[78] Rashidi N A，Yusup S. Biochar as potential precursors for activated carbon production：Parametric analysis and multi-response optimization[J]. Environmental Science and Pollution Research，2020，27：27480-27490.

[79] Reddy N. Non-food industrial applications of poultry feathers[J]. Waste Management，2015，45：91-107.

[80] Regmi P，Garcia Moscoso J L，Kumar S，et al. Removal of copper and cadmium from aqueous solution using switchgrass biochar produced via hydrothermal carbonization process[J]. Journal of Environmental Management，2012，109：61-69.

[81] Rosenthal D，Ruta M，Schlögl R，et al. Combined XPS and TPD study of oxygen-functionalized carbon nanofibers grown on sintered metal fibers[J]. Carbon，2010，48：1835-1843.

[82] S Hazrati，M Farahbakhsh，A Cerdà，et al. Functionalization of ultrasound enhanced sewage sludge-derived biochar：Physicochemical improvement and its effects on soil enzyme activities and heavy metals availability[J]. Chemosphere，2021：269，128767.

[83] Said M S M，Azni A A，Ghani W A W A K，et al. Production of biochar from microwave pyrolysis of empty fruit bunch in an alumina susceptor[J]. Energy，2022，240：122710.

[84] Sajjadi，Chen W，deniyi A A，et al. Variables governing the initial stages of the synergisms of ultrasonic treatment of biochar in water with dissolved CO_2[J]. Fuel，2019，235：1131-1145.

[85] Saygılı H，Güzel F. Effective removal of tetracycline from aqueous solution using activated carbon prepared from tomato（*Lycopersicon esculentum* Mill.）industrial processing waste[J]. Ecotoxicology and Environmental Safety，2016，131：22-29.

[86] Shekhar U K，Brijesh K T，Colm P O. Application of novel extraction technologies for bioactives from marine algae[J]. Journal of Agricultural and Food Chemistry，2013，61（20）：4667-4675.

[87] Shen J，Huang G，An C，et al. Remova l of tetrabromobisphenol a by adsorption on pinecone-derived activated charcoals：Synchrotron FTIR，kinetics and surface functionality analyses[J]. Bioresource Technology，2018，247：812-820.

[88] Shen Y. Carbothermal synthesis of metal-functionalized nanostructures for energy and environmental applications[J]. Journal of Materials Chemistry A，2015，3（25）：13114-13188.

[89] Shu S，Guo J，Liu X，et al. Effects of pore sizes and oxygen-containing functional groups on desulfurization activity of Fe/NAC prepared by ultrasonic-assisted impregnation[J]. Applied Surface Science，2016，360：684-692.

[90] Sousa D，Insa S，Mozeto A，et al. Equilibrium and kinetic studies of the adsorption of antibiotics from aqueous solutions onto powdered zeolites[J]. Chemosphere，2018，205：137-146.

[91] Sudarsanam P，Zhong R，Bosch S V，et al. Functionalised heterogeneous catalysts for sustainable biomass valorization[J]. Chemical Society Reviews，2018，47：8349-8402.

[92] Thommes M，Kaneko K，Neimark A V，et al. Physisorption of gases，with special reference to the evaluation of surface area and pore size distribution（IUPAC Technical Report）[J]. Pure and Applied Chemistry，2016，87（1）：1051-1069.

[93] Thommes M，Kaneko K，Neimark A V，et al. Physisorption of gases，with special reference to the evaluation of surface area and pore size distribution（IUPAC Technical Report）[J]. Pure and Applied Chemistry，2016，87（1）：1051-1069.

[94] Tuna A，Kumuş Y O，Çelebi H，et al. Thermochemical conversion of poultry chicken feather fibers of different colors into microporous fibers[J]. Journal of Analytical and Applied Pyrolysis，2015，115：112-124.

[95] Ulrich B A，Im E A，Werner D，et al. Biochar and activated carbon for enhancedtrace organic contaminant retention in stormwater infiltration systems[J]. Environmental Science & Technology，2015，49（10）：6222-6230.

[96] Upamanyu R，Zhu S，Pang Z，et al. Mechanics design in cellulose-enabled high-performance functional materials[J]. Advanced Materials，2020，15：2002504.

[97] Viktorova E N，Korolev A A，Rodionov S V，et al. Investigating the structure of a monolithic capillary column by means of hydrodynamic and size-exclusion chromatography[J]. Russian Journal of Physical Chemistry A，2011，85：125-129.

[98] Wang B，Yang W，McKittrick J，et al. Keratin：Structure，mechanical properties，occurrence in biological organisms and efforts at bioinspiration[J]. Progress in Materials Science，2016，76：229-318.

[99] Wang G Y，Yang S S，Ding Jie，et al. Immobilized redox mediators on modified biochar and their role on azo dye biotransformation in anaerobic biological systems：Mechanisms，biodegradation pathway and theoretical calculation[J]. Chemical Engineering Journal，2021，423：130300.

[100] Wang H，Wang N，Wang B，et al. Antibiotics in drinking water in Shanghai and their contribution to antibiotic exposure of school children[J]. Environmental Science & Technology，2016，50：2692-2699.

[101] Wang T，Li G，Yang K，et al. Enhanced ammonium removal on biochar from a new forestry waste by ultrasonic activation：Characteristics，mechanisms and evaluation[J]. Science of the Total Environment，2021，778：146295.

[102] Wang X，Wu Z，Wang Y，et al. Adsorption–photodegradation of humic acid in water by using ZnO coupled TiO$_2$/bamboo charcoal under visible light irradiation[J]. Journal of Hazardous Materials，2013，262：16-24.

[103] Wang Y，Jiao W，Wang J，et al. Amino-functionalized biomass-derived porous carbons with enhanced aqueous adsorption affinity and sensitivity of sulfonamide antibiotics[J]. Bioresource Technology，2019，277：128-135.

[104] Wang Z，Yu C，Huang H，et al. Carbon-enabled microwave chemistry：From interaction mechanisms to nanomaterial manufacturing[J]. Nano Energy，2021，85：106027.

[105] Wu F C，Tseng R L，Juang R S. Characteristics of Elovich equation used for the analysis of adsorption kinetics in dye-chitosan systems[J]. Chemical Engineering Journal，2009，150（2-3）：366-373.

[106] Wu P，Cui P，Fang G，et al. Sorption mechanism of zinc on reed，lignin，and reed- and lignin-derived biochars：Kinetics，equilibrium，and spectroscopic studies[J]. Journal of Soils and Sediments，2018，18：2535-2543.

[107] Xing X，Jiang W，Li S，et al. Preparation and analysis of straw activated carbon synergetic catalyzed by $ZnCl_2$-H_3PO_4 through hydrothermal carbonization combined with ultrasonic assisted immersion pyrolysis[J]. Waste Management，2019，89：64-72.

[108] XPS simplified，Thermo scientific，https://xpssimplified.com/elements/carbon.php.

[109] Xu Z，Li Z，Qi Y，et al.Soldering porous ceramics through ultrasonic-induced capillary action and cavitation[J]. Ceramics International，2019，45：7，9293-9296.

[110] Yang C，Lu S. Straw and straw biochar differently affect phosphorus availability，enzyme activity and microbial functional genes in an Ultisol[J]. Science of the Total Environment，2022，805：150325.

[111] Yang G，Jiang H. Amino modification of biochar for enhanced adsorption of copper ions from synthetic wastewater[J]. Water Research，2014，48：396-405.

[112] Yang J，Joseph J P，Yang K，et al.Adsorption of organic compounds by biomass chars：direct role of aromatic condensation（ring cluster size）revealed by experimental and theoretical studies[J]. Environmental Science & Technology，2021，55：1594-1603.

[113] Yang S Q，Huang G H，An C J，et al. Adsorption behaviours of sulfonated humic acid at fly ash-water interface：Investigation of equilibrium and kinetic characteristics[J]. The Canadian Journal of Chemical Engineering，2015，93：2043-2050.

[114] Yang W，Han H，Zhou M，et al. Simultaneous electricity generation and tetracyclineremoval in continuous flow electrosorption driven by microbial fuel cells[J]. RSC Advancesance，2015，5：49513-49520.

[115] Yu J，Avelino C，Li Y. Functional porous materials chemistry[J]. Advanced Materials，2020，32：2006277.

[116] Zhai X，Zhang P，Liu C，et al. Highly luminescent carbon nanodots by microwave-assisted pyrolysis[J].

Chemical Communications，2012，48：7955-7957.

[117] Zhang H，Du M，Jiang H，et al. Occurrence，seasonal variation and removal efficiency of antibiotics and their metabolites in wastewater treatment plants，Jiulongjiang River Basin，South China[J]. Environmental Science Processes & Impacts，2014，17（1）：225-234.

[118] Zhang K，Sun P，Christine M，et al. Characterization of biochar derived from rice husks and its potential in chlorobenzene degradation[J]. Carbon，2018，130：730-740.

[119] Zhang L，Jiang Y，Wang L，et al. Hierarchical porous carbon nanofibers as binder-free electrode forhigh-performance supercapacitor[J]. Electrochimica Acta，2016，196：189-196.

[120] Zhang Y，Price G W，Jamieson R，et al. Sorption and desorption of selected non-steroidal anti-inflammatory drugs in an agricultural loam-textured soil[J]. Chemosphere，2017，174：628-637.

[121] Zhang Z，Zhu Z，Shen B，et al. Insights into biochar and hydrochar production and applications：A review[J]. Energy，2019，171：581-598.

[122] Zheng W，Wen X，Zhang B，et al. Selective effect and elimination of antibiotics in membrane bioreactor of urban wastewater treatment plant[J]. Science of the Total Environment，2019，646：1293- 1303.

[123] Zhou N，Chen H，Xi J，et al. Biochars with excellent FB（II）adsorption property produced from fresh and dehydrated banana peels via hydrothermal carbonization[J]. Bioresource Technology，2017，232：204-210.

[124] Zhou Y，He Y，Liu X，et al. Analyses of tetracycline adsorption on alkali-acid modified magnetic biochar：Site energy distribution consideration[J]. Science of the Total Environment，2018，650：2260-2266.

[125] Zhou Y，Zhang L，Cheng Z. Removal of organic pollutants from aqueous solution using agricultural wastes：A review[J]. Journal of Molecular Liquids，2015，212：739-762.

[126] Zhu Z，Liu Z，Zhang Y，et al. Recovery of reducing sugars and volatile fatty acidsfrom cornstalk at different hydrothermal treatment severity[J]. Bioresource Technology，2016，199：220-227.

第三篇

生物炭掺杂/负载及废水处理研究

2023 年，国家发展改革委等 3 部门印发了《关于推进污水处理减污降碳协同增效的实施意见》，提出在新时代的"双碳"目标下，减污降碳、协同增效成为污水处理行业的新常态，随着掺杂官能团从简单的非氧官能团升级到一些具有光催化功能的金属氧化物后，极性位点不仅能增强吸附强度，还可以实现被吸附质得到原位光催化处理，从而提升材料的处理功能并降低吸附材料的再生成本，助力水处理领域的碳化目标。功能化生物炭通过氧化还原过程或投加尿素、硫酸等助剂，增加了材料表面的特征官能团。Lu 等通过尿素水热处理和氨气气氛炭化等工艺，增加了材料中的含氮官能团，尤其是胺基官能团的密度，从而提升了对六价铬等物质的去除效率；Yang 等则阐述了含氧官能团和含氮官能团在吸附过程中的作用。因此，本篇将介绍非金属、金属及复合掺杂/负载生物炭的结构及废水处理性能研究。

第六章 S 掺杂秸秆炭制备及抗生素吸附研究

常规水热前改性通过诱导水解的方式让材料水解为更多的多糖或其他小分子结构，这样能够有效增加材料表面含氧官能团的数量和密度，改善对抗生素等小分子有机物的吸附性能。在水解过程中不引入外来的试剂，虽然成本得到了有效控制，但是仅能丰富含氧官能团的密度和数量。由于含氧官能团本身极性较弱，因此被吸附物质易产生脱附，并且吸附过程容易受环境 pH 的影响，导致脱附率难以得到有效控制。因此，需要引入极性更强的官能团以提升生物炭对目标物质的吸附强度。一方面，可以通过改善孔隙度、孔隙率、微孔比例等方式提升吸附去除率和降低脱附率；另一方面，可以通过增加生物炭上的活性位点实现更高效的吸附。部分学者采用磺化的方式改善孔结构和表面活性位点。基于此，本研究通过传统水热手段，掺杂采用 $Na_2S_2O_8$ 作为磺化剂，制备具有更高孔隙度、大孔结构和丰富磺酸基官能团的高性能磺化功能化秸秆炭材料，并考察不同投加量、pH、离子强度和温度等因素对磺化秸秆炭材料在 Lev 和 TC 吸附性能的影响，分析吸附机理，以评估磺化作用的应用前景，为废水中不同类型抗生素的有效去除提供可行思路。

第一节 S 掺杂秸秆炭制备方法

采用水热法对秸秆炭进行不同阶段的 S 掺杂研究，依次制备不同阶段 S 掺杂秸秆炭。

水热：首先称取 0.5 g 炭化后的样品，取 0.25 g 过硫酸钠、0.5 mL 甲酸、20 mL 去离子水配制成溶液，并将其全部加入聚四氟乙烯内衬水热反应釜中；再将反应釜放置于鼓风干燥箱230℃水热 5 h；水热完成后倒出样品，将其放入 110℃烘箱保持 10～12 h，将烘干后的样品拿出。

前掺杂：取 0.5 g 烘干后的秸秆芯，向其中加入 0.5 g 过硫酸钠于反应釜，230℃条件下水热 5 h，450℃炭化，最后 1∶1 加 NaOH 活化制备前 S 掺杂秸秆炭，记为 fSBC。其中炭化、活化方法如下：

炭化：取适量上述烘干后的秸秆芯放入管式炉，在 N_2 气氛下直接 450℃高温热解炭化，待温度降至室温后研磨成粉末备用。

活化：将上述水热后烘干的样品称重，按 1∶1 质量比加 NaOH 混合并置于烧杯中，加 1 mL 无水乙醇使样品分散均匀、适量去离子水（淹没样品即可），玻璃棒搅拌均匀后超声 10 min，倒入刚玉舟放置鼓风干燥箱 110℃烘 1 h 以上，然后移至管式炉 850℃活化，最后用 0.1 mol/L 盐酸和去离子水交替洗至中性，干燥保存备用。

中掺杂：中掺杂过程发生在炭化之后，即先将秸秆炭化处理，之后进行水热改性，最后进行活化。因此，中掺杂秸秆炭吸附材料的制备包括炭化、水热、活化 3 个步骤。中掺杂制备的材料记为 SBC。

后掺杂：将适量烘干后未磺化过的秸秆芯 450℃炭化，随后 1∶1 加 NaOH 在 850℃条件下活化，最后将活化后的样品称重，按质量比 2∶1 掺杂过硫酸钠水热制备后 S 掺杂秸秆炭，记为 LSBC。炭化、活化方法如上所述。

其中，炭化、活化过程管式炉升温速率均为 10℃/min。另外，为判断水热时加入前驱体过硫酸钠是否成功改性使其表现出突出的吸附效果，本研究在掺杂改性前制备两种对照材料：

（1）将烘干后的秸秆芯直接炭化、活化，得到的为原始秸秆炭，记为 BC；

（2）将烘干后的秸秆芯直接炭化、加入纯去离子水水热、活化，制备的秸秆炭标记为 HBC。其中，炭化、活化所需条件、去离子水容量均与上述相同。

第二节　S 掺杂秸秆炭特征分析

一、SEM 分析

如图 6.1 所示，使用 SEM 探究了不同秸秆炭的表面结构特征。可以看出，在 5 000 倍的扫描放大倍数下，前 S 掺杂秸秆炭 fSBC 孔隙较多，刻蚀严重，可能是由碱活化引起的；而后 S 掺杂 LSBC 表面呈芽状密集分布，无明显肉眼可见孔隙分布，HBC 表面主要分布为不规则的块状结构，其表面分布有较多的孔结构。相比之下，SBC 表面主要呈现 HBC 更薄且不均匀的片状结构，由片团堆叠而成的层形聚集体显而易见，这些薄片结构相较于 HBC 具有更大的比表面积，这是由 SBC 改性时掺杂 $Na_2S_2O_8$ 过程中烧蚀掉了一部分层状结构间的杂质造成的，同时 S 掺杂后材料表面变得更加光滑可能是因为掺杂后改变了材料表面性能。

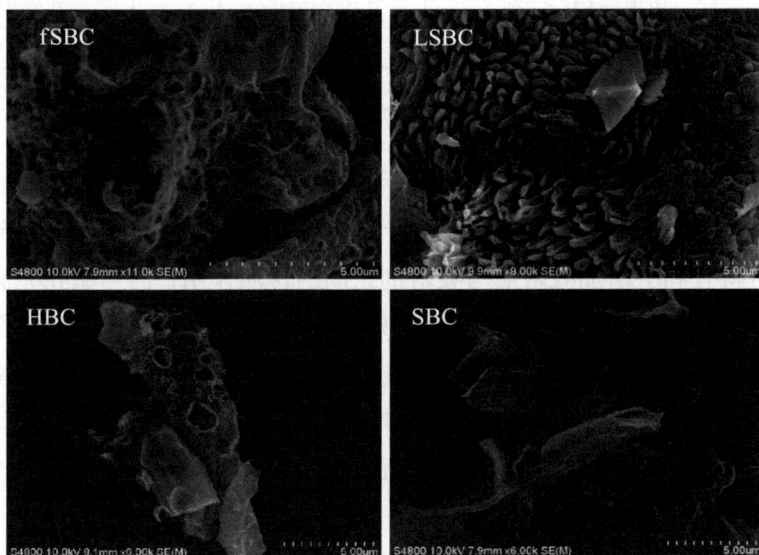

图 6.1　不同 S 掺杂秸秆炭的 SEM 图

二、比表面积和孔隙度分析

生物炭的比表面积是描述其吸附性能的关键因素，本研究采用 BET 测试法测定 HBC 和 SBC 的比表面积与孔隙结构。由表 6.1 可知，S 掺杂后，秸秆炭（SBC）的比表面积显著增加，高达 1 826.51 m^2/g，约是未掺杂 S 改性秸秆炭（HBC）的 2.21 倍，这可能源于 S 掺杂烧蚀掉了材料表面原本阻塞孔道结构的杂质，部分还原性官能团（羟基、巯基、双键等）也随之被 S 化，更多大孔和介孔结构的形成可改善污染物与秸秆炭表面的接触程度，释放更多的吸附位点；改性之后 SBC 的孔隙容积和孔容平均值均明显下降，孔隙容积下降近 10 倍，这充分说明掺杂非金属元素硫的秸秆炭表面形成了大量微孔和介孔结构。当相对压力 $P/P_0 < 0.2$ 时，两种材料吸脱附曲线重合且缓慢上升，是由于开始表现为炭表面单层吸附过程；当 $P/P_0 > 0.2$ 时，单分子层接近饱和，介孔通道逐渐被填充，发生多层吸附；当 $P/P_0 > 1.0$ 时，SBC 曲线仍呈无限增加趋势，表明吸附未完成，原因是存在大孔结构。

表 6.1 HBC 和 SBC 的物理性质

材料	比表面积/（m^2/g）	孔隙容积/（cm^3/g）	孔容平均值/nm
HBC	825.27	0.322 0	6.328 9
SBC	1 826.51	0.084 9	3.078 7

N_2 吸脱附曲线和孔径分布如图 6.2 所示，根据 1985 年 IUPAC 吸脱附曲线可分为 6 种类型的建议，HBC 的氮气吸脱附曲线属于 I 型，这是由于发生微孔填充过程，具有微孔骨架炭材料有利于增加吸附质与吸附剂之间的传质作用，而当微孔充满时，将不再发生进一步的吸附过程；而 SBC 的氮气吸脱附曲线呈 IV 型，同时拥有 H1 型滞后环，表明其表面主要依赖介孔吸附，吸附过程由分子间的相互作用决定，初始阶段主要是单层-多层吸附，随后孔隙逐渐缩合，形成吸附滞后环现象，表现为多层吸附。从图 6.2（b）孔径分布可以看出，相较于 HBC，SBC 表面明显存在大量介孔骨架，这与 N_2 吸附/解析等温线呈现出的结果一致。

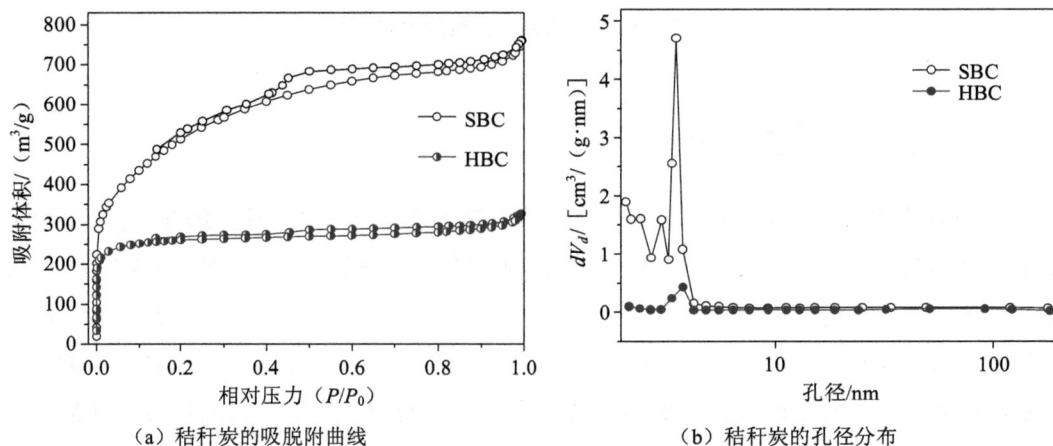

（a）秸秆炭的吸脱附曲线　　　　　（b）秸秆炭的孔径分布

图 6.2 N_2 吸脱附曲线和孔径分布

三、XPS 分析

为了进一步探究改性秸秆炭表面的元素成分和化学价态，对 SBC 进行了 XPS 测试，如图 6.3（a）所示，SBC 的峰对应于 O 1s（8.13%）、C 1s（79.24%）、S 2p（2.06%），说明非金属元素硫成功掺杂到秸秆炭 SBC 表面上。由图 6.3（b）可知，C 1s 的峰分布结合能分别为 284.6 eV、285.4 eV、286.5 eV 和 289.0 eV，其中 284.6 eV 处的强峰与 sp^2 杂化有关，其分别对应于 C—H/C—C（58.69%）、C—C（14.61%）、C—O（10.81%）、C=C/O=C—O（15.89%）键，可推测出材料表面 C—C 官能团含量最多，石墨化程度较高，可以增强材料对目标污染物的 π-π 共轭吸附能力，有助于秸秆炭的吸附。由图 6.3（c）可知，O 1s 的峰可以分别由对应于 532.2 eV、533.5 eV，并在 535.3 eV 处的峰分别拟合。在图 6.3（d）中，S 2p 图谱可以分别拟合到 160.0 eV、164.2 eV、165.5 eV、169.2 eV（C—SO$_x$—C）处，分别属于巯基硫、噻吩硫以及磺基硫，噻吩硫能够提高相邻碳原子的自旋密度，从而提高秸秆炭的活性。

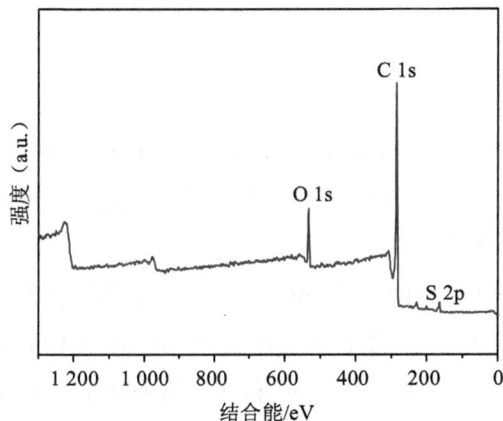

（a）SBC 的 XPS 图谱　　　　　　　　　（b）C 1s

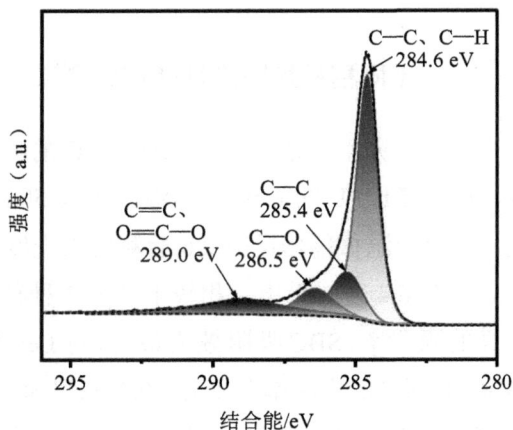

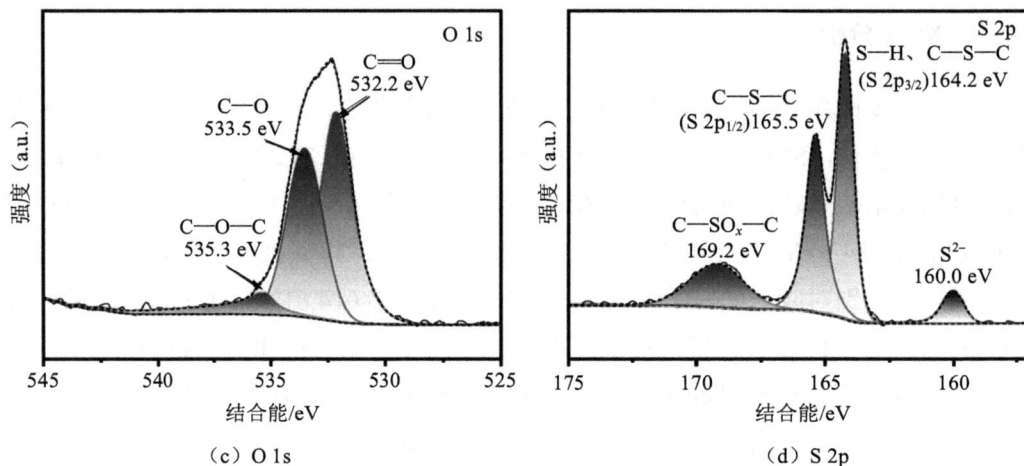

（c）O 1s

（d）S 2p

图 6.3　对 SBC 的 XPS 分析

第三节　S 掺杂秸秆炭对抗生素的吸附性能

一、不同秸秆炭吸附性能对比测试

为了探究不同秸秆炭对 Lev 和 TC 的吸附效果，分别配制 100 mg/L 的 Lev 和 TC 溶液，以及 5 mg/L 的 Cr（Ⅵ）溶液，各取 50 mL 于锥形瓶中，称 0.025 g 秸秆炭加入锥形瓶，移至恒温振荡器反应 2 h 后测定吸光度并计算去除率。

由图 6.4 可以看出，相较于其余 3 种秸秆炭，fSBC 和 SBC 对两种抗生素均表现出较高的吸附率，SBC 吸附效果最好，对 Lev 和 TC 的去除率分别达到 99.01% 和 94.11%，fSBC 对两者的去除率分别为 90.27% 和 88.7%，而 HBC 对 Lev 和 TC 的去除率分别为 40.49% 和 34.29%，LSBC 对两者的去除率分别为 67.9% 和 52.88%。5 种秸秆炭对 Cr（Ⅵ）的吸附率均表现较差，其中，SBC 吸附性能最佳，但仅达到 18.05%。

显而易见，未进行水热而直接炭化、活化后的秸秆炭对 3 种污染物的去除率普遍偏低，均在 15% 以下，最后活化的秸秆炭水热法制备的相较于直接炭化、活化能增强秸秆炭的吸附性能，说明水热比单纯直接热解拥有更易吸附的表面结构；而 S 掺杂后的秸秆炭其吸附率提升接近 100%，可能是 S 掺杂过程使秸秆炭表面官能团更加丰富，秸秆炭功能性增强,提供了更多的吸附位点。因此,在后续的实验中选择吸附性能最好的 SBC 进行吸附性能评价实验,探究其影响因素以及吸附机理。

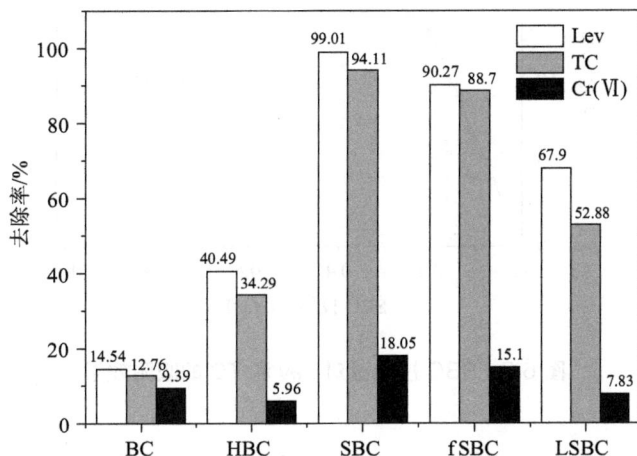

图 6.4　不同秸秆炭对 Lev、TC 和 Cr(Ⅵ)的吸附效果对比

二、SBC 的投加量对抗生素吸附的影响

一般来说,在相同时间内,秸秆炭对抗生素的吸附量与初始投加浓度成正比,通过探究 SBC 的不同初始浓度对 Lev 和 TC 的吸附效果,可判断最佳投加量。如图 6.5 所示,SBC 对 Lev 和 TC 的去除率随投加量的增大而增大,当投加量增至 0.5 g/L 时,SBC 对两种抗生素的吸附已到达平衡点,其中,对 Lev 实现 100%的去除率,对 TC 去除率也达到 99.84%。随着投加量继续增大,SBC 对抗生素的吸附已达到饱和,接近 100%。由此可见,SBC 对 Lev 和 TC 吸附的最佳投加量为 0.5 g/L,因此选择该投加量作为后续系列实验的主要浓度值。

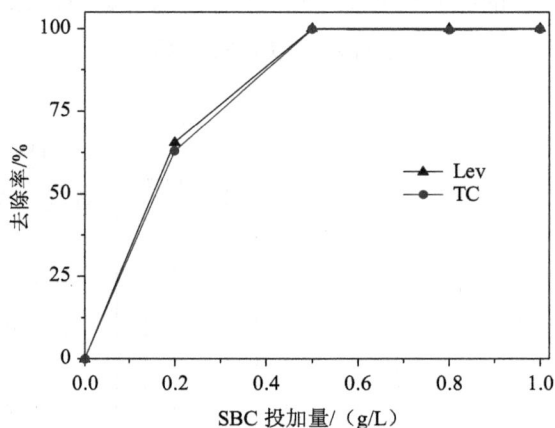

图 6.5　SBC 投加量对 Lev 和 TC 的吸附效果

三、吸附动力学

　　动力学模型可合理描绘出时间与抗生素吸附量的关系变化，通过伪一级、伪二级和 Elovich 3 种不同动力学模型拟合，SBC 对 Lev 和 TC 的吸附动力学模拟分析如图 6.6 所示，动力学拟合参数如表 6.2 所示。由表 6.2 通过不同拟合参数 R^2 对比可知，SBC 对 Lev 的吸附更好地被 Elovich 模型拟合（$R^2=0.984\ 5$），表明该吸附很可能是由化学吸附主导的物理化学两者混合吸附；而吸附 TC 的过程更倾向于伪二级动力学模型（$R^2=0.981\ 7$），说明该吸附过程以化学反应为主。

　　另外，由图 6.6 可以看出，初始阶段 20 min 内 SBC 吸附 Lev 和 TC 的速度极快，在 30 min 时，吸附量几乎饱和，对 Lev 和 TC 的吸附量分别达到 199.46 mg/g 和 178.43 mg/g，对两者的去除率分别达到 99.73% 和 89.22%；在 30 min 之后 SBC 对 Lev 的吸附基本趋于平缓，而对 TC 的吸附在 40 min 后逐渐趋于稳定，这可能是吸附初期 SBC 的高 BET 和高孔隙率提供大量吸附位点，后期其逐渐为污染物所占据的缘故。

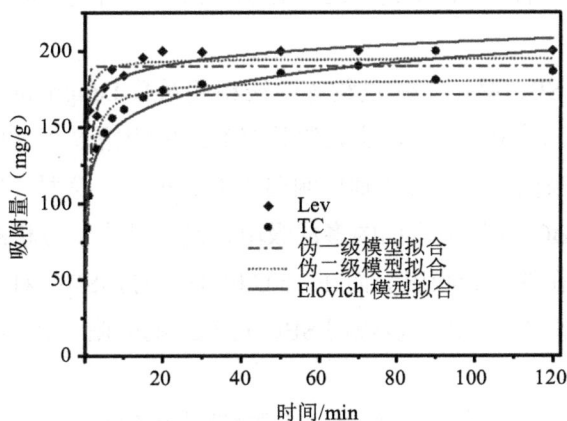

图 6.6 Lev 和 TC 的不同动力学模型对 SBC 的拟合曲线

表 6.2 Lev 和 TC 吸附动力学模型拟合参数

动力学模型	模型参数	Lev	TC
伪一级	$Q_{e,\mathrm{exp}}$ / (mg/g)	199.820 8	178.431 4
	$Q_{e,\mathrm{cal}}$ / (mg/g)	190.149 1	171.484 8
	k_1/min^{-1}	2.744 1	0.963 3
	R^2	0.937 6	0.921 8
伪二级	$Q_{e,\mathrm{exp}}$ / (mg/g)	199.820 8	178.431 4
	$Q_{e,\mathrm{cal}}$ / (mg/g)	194.968 8	181.566 5
	k_2/ [g/ (mg·min)]	0.026 2	0.007 2
	R^2	0.967 8	0.981 7
Elovich	α/ [g/ (mg·min^2)]	977 000.257 9	22.571 2
	β/ [g/ (mg·min^2)]	9.968 9	18.482 5
	R^2	0.984 5	0.973 6

四、吸附等温线

SBC 在不同温度下吸附不同抗生素的等温线模拟参数如表 6.3 所示，吸附平衡曲线如图 6.7 所示。通过观察可知，SBC 对两种抗生素的吸附容量随着抗生素初始浓度的增加呈非线性增大，去除率则逐渐减小，在抗生素初始浓度为 10 mg/L 时，SBC 对 Lev 和

TC 的去除率均为 100%，而当初始浓度为 500 mg/L 时，SBC 对两者的去除率分别为 23.43% 和 28.33%。

在 25℃ 条件下，SBC 吸附 Lev 过程等温线相关系数 Langmuir 模型（R^2=0.986 0）大于 Freundlich 模型（R^2=0.955 4），这表明其对 Lev 的吸附过程更倾向于均匀表面有限活性位点的单分子层吸附，而对 TC 则更倾向于 Freundlich 模型（R^2=0.988 1），说明吸附过程更可能为在 SBC 非均质表面的多层吸附，结合动力学分析结果，吸附过程为物理和化学吸附同时存在的混合吸附。而在 15℃ 和 35℃ 时，SBC 对 Lev 和 TC 的吸附同样易被 Langmuir 模型拟合，进一步说明 SBC 对 Lev 的吸附以化学吸附为主。

表 6.3　不同抗生素吸附等温线参数

抗生素	T/℃	Langmuir 模型			Freundlich 模型		
		K_L /（L/mg）	Q_m /（mg/g）	R^2	K_F /［mg·g^{-1}（mg·L^{-1}）$^{-\frac{1}{n}}$］	n	R^2
Lev	15	0.005 4	544.708 5	0.990 6	14.598 4	0.541 3	0.957 8
	25	0.011 9	277.864 8	0.986 0	28.666 8	0.350 9	0.955 4
	35	0.006 4	493.009 2	0.980 8	16.64	0.511 6	0.936 6
TC	15	0.007 3	389.960 3	0.992 4	21.850 0	0.434 5	0.971 2
	25	0.005 3	359.027 0	0.972 8	10.248 4	0.530 8	0.988 1
	35	0.007 1	473.916 4	0.960 1	21.813 5	0.446 7	0.975 1

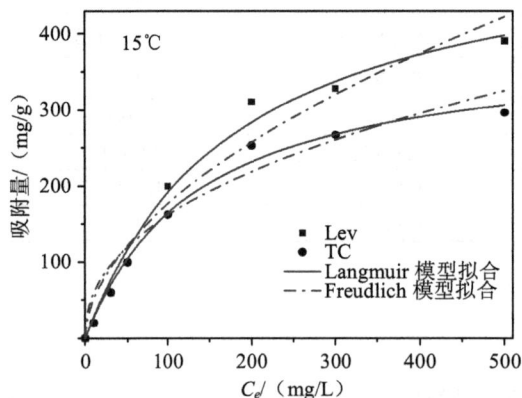

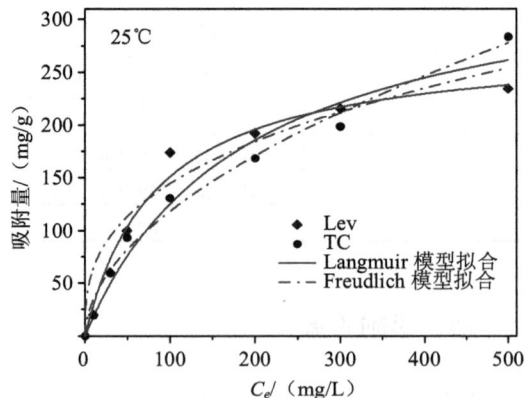

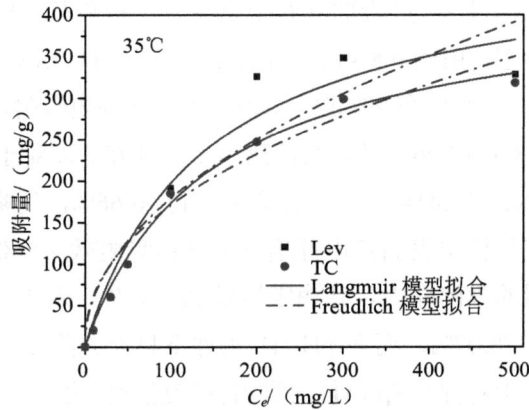

图6.7 不同温度下抗生素的吸附平衡曲线

五、吸附热力学

表6.4展现了SBC在不同温度下吸附抗生素的热力学参数，计算其吉布斯自由能（ΔG）和焓变值（ΔH），可以看出SBC吸附Lev的过程属于非自发性的吸热反应（$\Delta G>0$，$\Delta H>0$），熵值为正，符合熵增原理；而对于TC，吸附过程中$\Delta H<0$，表明该反应为放热反应，存在SBC表面物理吸附过程。

表6.4 不同吸附体系中的热力学参数

抗生素	T/K	$\ln K$	$\Delta G/$（kJ/mol）	$\Delta H/$（kJ/mol）	$\Delta S/$［kJ/（mol·K）］
	288	−5.22	12.50		
Lev	298	−4.43	10.97	56.38	0.15
	308	−5.05	12.93		
	288	−4.92	11.78		
TC	298	−5.24	12.98	−22.85	−0.12
	308	−4.95	12.68		

六、pH 对 SBC 吸附抗生素的影响

抗生素溶液的酸碱性是影响生物炭吸附抗生素的重要因素，pH 可能会影响吸附剂

的表面电荷和吸附位置，且因 TC 表面存在丰富的氨基和羧基，Lev 表面存在羧基，pH
还会影响其在水中的形态。由图 6.8 可以看出，pH 为 3～11，SBC 对 Lev 的吸附基本不
受溶液酸碱性的影响，去除率均在 99%以上，说明不存在静电吸附，Lev 在 pH=5.84～8.39
（pK_1= 5.85±0.04，pK_2=8.39±0.06）时以两性离子形式存在。而对于 TC，当 pH=3 时，去
除率最大，达到 98.92%；当 pH=11 时，去除率达到 96.66%，呈略微减小的趋势，可能
是官能团的去质子化使秸秆炭表面负电性增强，从而吸附效率降低。但总体而言，SBC
对两种抗生素拥有较强的吸附能力，其稳定性较强。另外，对于 Cr(Ⅵ)而言，在 pH 为
3 时其去除率最高达到 78.07%，而在 pH=11 条件下只能去除 3.61%的 Cr(Ⅵ)。基于该
现象，在之后章节进一步对提高 Cr(Ⅵ)的吸附性能进行探究。

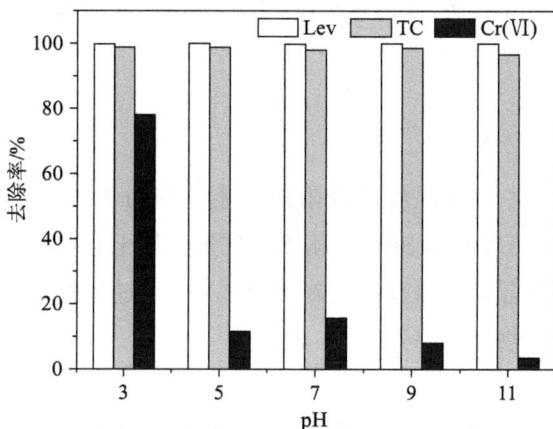

图 6.8　不同 pH 条件下 SBC 对抗生素和 Cr(Ⅵ)的吸附效果

七、离子强度对 SBC 吸附抗生素的影响

一般来说，离子强度易导致水体中纳米吸附剂的聚集并形成高度致密的结构，从而
降低吸附剂的分散性，使吸附剂表面活性位点减少。作为天然水体中最常见的无机盐离
子——Cl^- 和 SO_4^{2-} 成分占比较大，很可能直接或间接影响生物炭对废水中抗生素的吸附，
本实验也因此做出研究。如图 6.9 所示，在 Cl^- 和 SO_4^{2-} 共存的条件下，对两种抗生素均
表现出较高的吸附能力，说明竞争阴离子的存在对两者吸附几乎未形成干扰；但相对
Lev 而言，随着 Cl^- 浓度增大，SBC 对 TC 的去除率逐渐减小，吸附速率减慢，可见 Cl^-

的存在与 TC 形成一定的竞争关系，从而减缓了其附着到 SBC 上的速度与含量，削弱了静电吸附作用。当 Cl⁻浓度为 0.4 mol/L 时，其对 TC 的最低去除率为 93.13%，这也具备很高的吸附水平。因此，两种阴离子的存在并不能明显抑制 SBC 对抗生素的吸附，SBC 吸附 Lev 和 TC 不受共存阴离子的干扰，具有较强的耐受性。

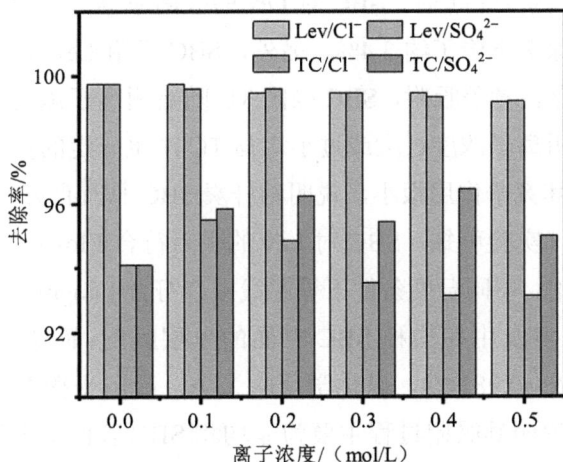

图 6.9 共存离子存在下 SBC 对抗生素的吸附效果

第四节 本章小结

本章主要通过水热法加入 $Na_2S_2O_8$ 作为 S 源对秸秆炭进行 S 掺杂改性，联合炭化、活化等手段，制备了对抗生素具有高吸附率的 S 掺杂秸秆炭吸附剂 SBC，与 BC 和 HBC 两种秸秆炭进行对比，探讨 SBC 对 Lev 和 TC 这两种抗生素的吸附效果及作用机制。控制单一变量对其进行吸附实验与表征分析，研究得出以下结论：

（1）HBC 表面厚且粗糙，孔隙较大且不易吸附，比表面积为 825.27 m^2/g，对其进行 S 掺杂后，SBC 表面片层状结构增加，去除了杂质，质地均匀，比表面积较 HBC 显著增大，高达 1 826.51 m^2/g，孔容平均值和孔隙容积均明显下降，以介孔和中孔吸附为主；XPS 结果显示，SBC 表面具有更多官能团结构，—OH 和 C—C 键含量较多，判断其吸附作用主要由氢键作用和 π-π 共轭引起。另外，SBC 表面检测出 C—S 官能团，可见 S 掺杂后秸秆炭表面 S 元素含量较多。

（2）不同秸秆炭的吸附效果：SBC＞HBC＞BC，SBC 对两种抗生素的吸附率接近 100%，远高于 HBC 和 BC；根据控制单一变量吸附影响实验得出，当 SBC 初始浓度仅 为 0.5 g/L 时，吸附便已达平衡，且对两种抗生素的去除率为 99%左右，这与 S 掺杂后 片层构象有关，当 pH 为 3～11 时，SBC 对 Lev 的吸附率维持在 99%以上，当 pH 为 11 时，SBC 对 TC 的去除率下降了约 3.4%。另外，SBC 吸附 Lev 不受 Cl^- 和 SO_4^{2-} 浓度的 干扰，二者对 Lev 不存在竞争吸附，SBC 吸附 TC 随着阴离子浓度的增加基本呈先增大 后减小的趋势，说明阴离子浓度过大或过小均与 TC 产生一定的竞争吸附，但总体去除 率达 94%以上，可见其竞争作用很小，说明秸秆炭 SBC 具有良好的稳定性。

（3）根据吸附机理实验可知，SBC 对 Lev 的吸附符合 Elovich 模型（R^2=0.984 5）， 属于物理化学混合吸附，不同温度条件下等温线拟合符合 Langmuir 模型（R^2= 0.986 0）， 表明该吸附过程为更多发生在均相 SBC 表面的单层吸附；而吸附 TC 的过程更符合 伪二级动力学模型（R^2=0.981 7），以化学反应为主，吸附平衡曲线更符合 Freundlich 模型（R^2=0.988 1），说明其吸附过程主要为非均相 SBC 表面的多层吸附。

第七章　N、S 共掺杂生物炭制备及抗生素/重金属吸附研究

近期研究发现，含氢的 N 掺杂能使生物炭表面电负性显著提高，通过与污染物形成更稳定的配合物，可增强电正性化合物的亲水性和对重金属离子的吸附能力。尤其在低价 N、S 共掺杂的材料中，一方面，C 与 N 的电负性较大，N 会使 C 原子带正电荷，增加材料的吸附能力，S 的极化率高于 N，使 S 失电子，有利于还原反应，与单原子掺杂相比，提高了整体性能；另一方面，在 N、S 掺杂形成的缺陷部分，后期形成了大量的缺陷结构，这些缺陷结构不仅有助于形成微孔结构，也可以在局部形成具有吸附优势的氨基和巯基官能团，两者通过诱导协同效应可产生更高密度的活性位点，形成更加高效、牢固的吸附。因此，本研究基于水热过程，采用 L-蛋氨酸作为掺杂剂，通过共掺杂 N、S 形成对 Cr(VI)更高效的去除性能研究，同时大幅提升材料对重金属离子的耐受性。试图通过微波辅助水热法将其掺杂于秸秆炭表面，引入—SH、—NH$_2$ 等提供更多结合位点，以吸附去除废水中的抗生素和 Cr(VI)。

第一节　N、S 共掺杂生物炭制备方法

采用微波消解水热法制备秸秆炭吸附剂。首先将玉米秸秆剥皮后取芯，剪至 5 mm 左右烘干，随后直接放入管式炉在 N$_2$ 气氛下 450℃炭化，炭化完成后将其研磨成粉末待用。取 0.5 g L-蛋氨酸、20 mL 去离子水配制溶液，称取 450℃炭化后的样品 0.5 g 倒入该溶液中搅拌均匀，再将其移入消解罐放进微波消解仪，设置参数为 180℃，反应时间

为 30 min，功率为 400 W，降至室温后将微波后的黏稠液体倒入小烧杯，放置于鼓风干燥箱 110℃烘 10 h 以上，随后称重并按质量比 1∶1 加入 NaOH，加 1 mL 无水乙醇作为分散剂，再加适量去离子水将其淹没即可，超声 10 min，再放置于烘箱设置温度为 100℃保持 85 min 以上，在 N_2 气氛下管式炉中 850℃活化，最后用 0.1 mol/L 盐酸和去离子水洗至中性，得到 N、S 共掺杂秸秆炭，记为 NBC。在改性前制备直接炭化、活化后的原始秸秆炭 BC，以及微波水热步骤为 20 mL 纯去离子水水热后的秸秆炭记为 WBC。其他制备步骤与 NBC 制备方法相同。

第二节　N、S 共掺杂生物炭特征分析

一、元素分析

为了进一步确定秸秆炭中各元素成分的含量，对两种秸秆炭进行了元素分析的测定，并参考不同文献中生物炭材料元素组成进行了对比分析得到表 7.1。由表 7.1 可知，未掺杂 L-蛋氨酸改性前，秸秆炭 WBC 中不存在 S 元素，N 含量为 0.230%，掺杂 L-蛋氨酸微波辅助改性后，NBC 中 S 元素含量明显增加，由原始的零含量提升为 5.139%，N 元素也增加了 0.112%，说明生物炭 NBC 表面成功掺杂了 N、S 元素，从而引入含氮和含硫官能团。相较于其他参考文献，NBC 表面硫含量明显增多，另外，相较于 WBC，NBC 中 C 含量略微下降且 O/C 比值降低，表明改性后的秸秆炭疏水性增强。NBC 的 H/C 升高，说明其芳香程度降低，（O+N）/C 值降低说明其极性降低，进一步说明 NBC 稳定性更强。

表 7.1　不同秸秆炭的元素分析

材料	元素组成/%					原子比例		
	N	S	C	H	O	O/C	H/C	（O+N）/C
苦艾	0	1.05	74.61	0	24.34	0.192 2	0	0.192 2
茶叶	1.86	0	76.91	2.72	14.34	0.186 5	0.035 4	0.210 6
咖啡渣	3.10	0	81.23	1.31	9.81	0.12	0.02	0.158 9
甘蔗蔗渣	0.12	1.01	90.07	0	7.61	0.084 5	0	0.012 5

材料	元素组成/%					原子比例		
	N	S	C	H	O	O/C	H/C	（O+N）/C
玉米秸秆	1.29	0.04	89.56	2.51	6.60	0.055	0.336	0.068
WBC	0.230	0	83.753	0.651	15.366	0.183 5	0.007 8	0.186
NBC	0.342	5.139	82.375	0.943	11.201	0.136 0	0.011 4	0.140 1

二、SEM 分析

图 7.1 展示了改性前后两种秸秆炭在分辨率分别为 2 μm 和 5 μm SEM 下的形貌图。未改性前的秸秆炭 WBC 主要呈较厚的片层结构，表面存在少量颗粒状结构，可能是酸洗之后残留在秸秆炭表面上的物质，未出现明显的孔洞结构。相较于 WBC，NBC 片层较薄，致密粗糙且片层较紊乱，能直观看到蜂窝状孔隙结构丰富，而这些密集的孔洞能吸附更多污染物，提高物理吸附能力。由此可见，掺杂 N、S 改性后的秸秆炭表面产生大量的孔隙结构，说明其表面产生更多的吸附位点能够与污染物结合。

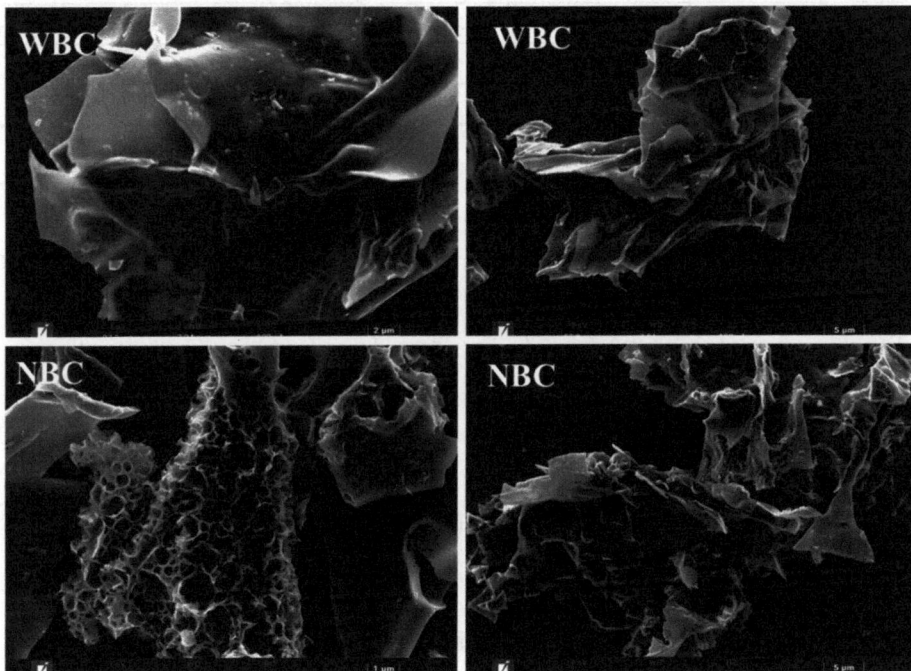

图 7.1　不同秸秆炭的 SEM 图

三、比表面积分析

如表 7.2 所示，掺杂 L-蛋氨酸改性后的秸秆炭比表面积明显增大，达到
1 311.785 1 m²/g，约为 WBC 的 1.6 倍，说明掺杂 L-蛋氨酸对秸秆炭的改性有一定的效
果。随着 N、S 的掺入，NBC 的平均孔径由 3.897 8 nm 缩小为 3.118 4 nm，孔隙容积和
平均孔径均呈单调减小的趋势，微波的振荡作用使秸秆炭的孔隙容积和平均孔径变化幅
度很小。图 7.2 展示了两种秸秆炭的 N₂ 等温吸脱附曲线和孔径分布曲线，图 7.2（a）两
种秸秆炭均表现出 IUPAC 分类中的Ⅳ型氮气吸脱附曲线和 H4 型滞后环线，表明两种秸
秆炭具有一定的介孔结构，说明 NBC 表面产生大量狭缝孔，主要由层状结构产生，这
与 SEM 图呈现片状结构相吻合。随着 L-蛋氨酸的掺入，滞后线出现在更低的 P/P_0 处，
缩聚变宽且较为陡峭。图 7.2（b）采用 BJH 方法考察生物炭的孔径分布，可以看出相
较于 WBC，NBC 表面存在更多的微孔结构，这与其 SEM 图呈现片层多孔结构相吻合。

表 7.2　未改性秸秆炭（WBC）和掺杂 N、S 改性秸秆炭（NBC）的物理性质

材料	比表面积/（m²/g）	孔隙容积/（cm³/g）	平均孔径/nm
WBC	803.218 4	0.277 8	3.897 8
NBC	1 311.785 1	0.193 9	3.118 4

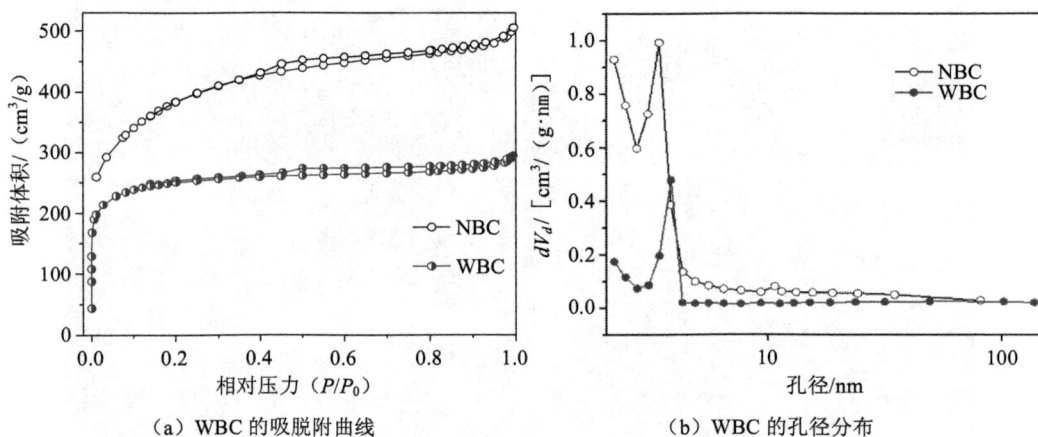

（a）WBC 的吸脱附曲线　　　　　　（b）WBC 的孔径分布

图 7.2　WBC 的吸脱附曲线及孔径分布

四、XPS 分析

图 7.3 展示了不同秸秆类的 XPS 分析结果，图 7.3（a）总谱中 C 1s、S 2p、N 1s 的细扫峰结果分别如图 7.3（b）～图 7.3（d）所示。秸秆炭样品的 C 1s 谱图中主要的特征峰为 C—H/C—C/C≡C（284.63 eV）、C≡N/C—O（285.73 eV）、C=O/O—C=O（289.03 eV），C 1s 峰处于标准峰位，C≡N 特征峰证明 N 元素成功掺杂到 NBC 表面。S 2p 谱图如图 7.3（c）所示，在结合能 160.1 eV、164.3 eV、165.4 eV、169.2 eV 处出现的峰值表示 S^{2-}、噻吩 S $2p^{3/2}$（C—S—C $2p^{3/2}$）、噻吩 S $2p^{1/2}$（C—S—C $2p^{1/2}$）和氧化硫（C—SO_x—C）的形成，其面积占比分别为 9.75%、36.25%、27.07%、26.93%。硫元素谱图平滑，峰值较高，说明 NBC 表面存在较为丰富的硫元素。由高分辨率 N 1s 曲线［图 7.3（d）］分峰结果可知，在结合能 395.4 eV、398.9 eV、400 eV、402.5 eV 处分别对应吡啶氮、吡咯氮、石墨氮和氧化氮，碳原子的取代生成吡啶氮主要发生在石墨平面的边缘或缺陷部位，对于吡咯氮，氮原子与石墨平面边缘五元环上的两个碳原子成键。吡咯环中含有—NH 基团，故吡咯氮可以提高秸秆炭的亲水性。

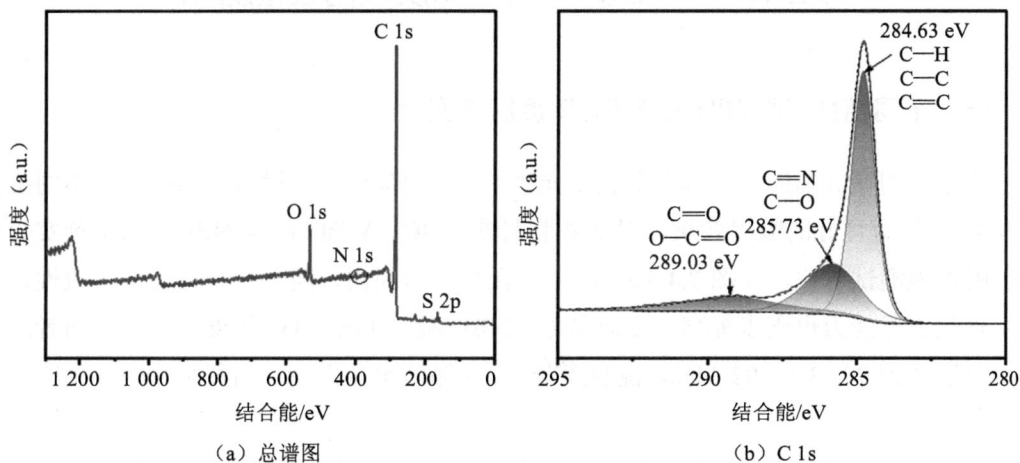

（a）总谱图　　　　（b）C 1s

（c）S 2p

（d）N 1s

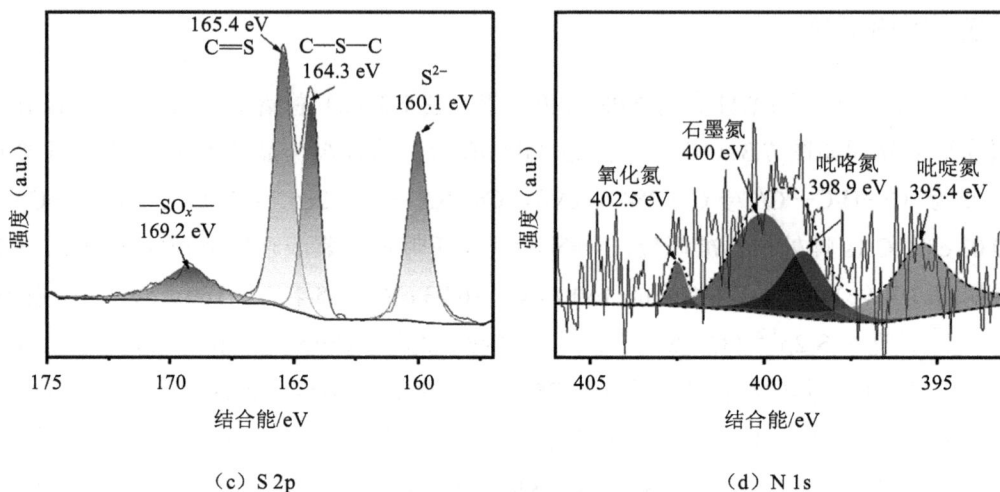

图 7.3　不同秸秆炭的 XPS 分析结果

第三节　N、S 共掺杂生物炭吸附性能分析

一、不同秸秆炭吸附对比及初始浓度影响实验

为了证明微波辅助水热掺杂非金属元素 N、S 制备秸秆炭材料（NBC）对不同抗生素和 Cr（Ⅵ）有良好的吸附效果，对 3 种秸秆炭（BC、WBC 以及 NBC）初步预实验进行吸附性能测试对比，如图 7.4（a）所示。在相同时间内，随着对秸秆炭逐步改性，对抗生素的去除能力也逐步提高，显而易见，NBC 吸附 Lev、TC 效果最好，对两者的去除率分别达到 99.83%、92.34%，说明掺杂 N、S 微波水热之后，秸秆炭吸附效果明显改善。

为了进一步探究 NBC 对抗生素的最佳投加量，对其进行不同浓度吸附实验，如图 7.4（b）所示，得出 NBC 吸附 Lev 的最佳投加量为 0.5 g/L，对 TC 的最佳投加量为 0.8 g/L，后续系列吸附测试实验均将该投加量作为吸附标准。

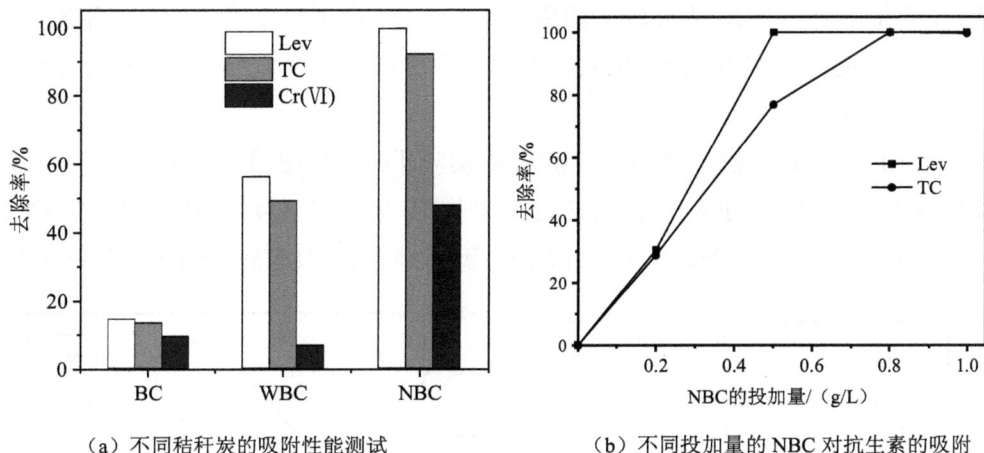

（a）不同秸秆炭的吸附性能测试　　（b）不同投加量的 NBC 对抗生素的吸附

图 7.4　不同秸秆炭的吸附性及 NBC 对抗生素的吸附

二、pH 和离子强度影响实验

为判断不同 pH 对抗生素和 Cr(Ⅵ) 的吸附影响，寻找 Cr(Ⅵ) 的最佳去除条件，在不同 pH 对 NBC 去除抗生素和对 Cr(Ⅵ) 的吸附做了吸附测试。如图 7.5（a）所示，NBC 对 Lev 的吸附几乎不受 pH 的影响，均在 97% 以上，而对于 TC，其去除率在碱性条件下略微偏弱，当 pH 为 11 时，NBC 对 TC 的去除率为 81.63%，可能是 OH^- 含量增多使秸秆炭表面电荷与 TC 发生一定的排斥作用造成的。对于 Cr(Ⅵ) 的吸附，由图 7.5（a）可以看出去除率随 pH 增大呈阶梯式下降趋势，当 pH 为 3 时，去除率达到 96.44%，此时吸附量为 9.644 mg/g；当 pH 为 11 时，吸附量仅为 0.404 mg/g。

为探究 Cr(Ⅵ) 形成这一现象的原因，对两种秸秆炭进行不同 pH 条件下的 Zeta 电位测试，如图 7.5（b）所示，当 pH 为 3～11 时，相同 pH 条件下，两种秸秆炭表面均带有相同的负电荷，说明静电相互作用不是 NBC 对 Cr(Ⅵ) 吸附性逐渐降低的原因。当 5≤pH≤11 时，表面电荷呈先升后降的趋势；pH 为 3 时，NBC 比 WBC 电负性明显增强，NBC 表面负电荷明显多于 WBC，结合图 7.5（c）中 Cr(Ⅵ) 的离子分布，得知在 pH<6.4 时，$HCrO_4^-$ 离子占据主导地位；当 pH 为 0～14 时，Cr(Ⅵ) 均以负电荷形式存在。由此推测，在酸性条件下，随着 H^+ 浓度增大，Cr(Ⅵ) 因其强氧化性与不稳定性，NBC 表面的羧基、巯基等官能团作为电子供体，使 Cr(Ⅵ) 转变为 Cr(Ⅲ)，而

Cr(Ⅲ)作为正电荷与 NBC 表面较多的负电荷相结合，占据更多吸附位点，增强了该秸秆炭对 Cr(Ⅵ)的吸附作用，随后因其表面 OH⁻浓度增大，与 Cr(Ⅵ)发生斥力作用，其吸附效果逐渐减弱。

通过对 Lev 和 TC 进行不同离子强度影响实验［图 7.5（d）］，探究得出，模拟废水中 Cl⁻和 SO₄²⁻对抗生素的吸附几乎不产生竞争作用，阴离子强度的高低并未对其产生干扰，从而推断秸秆炭掺杂 N、S 改性后 NBC 稳定性较高，具有较强的环境适应能力。

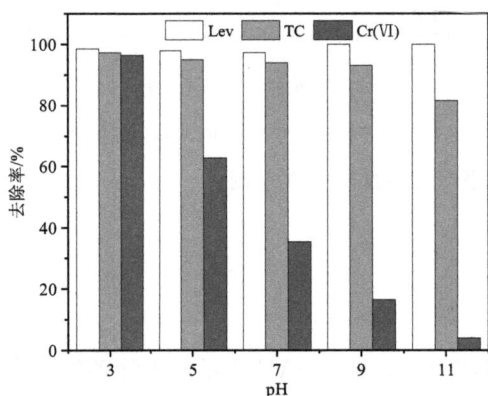

（a）不同 pH 对 NBC 去除抗生素和对 Cr(Ⅵ)的吸附的影响

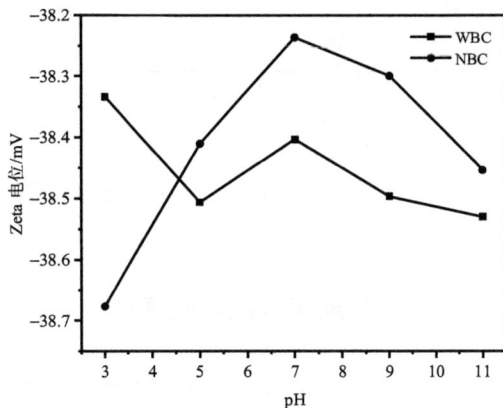

（b）不同 pH 条件下生物炭的 Zeta 值

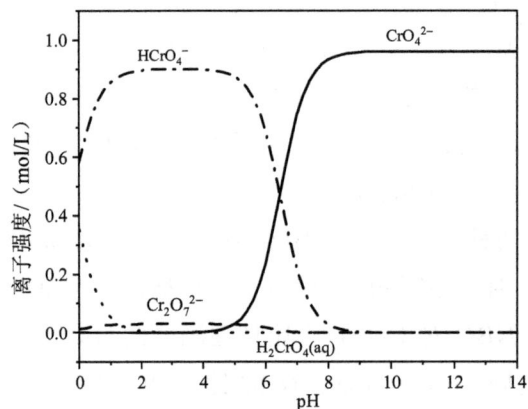

（c）不同 pH 条件下 Cr(Ⅵ)的离子分布

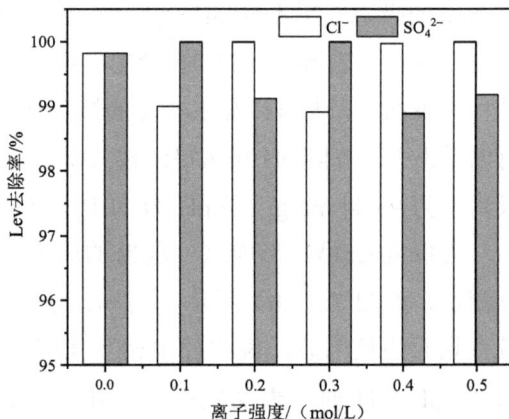

（d）离子强度对抗生素的吸附作用

图 7.5　不同 pH 和离子强度对 NBC 去除抗生素等的影响

三、吸附动力学

吸附动力学是考察合成吸附剂潜在吸附性能的重要指标。本实验探究了 NBC 对 Lev、TC 和 Cr(Ⅵ) 的动力学拟合效果，图 7.6（a）是 Lev 和 TC 的动力学方程拟合曲线，结合各吸附拟合参数表 7.3 可知，NBC 对 Lev 的吸附量在 0～40 min 迅速增加，可知在该时间段内其相互作用力较强，40 min 后吸附速度缓慢趋于平衡，这是因为活性位点逐渐被消耗殆尽，此时吸附量为 199.632 0 mg/g。同理，对 TC 的吸附在 50 min 时便已达到平衡，吸附量为 187.91 mg/g，由 R^2 可知，该秸秆炭对 Lev 和 TC 的吸附能更好地被 Elovich 模型拟合，可见，NBC 对两种抗生素的吸附均属于物理化学混合吸附。

图 7.6（b）是 pH=3 时 NBC 对 Cr(Ⅵ) 的吸附动力学拟合曲线，在此条件下，20 min 内吸附已达到平衡，此时吸附量为 9.94 mg/g，其拟合曲线更接近伪二级动力学模型，R^2 为 0.989 8，表明该吸附过程以化学吸附为主。

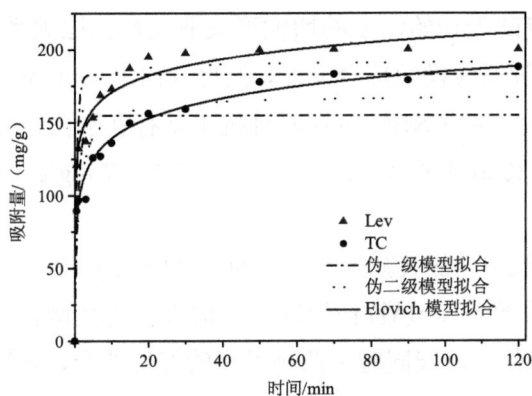

（a）NBC 对抗生素的吸附动力学拟合曲线　（b）NBC 对 Cr(Ⅵ) 的吸附动力学拟合曲线

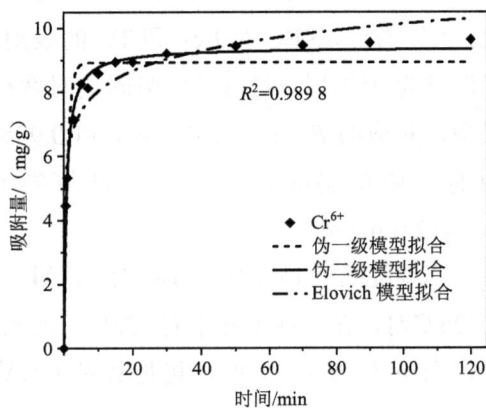

图 7.6　NBC 对抗生素的吸附动力学及对 Cr(Ⅵ) 的动力学拟合曲线

表 7.3　NBC 吸附抗生素和 Cr(Ⅵ) 的吸附动力学模型拟合参数

动力学模型	参数	Lev	TC	Cr(Ⅵ)
伪一级	$Q_{e,exp}$ / (mg/g)	199.632 0	187.913 7	9.639 0
	$Q_{e,cal}$ / (mg/g)	182.721 1	154.698 6	8.928 2

动力学模型	参数	Lev	TC	Cr(Ⅵ)
伪一级	k_1/min^{-1}	1.652 8	0.984 8	0.966 6
	R^2	0.863 1	0.753 9	0.943 6
伪二级	$Q_{e,\mathrm{exp}}/$(mg/g)	199.632 0	187.913 7	9.639 0
	$Q_{e,\mathrm{cal}}/$(mg/g)	191.758 6	168.294 8	9.398 9
	$k_2/$[g/(mg·min)]	0.011 2	0.005 8	0.148 7
	R^2	0.934 8	0.875 7	0.989 8
Elovich	$\alpha/$[g/(mg·min^2)]	190.013 0	5.690 8	734.736 2
	$\beta/$[g/(mg·min^2)]	16.469 2	19.787 0	0.912 0
	R^2	0.979 9	0.983 2	0.963 0

四、吸附等温线

图 7.7 和表 7.4 描述了在不同温度下 NBC 吸附污染物的等温线拟合结果及参数对比，可以看出，NBC 对 Lev 和 TC 的吸附量随着初始浓度的增大形成非线性正比关系，当温度为 25℃时，对两者的吸附均对两种等温线模型拟合良好，但更倾向于 Langmuir 模型，对应的 R^2 分别为 0.996 9 和 0.995 7，表明 NBC 对这两种抗生素存在吸附剂表面的均质单层吸附，同时，计算得到其最大吸附量分别为 905.327 7 mg/g 和 496.412 0 mg/g。

当温度低至 15℃时，NBC 对 Cr(Ⅵ) 的吸附量显著减少，低至 24.282 6 mg/g；当温度为 25℃时，在酸性条件下对 Cr(Ⅵ) 的吸附随着 Cr(Ⅵ) 初始浓度的增大呈线性增长趋势，当 n 值为 0～1 时，可见其对 Cr(Ⅵ) 的吸附能同时被两种模型较好地拟合，表明 Cr(Ⅵ) 的去除同时存在单层吸附和多层吸附，属于混合吸附过程，且 NBC 对 Cr(Ⅵ) 的最大吸附量达到 447.714 4 mg/g，充分说明酸性条件下会进一步提高重金属离子 Cr(Ⅵ) 的去除率。而当温度升高至 35℃时，NBC 对 Cr(Ⅵ) 的吸附呈略微减弱趋势，吸附量为 262.121 3 mg/g。

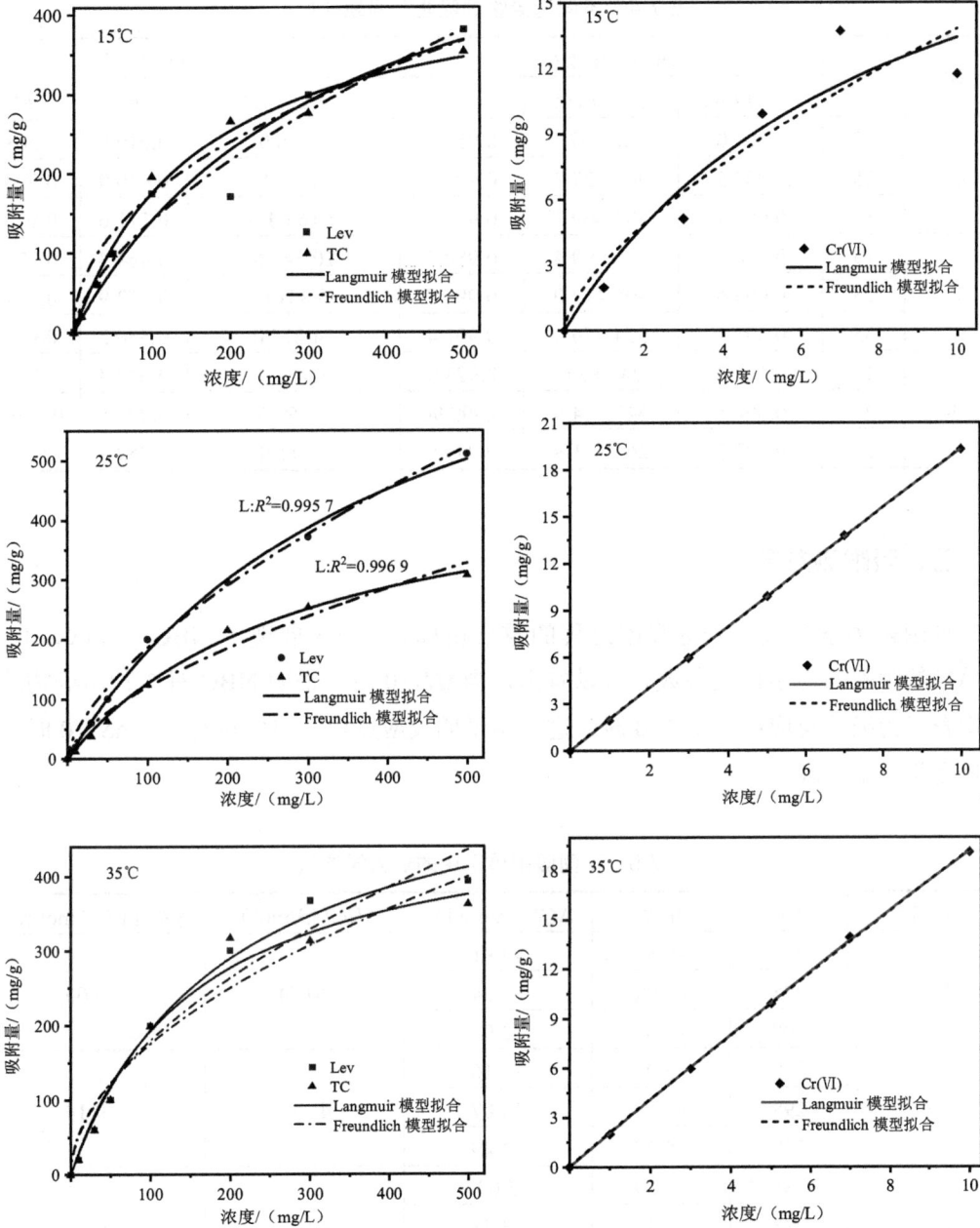

图 7.7　不同温度下单一抗生素和 Cr（Ⅵ）的吸附平衡

表7.4　不同污染物的吸附等温线参数

污染物	$T/℃$	Langmuir 模型			Freundlich 模型		
		$K_L/$（L/mg）	$Q_m/$（mg/g）	R^2	$K_F/$（$mg^{1-n}·L^{-n}·g^{-1}$）	n	R^2
Lev	15	0.003 0	427.67	0.958 0	8.156 0	0.619 0	0.968 8
	25	0.002 5	905.327 7	0.996 9	9.737 5	0.640 9	0.990 9
	35	0.006 4	493.009 2	0.980 8	16.64	0.511 6	0.936 6
TC	15	0.006 2	458.999 4	0.988 6	20.541 6	0.464 4	0.977 7
	25	0.003 4	496.412 0	0.995 7	6.831 6	0.622 9	0.974 7
	35	0.005 1	574.476 6	0.991 4	14.275 0	0.550 2	0.956 7
Cr（Ⅵ）	15	0.123 2	24.282 6	0.923 0	3.109 0	0.647 3	0.897 0
	25	0.004 5	447.714 4	0.999 96	2.050 6	0.975 5	0.999 98
	35	0.007 9	262.121 3	0.999 8	2.111 9	0.959 6	0.999 98

五、吸附热力学

吸附热力学参数是表达吸附过程的重要指标。表 7.5 展现了 NBC 对 Lev、TC、Cr（Ⅵ）的吸附热力学相关参数。可以看出，当$\Delta H>0$ 时，说明 NBC 对 3 种污染物的吸附均表现为吸热反应；当$\Delta G>0$ 时，进一步说明反应过程非自发进行；当$\Delta S>0$ 时，符合热力学熵增原理。

表7.5　不同吸附体系中的热力学参数

污染物	T/K	$\ln K$	$\Delta G/$（kJ/mol）	$\Delta H/$（kJ/mol）	$\Delta S/$ ［kJ/（mol·K）］
Lev	288	−5.81	13.91		
	298	−5.99	14.84	30.44	0.05
	308	−5.05	12.93		
TC	288	−5.08	12.16		
	298	−5.68	14.07	45.15	0.10
	308	−5.27	13.49		
Cr（Ⅵ）	288	−2.09	5.00		
	298	−5.40	13.38	42.25	0.10
	308	−4.84	12.39		

第四节　本章小结

本章以 L-蛋氨酸为改性剂制备了微波辅助水热改性秸秆炭 NBC，引入—SH、—NH₂ 官能团，从而成功地向秸秆炭表面掺杂非金属元素 N、S，与秸秆炭 BC、WBC 测试性能对比分析，最终探究 NBC 的吸附性能，并考察 NBC 的表面结构特征以及吸附机理。主要得出以下结论：

（1）由秸秆炭的表征分析可知，相较于 WBC，NBC 表面具有丰富的蜂窝状孔隙结构，片层结构明显，比表面积为 1 311.78 m²/g，而 WBC 只有 803.22 m²/g，表面以介孔结构为主；由元素分析可知，NBC 表面 N、S 含量分别为 0.342%、5.319%，结合 XPS 分析得出，这两种元素成功掺杂到 NBC 表面，为其提供了更多的吸附位点。

（2）对 Lev 和 TC 的吸附效果为 NBC＞WBC＞BC，2 h 内 NBC 对两者的去除率分别达到 99.83%和 92.34%，比 WBC 超出约 2 倍的吸附量。通过系列影响因素实验发现，pH 基本不会影响 NBC 对 Lev 和 TC 的吸附，也不受阴离子竞争干扰，NBC 与 SBC 的强化吸附规律并不相同，SBC 依靠磺化后的磺酸根等表面官能团提升吸附能力，主要影响结果是强化氢键，因此受表面电荷影响较大，也容易受竞争因素干扰；NBC 利用 N、S 掺杂形成的缺陷结构，在表面形成更多的微孔结构，同时借助部分胺基和巯基共同增强吸附能力，以同时强化物理吸附和化学吸附，最终增加材料的抗干扰吸附性能，由于氨基和巯基的引入，材料对 Cr(Ⅵ) 的吸附能力也明显增强，但与抗生素不同，对于 Cr(Ⅵ) 而言，碱性越强，吸附量越低。由吸附动力学和不同温度下的吸附平衡实验得出，NBC 对两种抗生素的吸附以化学吸附为主，在 pH=3 条件下对 Cr(Ⅵ) 则以多层吸附为主。通过热力学计算得出该反应过程为非自发性吸热反应。

第八章　二氧化钛负载生物炭制备及
染料降解研究

在 N、S 掺杂过程中，首先，可以增加材料表面的官能团密度，改善材料表面的电子分布规律，从而按需提升对目标污染物的吸附效率和吸附强度；其次，通过掺杂修饰，可以增加材料的比表面积和材料表面的孔隙度，甚至可以疏通部分堵塞的孔道，提升介孔、中孔的数量和密度，增强吸附能力。吸附技术的效率主要取决于选择的吸附剂的性质。生物炭的吸附能力与其多孔表面性密切相关，较大的比表面积使其能迅速有效地降解抗生素。此外，可以通过改性、热解或活化等过程进一步增强其吸附能力。然而，吸附剂受吸附能力限制。即便采用化学或物理方法回收，也需要消耗额外的酸碱或能量。这在经济和环保上都存在问题。无机元素的掺杂通过改善材料表面特性来提升功能，近期针对生物炭功能化的研究逐渐拓展到金属氧化物及催化剂负载等领域。

光催化是一种典型的高级氧化技术，在净化抗生素废水方面展现出巨大的潜力。TiO_2 是一种环保光催化剂，因高稳定性和独特的光学性质被广泛用于污染物的降解。然而，TiO_2 带宽约 3.2 eV，故仅在紫外光下有效。近期研究表明，学者们通过掺杂、合成或异构等方法拓宽半导体的带宽。其中，将 TiO_2 与廉价易取得的无机纳米材料相结合引起了广泛的关注——原料丰富、成本低且易合成。在炭基材料表面负载可见光催化剂可以协同提升对污染物的吸附能力，同时利用碳原子的掺杂作用缩小光催化材料的带隙，红移光响应区间，从而提升材料的可见光催化活性。利用羽毛材料中 β 角蛋白结构在高温、高压水热环境下的特殊交联行为，有助于形成一种具有类石墨烯空间构型的片层状生物炭结构。这种构型不仅有助于生成具有特殊化学性质的活性材料，而且可以在某些领域替代高价的石墨烯材料。随着光催化技术的发展，试验中采用自组装策略制备的钛耦合含氮羽毛生物炭催化剂（TINCs）也为材料功能升级和二次功能开发提供了新思路。

第一节　二氧化钛负载生物炭制备方法

二氧化钛负载生物炭（TINCs）是通过水热交联和羽毛炭化方法制备的。将洗净的羽毛在 60℃干燥箱中干燥 24 h。首先，将 8 g 羽毛剪碎至 1 cm 左右，置于聚四氟乙烯衬底水热釜反应器中。同时，将 KOH 溶于无水乙醇中，制得浓度为 0.2 g/L 的储备液。随后，每个反应釜中加入一定量的 Ti 前驱体。之后，向反应釜中加入 20 mL 无水乙醇或者缓冲溶液。将这些反应釜放入干燥箱中并加热至 220℃，持续 8 h。随后在 450℃条件下通氩气炭化 1 h。得到的炭化材料用玛瑙研钵研磨成粉末状，用去离子水和无水乙醇交替冲洗两次。利用定性滤纸将炭化材料从溶液中分离出来。在 60℃干燥箱中干燥12 h，由此得到最终产品 TINCs。不同合成材料的原材料比例及外观情况见表 8.1。

表 8.1　不同合成材料的原材料比例及外观情况

样品	原材料				交联及炭化温度/℃	物理特征		可见光催化
	羽毛/g	Ti 前驱体/mL	KOH/g	乙醇/mL		颜色	外观	
TINC-S	～8	8	—	20	200/450	亮黑	沙砾	无活性
TINC-N	～8	8	—	20	220/450	暗黑	粉状	无活性
TINC$_1$	～8	4	0.004	20	220/450	灰黑	粉状	有活性
TINC$_2$	～8	8	0.004	20	220/450	灰黑	粉状	有活性
TINC$_3$	～8	12	0.004	20	220/450	灰黑	粉状	无活性
FC	～8	—	0.004	20	220/450	暗黑	粉状	无活性

其中，TINC-S 为未添加 KOH 水解助剂的样品组，制得的样品呈现出亮黑色，状似沙砾，很难磨碎，无法很好地分散在液相中，因此无法进行后续光催化实验。TINC-N 为添加 N 元素的组类，添加了 1 g 尿素粉末，制得的样品最终展现为暗黑色粉末，很容易分散在水溶液中。然而，经预实验测试其并没有光活性。因此，前两组样品在后续实验

中并未进一步实验。TINCs 组别中，TINC$_3$ 的钛酸四丁酯添加量较高，经预实验测试没有明显的可见光活性，因此，在后续实验中只对 TINC$_3$ 进行了 XPS 测试。用以分析 TINC$_3$ 不具有光催化活性的原因。TINC$_1$ 和 TINC$_2$ 在预实验测试中体现了明显的可见光催化活性，因此我们在后续实验中用不同的分析手段对 TINCs 表现出的可见光催化活性进行了分析与评价。

第二节　二氧化钛负载生物炭特征分析

一、XRD 分析

图 8.1 展示了 TINC$_1$ 和 TINC$_2$ 的 XRD 图。衍射曲线不存在规律的明显峰，这表明 TINCs 可能包含混合的碳晶格。在 26°处可以观察到强而宽的衍射峰，为石墨烯层。弱峰可能是因无定形碳的扩散而形成的。TINC$_1$ 和 TINC$_2$ 曲线上存在的一些弱的衍射峰是 TiO$_2$ 的锐钛矿（标准卡片为 JCPDS. No. 21-1272）（受到大量的无定形碳的影响），TINC$_1$ 和 TINC$_2$ 的结晶度弱于 TiO$_2$。TINC$_2$ 中可明显发现较强的 TiO$_2$ 衍射峰，表明 TINC$_2$ 比 TINC$_1$ 中掺入了较多的 TiO$_2$。未负载 TiO$_2$ 的生物炭 FC 和 TINCs 的 XRD 衍射峰的不同表明 TiO$_2$ 纳米颗粒成功负载在 FC 上。同时，26°左右的峰在 TINCs 样品中降低了。这可能是由于 Ti—O 键的长度小于 C—C 键，TiO$_2$ 晶格中 O^{2-} 的半径小于原始 C^{4-} 晶格体系。

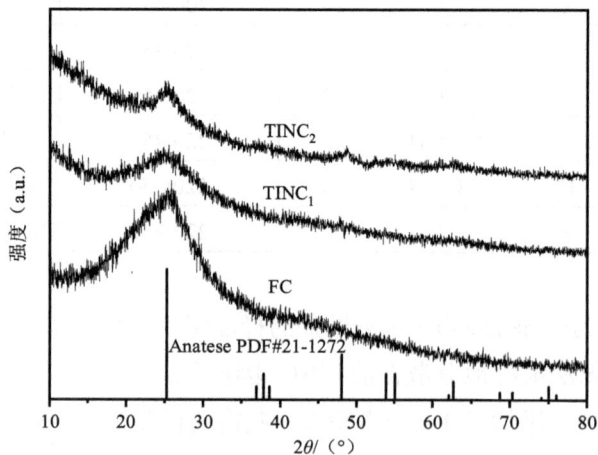

图 8.1　FC 和 TINCs 从 10°到 80°的 XRD 图

二、FTIR 分析

FC、TINC$_1$ 和 TINC$_2$ 的 FTIR 图见图 8.2。TINC$_1$ 和 TINC$_2$ 的 FTIR 图中有从 467 cm^{-1} 到 746 cm^{-1} 的强吸收峰，这主要归因于 Ti—O—Ti 的伸缩振动和 Ti—O—C 的弯曲振动。此外，TINCs 与 FC 中存在典型的含氧官能团结构，如羟基（—OH）、羧基（—COOH），其中，FC 和合成的 TINCs 在 2 920～3 400 cm^{-1} 展现出明显的振动带，归因于—OH 和—COOH 的伸缩。从 FC 和 TINCs 获得的图谱中分别发现存在 C═O（归因于 1 580 cm^{-1} 处的振动带）和 C—O（归因于 1 402 cm^{-1} 附近的伸缩振动）。另外，在 1 259 cm^{-1} 处有明显的峰，这说明 C 和 TiO$_2$ 网中含有 N，并以 C—N 和/或 Ti—N 的形态存在。一般来讲，这是 TINC$_1$ 和 TINC$_2$ 中 Ti—O—C 键、Ti—O—Ti 键和 Ti—N 键的特殊弯曲振动形成的。此外，合成材料中的键可以减少带隙能量和延伸可见光图谱的响应范围，然而图 8.2 中很难观察到这些振动，这说明 TiO$_2$ 纳米颗粒成功掺杂在 FC 中。

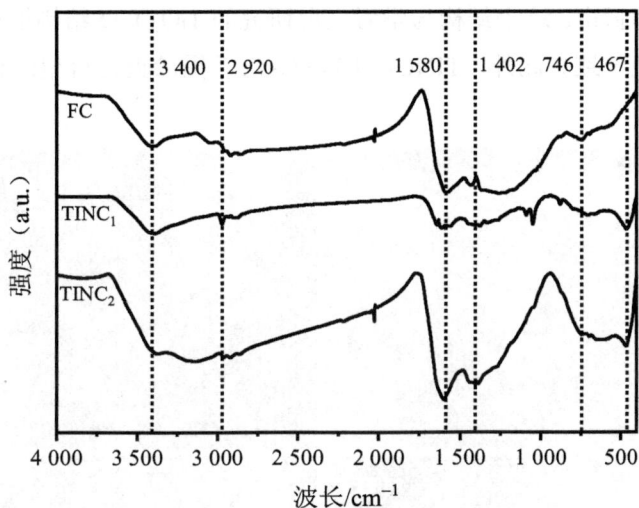

图 8.2　FC、TINC$_1$ 和 TINC$_2$ 的 FTIR 图

三、SEM、TEM、EDX 分析

FC 和 TINC$_2$ 的 SEM 图见图 8.3（a）、（b），由图可知，FC 主要呈厚的层状石墨结构，TINC$_2$ 呈薄的多层氧化石墨烯结构，表面均匀分布着 TiO$_2$ 微球。这种结构有利于光

分散与吸收。在 TINC$_2$ 表面均匀分布着 TiO$_2$ 纳米颗粒 [图 8.3（b）]。这可能是角蛋白中的含氧官能团与钛酸四丁酯中的羟基在交联过程中相互作用，TINC$_2$ 中形成类似于 O—Ti—C 等特殊化学键种类的结果。

另外，TINC$_1$ 和 TINC$_2$ 的 TEM 图如图 8.3（c）～图 8.3（e）所示，发现 TINC$_2$ [图 8.3（d）、（e）]的碳层结构比 TINC$_1$ [图 8.3（c）]的要薄很多。TINCs 材料中以基础碳层为底板，TiO$_2$ 纳米颗粒以类似球形的晶体的形式点缀在炭基底上。TINC$_2$ 的 HR-TEM 见图 8.3（f），可以明显观察到直径 0.19 nm 的锐钛矿晶格。EDS 元素映像图分析表明 Ti 均匀分布在材料表面 [图 8.3（g）、（h）]。EDX 分析结果见图 8.3（i）、（j），分别揭示了 TINC$_1$ [图 8.3（i）]和 TINC$_2$ [图 8.3（j）]的元素组成。Ti、C、N 和 O 的峰表明 TiO$_2$ 成功掺入 TINC$_1$ 和 TINC$_2$ 的碳层表面。C 的质量百分数与 Ti、N、O 的总和分别是 TINC$_1$ 为 83.88，16.12 wt%；TINC$_2$ 为 60.57，39.43 wt%。TINC$_2$ 中的 TiO$_2$ 比 TINC$_1$ 含量高，这是 TINC$_2$ 光催化活性较高的原因。并且，多层氧化石墨烯片层结构在 TEM 图中看起来像褶皱的窗帘。这个结构与学者之前研究的 TiO$_2$-GO 结构很相似。这些结论与 XRD 和 FTIR 结果一致。此外，TINC$_1$ 和 TINC$_2$ 与石墨烯类材料相比整体尺寸较大，因此更容易回收。

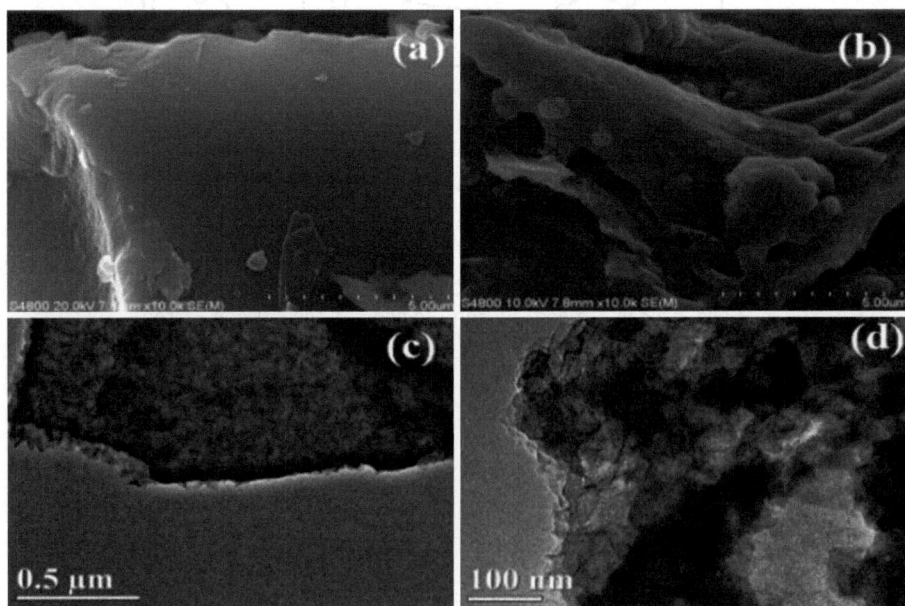

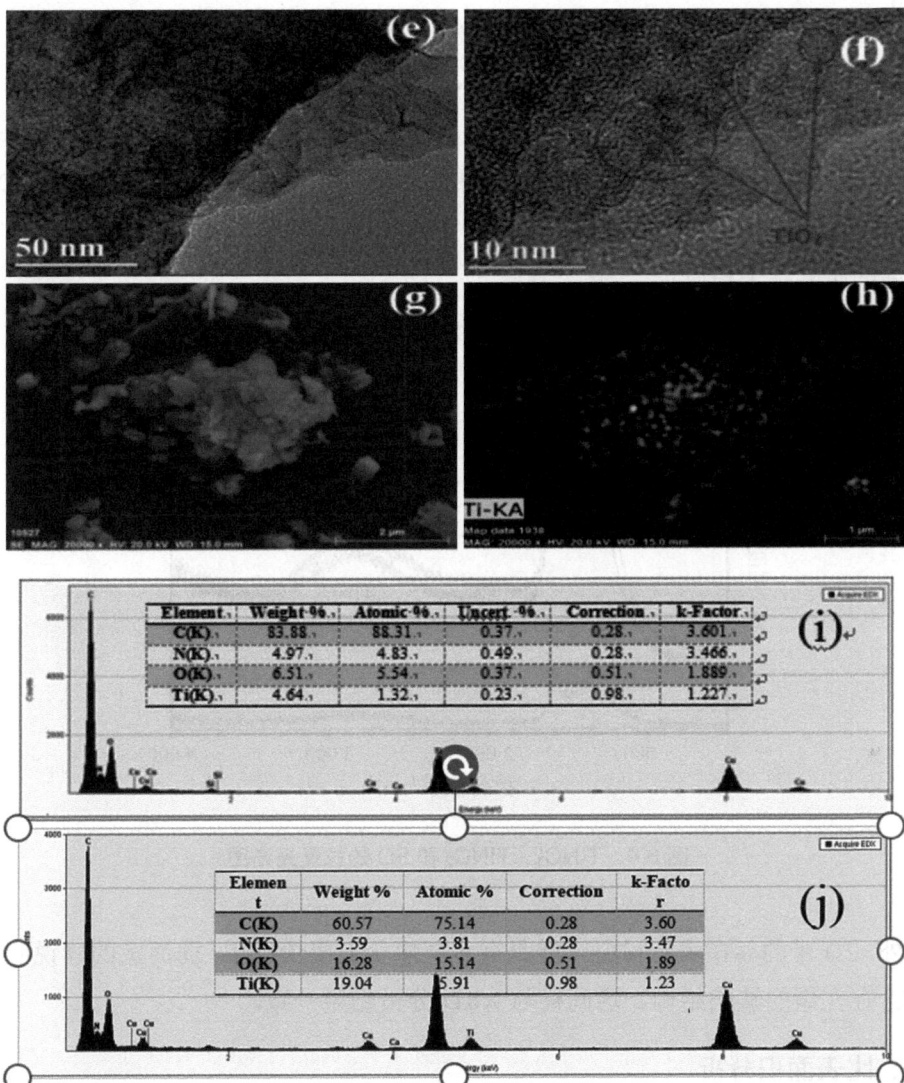

Element	Weight %	Atomic %	Uncert %	Correction	k-Factor
C(K)	83.88	88.31	0.37	0.28	3.601
N(K)	4.97	4.83	0.49	0.28	3.466
O(K)	6.51	5.54	0.37	0.51	1.889
Ti(K)	4.64	1.32	0.23	0.98	1.227

Element	Weight %	Atomic %	Correction	k-Factor
C(K)	60.57	75.14	0.28	3.60
N(K)	3.59	3.81	0.28	3.47
O(K)	16.28	15.14	0.51	1.89
Ti(K)	19.04	5.91	0.98	1.23

（a）FC 的 SEM 图；（b）TINC$_2$ 的 SEM 图；（c）TINC$_1$ 的 TEM 图；（d）、（e）、（f）TINC$_2$ 的 TEM 图；
（f）TINC$_2$ 的 HR-TEM 图；（g）、（h）TINC$_2$ 的 EDS 元素映像图；（i）TINC$_1$ 的 EDX 图；（j）TINC$_2$ 的 EDX 图

图 8.3　SEM、TEM、EDX 分析图

四、拉曼分析

为了证明 TINCs 材料中多层氧化石墨烯骨架的存在，我们引入了拉曼光谱分析对

材料进行评价。作为一种表征碳的晶体质量的方法，本研究对 $TINC_1$、$TINC_2$ 和 FC 的拉曼光谱图进行了对比分析，见图 8.4。$TINC_1$ 和 $TINC_2$ 的拉曼光谱图中在 1 340 cm^{-1}、1 595 cm^{-1} 和 2 800 cm^{-1} 分别有明显的 D 带、G 带和 2D 带。其中 D 带和 G 带代表存在 sp3 和 sp2 杂化的碳原子。在 3 种材料中 D 带强度较大（$TINC_1$、$TINC_2$ 和 FC 的 ID/IG 分别为 0.874、0.878 和 0.995），表明 $TINC_1$ 和 $TINC_2$ 存在更多缺陷。这与其他针对多层氧化石墨烯的研究结果相似。

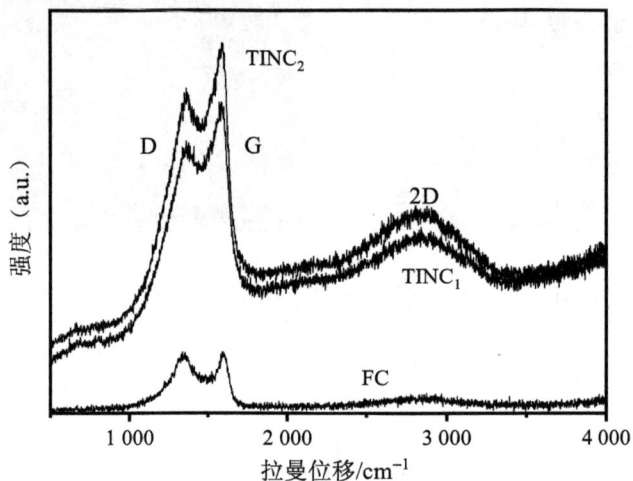

图 8.4　$TINC_1$、$TINC_2$ 和 FC 的拉曼光谱图

另外，2D 带的存在表示材料可能具有多层氧化石墨烯结构。弱而宽的峰说明 $TINC_1$ 和 $TINC_2$ 存在碳的缺陷结构。这同样与 XRD 分析结果一致。

五、比表面积分析

典型的吸附/解吸等温线分析可以揭示材料的孔径和容量。$TINC_1$、$TINC_2$ 和 FC 的吸附/解吸曲线见图 8.5，其形状和迟滞环揭示了孔的特征。根据 IUPAC 经典分类，$TINC_2$ 的吸附/解吸等温线曲线可以归为类型 II 等温线。这意味着 $TINC_2$ 中可能存在大孔结构。此外，在 N_2 吸附/解吸等温线中，$P/P_0=0.1$ 后的拐点代表单层吸附的结束和多层吸附的开始。通过进一步分析，$TINC_2$ 吸附/解吸等温线中的迟滞环属于 H3 型，通常在多层吸附过程中发现。

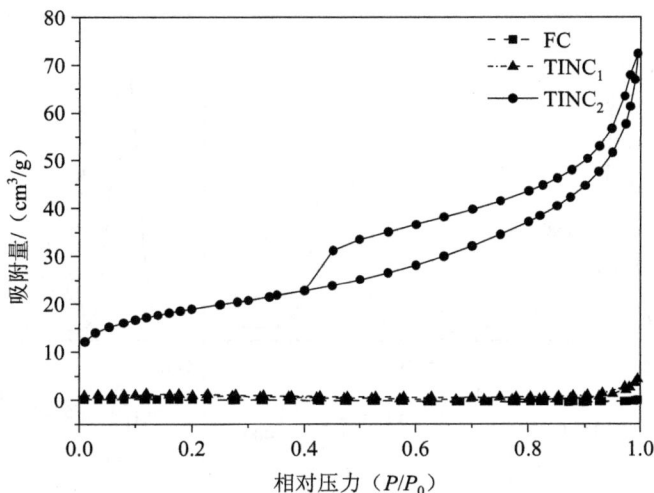

图 8.5　TINC$_1$、TINC$_2$ 和 FC 的吸附/解吸曲线

比表面积通过 BET 方程和 t-plot 方法计算得出。TINC$_2$ 的比表面积为 64.10 m^2/g，分别大于 TINC$_1$ 的 2.07 m^2/g 和 FC 的 0.04 m^2/g。TINC$_2$ 的大比表面积对光散射和吸收有很大助益。

六、XPS 分析

为了证明 TINCs 材料可见光响应的出现机理，我们引入 XPS 方法用于监测与评价样品中 Ti、C、N 和 O 的电子结合能，TINC$_1$、TINC$_2$ 和 TINC$_3$ 的 XPS 测试结果见图 8.6。

由 TINCs 的 XPS 图谱可以看出，Ti 2p 的 XPS 在 458.6 eV 和 464.3 eV 处展现出明显的峰，分别是 Ti 2p$_{3/2}$ 和 Ti 2p$_{1/2}$。Ti 在 TINCs 表面主要以 Ti^{4+} 的形式存在。中间 461.3 eV 处的弱肩峰是 Ti—N 键。N 1s 窄峰在第二列。N 原子在 398.3 eV、400.4 eV 和 395.5 eV 左右的特征峰分别代表 N 原子与 C、O 和 Ti 原子形成的结合能特征峰。在图 8.6（c）、（f）中可以明显观察到 Ti—O（530.1 eV），O—H（531.9 eV）和 Ti—O—C（533.5 eV）的结合能特征峰，这也证明在多层类氧化石墨烯结构中，TiO$_2$ 纳米颗粒的附加带在原始 TINC 价带上，Ti—O 的结合能呈现明显的右向偏移，这有助于材料实现可见光响应。

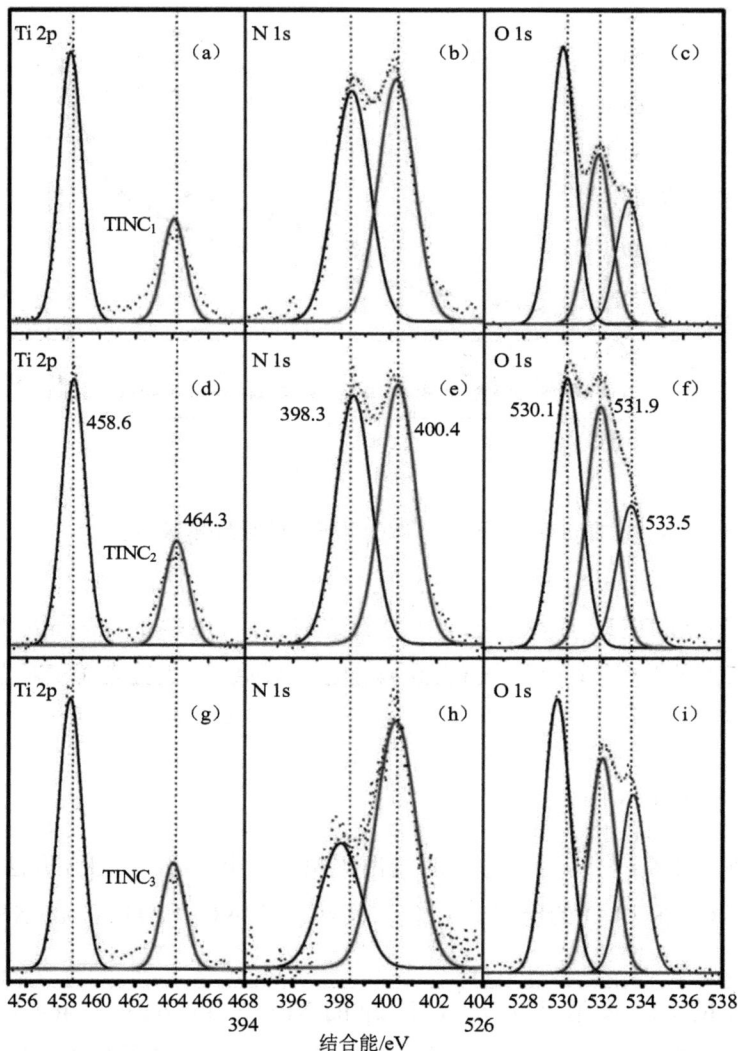

（a）TINC₁ Ti 2p；（b）TINC₁ Ti N 1s；（c）TINC₁ O 1s；（d）TINC₂ Ti 2p；（e）TINC₂ Ti N 1s；（f）TINC₂ O 1s；
（g）TINC₃ Ti 2p；（h）TINC₃ Ti N 1s；（i）TINC₃ O 1s。

图 8.6　TTINC₁、TINC₂ 和 TINC₃ 的 XPS 图谱

从 TINC₃ 曲线的 N 1s 和 O 1s 中可以明显观察到峰偏移，这是由于多层氧化石墨烯结构表面负载了过量的 TiO₂ 颗粒。因此，电子转移渠道（Ti—O—C，Ti—N）延伸到过量的 Ti 原子，材料无可见光响应。

第三节　二氧化钛负载生物炭的形成机理

羽毛纤维是由成百上千的微纤维组成的，微纤维的微观结构是由大量的角蛋白形成的。基本上，角蛋白是由多层 β 多肽片层结构组成的。折叠的多肽分子通过二硫键、氢键与范德华力相连接，这些键在 220℃ 的高温下很容易被打断。同时，氨基和羧基官能团暴露在 β 片层表面，可以很容易与钛酸四丁酯中的羟基交联。这就是在 TINCs 合成材料中发现了 Ti—O—C 键、Ti—N 键的原因。因此，在 TINCs 的 β 片层中嵌入 TiO_2 纳米颗粒是非常有希望的。TINCs 的合成过程总结如下：

步骤 1：在交联过程中，很多氢键、二硫键和肽键破裂，并与钛酸四丁酯重新结合。钛酸四丁酯作为一种理想的交联剂，可以与氨基和羧基相结合，这个水解过程中需要 KOH。

步骤 2：在炭化过程中，β 片层结构和钛酸四丁酯中的二硫键、氢键和范德华力彻底被打破。TiO_2 纳米颗粒与 β 片层在炭化温度下结合。结果形成了多层类氧化石墨烯结构的基底，TiO_2 纳米颗粒成功嵌入类氧化石墨烯材料的表面（图 8.7）。

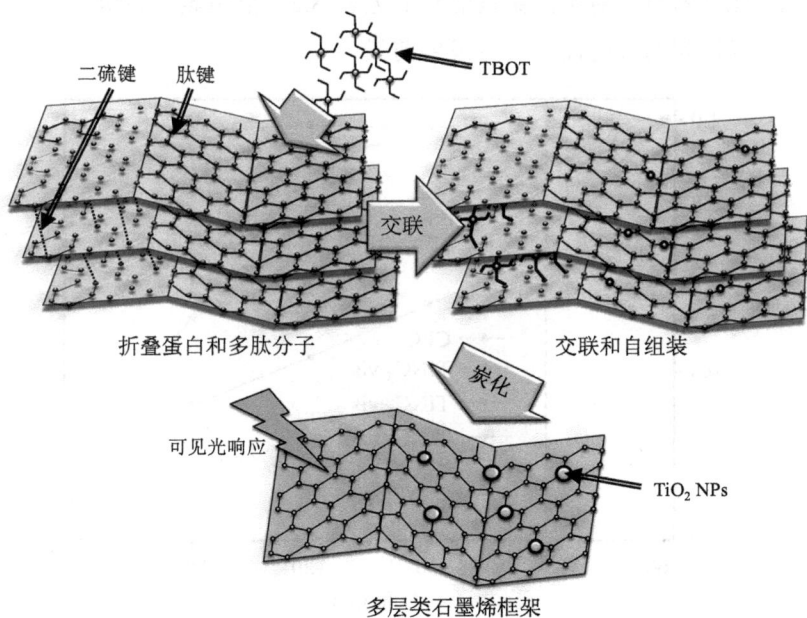

图 8.7　TINCs 的形成机理

第四节 二氧化钛负载生物炭光催化降解性能测试

为了探索合成材料的降解性能，用 TINCs 进行了光催化降解 RhB 实验，RhB 是一种常用的人工可见光照射下的降解测试试剂。同样，测试了 TINCs 的吸附性能。结果发现，FC 和 TINC$_3$ 对 RhB 在水溶液中可见光下 240 min 后的去除率分别低于 10.9% 和 4.2%。RhB 在可见光下仅以非常缓慢的速度降解，同时考虑存在吸附的背景，这表明 RhB 的可见光降解很难在没有较好可见光催化剂的情况下实现，含 TINC$_1$ 和 TINC$_2$ 的溶液中 RhB 减少，可能是因为最初 1 h 的吸附作用，光降解在这个阶段可以忽略不计。进一步，我们发现 TINC$_2$ 比 TINC$_1$ 有较明显的可见光催化行为，见图 8.8，在可见光下，光照 4 h 后 TINC$_2$ 对 RhB 的降解率可达 91%，而 TINC$_1$ 为 78.8%。而且 TINC$_1$ 和 TINC$_2$ 在可见光下的降解测试中有明显的区别，这是材料中 TiO$_2$ 纳米颗粒含量不同造成的。较高的去除能力可能是因为 TINC$_2$ 表面含有更多的 TiO$_2$ 纳米颗粒，这已经通过 XRD 和 EDX 的分析进行了证明。研究发现，TiO$_2$ 掺入碳原子晶格结构可以增强可见光下的吸附能力和光催化性能。另外，不同光催化纳米材料对不同染料的降低见表 8.2。很明显，TINC$_2$ 的可见光催化降解性能因低成本和可观的性能而非常有发展前景。

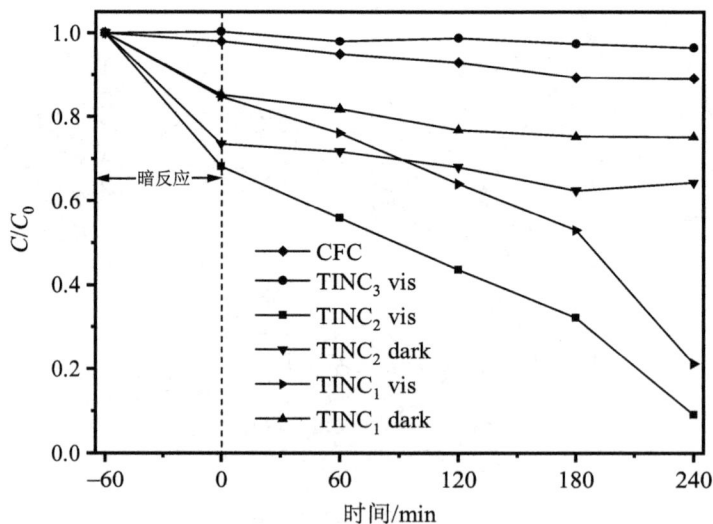

图 8.8 TINC$_1$、TINC$_2$、TINC$_3$ 和 FC 在可见光下的降解性能

表 8.2 不同光催化纳米材料对不同染料的降解

光催化纳米材料	染料	初始浓度/（mg/L）	催化剂投加量/（g/L）	光源	光照时间/min	降解率/%
Graphene/BiVO$_4$	RhB	20	0.5	Visible	300	99
Graphene/TiO$_2$	RhB	20	1	Simulated sunlight	60	>90
Graphene/CdSe-TiO$_2$	RhB	50	10	Visible	180	85
rGO/TiO$_2$	RhB	10	0.2	UV	120	80~90
Graphene/TiO$_2$	MB	5	1	Simulated sunlight	480	>75
Graphene/TiO$_2$ nanorod	MB	15	0.75	Visible	180	~100
GO/TiO$_2$	MB	10	0.5	Visible	180	>80
GO/TiO$_2$	MB	20	1.5	Visible	420	~90
TINC	RhB	20	1	Visible	240	91

与此同时，为了了解新材料对模拟废水中污染物的矿化潜力，我们对降解废水的总有机碳（TOC）进行了分析测试，以评估降解过程中 TINC$_2$ 对模拟污染物 RhB 的矿化度（图 8.9）。TOC 由式（8.1）计算得出：

$$TOC=TC-TIC \tag{8.1}$$

式中：TC——总碳，mg/L；

TIC——总无机碳，mg/L。

实验过程中 TINC$_2$ 表现出较高的 TOC 去除率，在 300 min 时模拟废水的 TOC 由 14.05 mg/L 降至 6.67 mg/L。TINC$_2$ 在可见光下投加量为 1 g/L，反应 300 min 后的去除率高达 52.53%。尽管 TINC$_2$ 对 TOC 的去除率低于对 RhB 的去除率（91%），但从实验结果中可以发现，TINC$_2$ 的稳定性很显著。TOC 不断降低，TIC 不断提高，证明最终污染物大部分被降解为碳酸盐或碳酸氢盐离子。

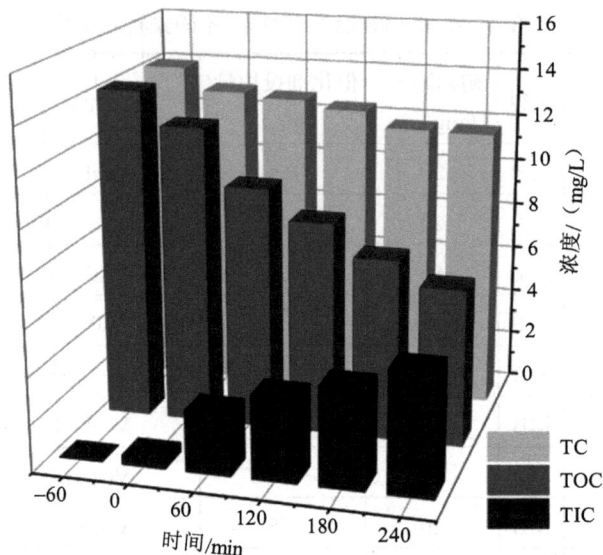

图 8.9　TINC$_2$ 对模拟废水的光催化降解 TOC 曲线

第五节　二氧化钛负载生物炭成本分析

从目前的生产实际来看，光催化剂的成本及光源的能耗成本是制约光催化技术应用的最大障碍。根据我们对呼和浩特地区某制药企业的调研，目前较成熟的商用光催化剂是 TiO$_2$ 纳米颗粒，与之对应的是需要额外建设紫外光光源以确保光反应的顺利进行。然而，传统的光催化设施必须同时面对两个难题，一个是催化剂的原材料成本，另一个是额外光源的能源消耗成本。

光催化剂的成本主要包括产率、能源消耗和原料成本。表 8.3 列举了 TINC$_2$ 与其他类似光催化剂的产率、能源消耗和原料成本情况。文献中其他类似光催化剂的产率按最高值 100% 计算，TINC$_2$ 的产率约为 25%。尽管很难评估材料合成过程中的能源消耗情况，但我们可以借鉴与之类似的焦炭制造过程中的能源消耗情况，保持 950～1 050℃ 条件下 2 h，每克材料的能源消费是 0.001 美元。因此，表 8.3 中每个材料的实验室合成成本均可以用式（8.1）计算得出：

$$C_T \times \eta = 1/(1+R) \times CR_C + R/(1+R) \times CR_T + E \qquad (8.2)$$

式中：C_T 和 η——材料的成本和最终产率；

CR_C 和 CR_T——碳源材料成本和钛源材料成本；

R——原材料 Ti/C 的比重；

E——能源消耗值。

由此计算得出的 C_T 见表 8.3。尽管 C_T 结果仅是每个材料的实验室合成成本，但足以看出 TINC2 的成本远低于 TiO_2-GO 类光催化剂。

表 8.3 $TINC_2$ 与其他类似光催化剂的成本分析

光催化纳米材料	Ti/C	产率	能源消耗		C_T/美元
Graphene/TiO₂	10	全部 100%	120℃ 3 h		0.049 5
rGO/TiO₂	1		550℃ 4 h		0.141 5
Graphene/TiO₂	1/6		180℃ 8 h		0.221 9
GO/TiO₂	10		Ultrasonic 1 h+	450℃ 1 h	0.049 5
GO/TiO₂	5		120℃ 12 h+	900℃ 3 h	0.066 5
TINC₂	1/4	大约 25%	220℃ 8 h+	450℃ 1 h	0.023 2

第六节 本章小结

本章利用一种绿色交联自组装方法制备了钛耦合含氮羽毛生物炭催化剂。该方法同时将交联/水热法和炭化过程结合起来。充分利用其神奇的原子力获得类多层氧化石墨烯结构的 TINC。研究得出以下结果：TINC 的结构表征和降解实验研究都揭示了其与 TiO_2-GO 材料有相似的化学特征和物理特征，通过耦合钛和碳的协同效应，TINC 的光吸收范围延伸到了可见光区域。有效降低了传统可见光催化剂的成本。其制备方法绿色、廉价、方便和简洁，易于实现工业化，是一种有前景的光催化剂。

第九章　S 掺杂钽酸钠负载生物炭制备及抗生素/重金属处理研究

NaTaO₃ 是一种新型半导体光催化材料，具有良好的热稳定和化学稳定性及较高的电荷分离效率。然而，其宽带隙（4.01 eV）只能被紫外光激发，限制了水中污染物的降解能力，需要引入非金属离子（N、S、F），以扩大其光响应范围至可见光，提高电子空穴分离效率，促使价带和导带边缘上移，有效提高可见光催化活性。本研究利用溶剂热法将过硫酸钠作为前驱体，进一步制备 S 掺杂的 NaTaO₃，合成 S/Ta 不同摩尔比的 S 掺杂 NaTaO₃ 并将其负载到生物炭表面，使其由间接带隙半导体转变为直接带隙半导体，实现可见光下对盐酸四环素（TC）的快速降解和对 Cr(Ⅵ) 的协同处理。除 O 2p 轨道外，S 原子在 p 轨道上的电子能够有效激发更高能级的价带，从而获得更优越的光催化性能。

第一节　S 掺杂钽酸钠负载生物炭制备方法

首先将玉米秸秆剥皮取中间秸秆芯，剪至 0.5 mm 放置鼓风干燥箱备用。将烘干后的秸秆放入管式炉于 450℃炭化，随后研磨至粉末。称取 0.2 g TaCl₅、加 0.1 mL 甲酸和 60 mL 无水乙醇配制 TaCl₅ 溶液；再分别称取 0.026 8 g、0.034 6 g、0.040 2 g Na₂S₂O₈ 置于不同的烧杯中，使元素 S 和 Ta 的摩尔比分别为 40%、50%、60%，分别向每个烧杯中加入 0.1 mL 甲酸和 10 mL 去离子水，配制成 Na₂S₂O₈ 溶液。溶液配制完成后，称取 0.5 g 直接 450℃炭化后的粉末于聚四氟乙烯套筒中，向其中分别加入 10 mL 不同摩尔比的 Na₂S₂O₈ 溶液以及 20 mL 上述 TaCl₅ 溶液，用玻璃棒将其搅匀后放入反应釜于鼓风干燥箱，230℃溶剂热 5 h，随后 100℃烘 10 h 以上，取出烘干后的样品按质量比 2∶1 加 NaOH 于小烧杯中，无水乙醇作为分散剂，加适量去离子水放置超声波清洗机超声 10 min 后取出，最后移至管式炉中 850℃活化，洗至中性以待备用。制备好的秸秆炭按 S/Ta 摩尔比分别标记为 40SBC-Ta、50SBC-Ta、60SBC-Ta，并用上述同样的方法制备未掺入 $Na_2S_2O_8$ 水热的秸秆炭，记为 0SBC-Ta。

第二节　S 掺杂钽酸钠负载生物炭特征分析

一、SEM 分析

不同秸秆炭的 SEM 图如图 9.1 所示。可以看出，未掺杂 S 元素的秸秆炭 0SBC-Ta 表面负载较多的立方体晶块，根据本研究掺杂 Ta^{5+} 水热与 NaOH 活化，初步推测该立方体颗粒为 $NaTaO_3$ 晶体，各颗粒间相接十分密集，分布不均匀，炭表面孔径较大，部分晶体颗粒嵌于孔隙中，堵塞部分孔隙，这将造成吸附性能减弱；相比之下，50SBC-Ta 表面负载较多的立方体颗粒，晶粒较小，并且在 20 μm 倍数下可以看出，该秸秆炭表面孔隙分布均匀，大小均衡，这有助于增加其比表面积提高吸附率，又因钙钛矿型物质颗粒 $NaTaO_3$ 粒径较小，从而有利于提升其光催化性能。

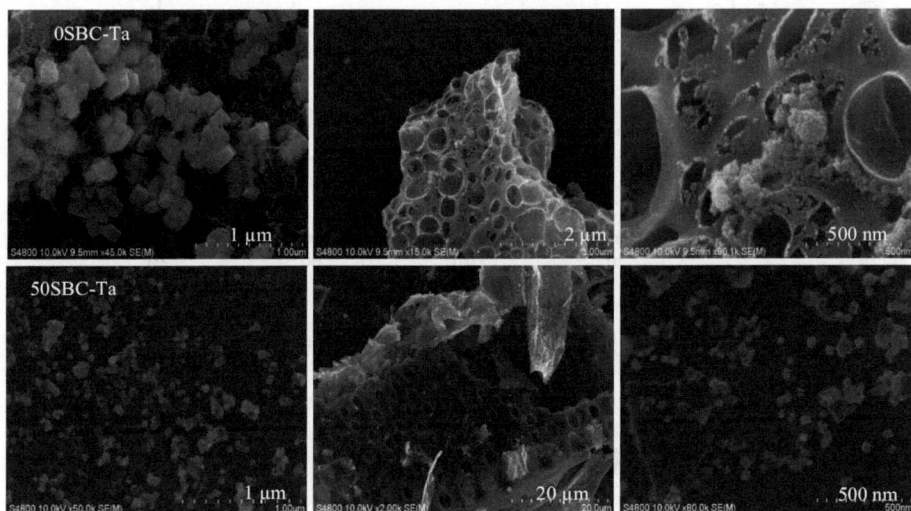

图 9.1　不同秸秆炭的 SEM 图

二、XRD 分析

为了验证不同方法改性对秸秆炭表面晶体结构的影响，对不同秸秆炭进行 XRD 测试。如图 9.2 所示，S/Ta 的不同摩尔比掺杂的秸秆炭衍射峰对应位置分别为 22.7°、32.5°、40°、46.5°、52.4°、57.8°、67.8°、72.7°、77.7°，与理想状态的单斜结构钙钛矿 $NaTaO_3$ 的晶体结构一致，对应标准卡片为 JCPDs.No.74-2479，标准晶面分别为（100），（110），（111），（200），（210），（-211），（220），（221），（310），与传统 TaO_6 八面体扭曲情况下的正交结构相比，单斜相的结构更接近立方相，另外，其衍射图较为光滑且未探测到其他杂质峰存在，说明秸秆炭表面形成相对纯净的 $NaTaO_3$ 复合物，随着 S 元素比例的增加，秸秆炭表面呈现出的衍射峰明显变高，表明晶体含量增多；但当 S 含量为 50%时，峰高降低但宽度增大，说明表面 $NaTaO_3$ 立方体晶体尺寸减小，这有利于减小 $NaTaO_3$ 光催化剂的带隙，进而降低电子-空穴的重组率；当 S 含量进一步增加到 60%时，衍射峰强度明显缩小，可见 S/Ta 摩尔比为 50%是最佳含量。

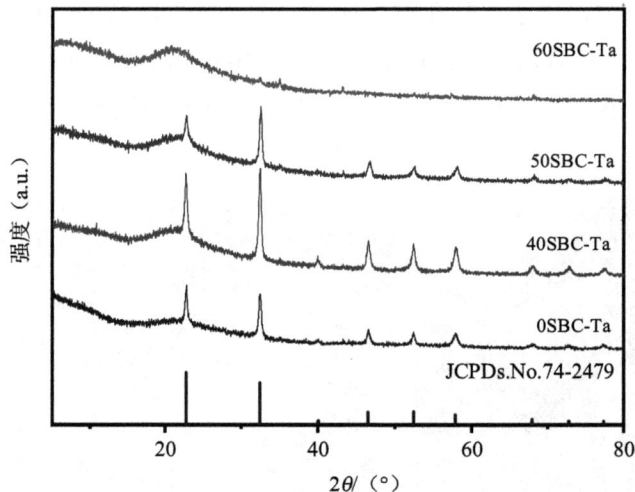

图 9.2　不同秸秆炭的 XRD 衍射图

三、UV-Vis DRS 光谱分析

图 9.3（a）描绘了制备的不同秸秆炭复合催化剂的紫外、漫反射光谱图，结果表明，

掺杂非金属元素 S 制备 NaTaO₃ 负载秸秆炭复合光催化剂在 200～800 nm 对可见光具有微弱的吸收，在紫外区到近红外区有广泛的光吸收，这主要与黑色生物炭的高效光吸收和孔隙结构中的光散射有关。

如图 9.3（b）所示，随着 S/Ta 摩尔比的增加，秸秆炭的吸收带倾斜度逐渐变高，边缘光滑，50SBC-Ta 和 60SBC-Ta 的带隙分别缩小为 1.46 eV 和 2.0 eV，说明适当比例的 S 掺杂 NaTaO₃ 负载秸秆炭能缩小 NaTaO₃ 本身的带隙，拓宽其光响应范围，使之能在可见光下同样拥有一定的光催化效果，得益于 50SBC-Ta 表面晶粒较小和秸秆炭表面自身特性，可将能量降至晶体激发态，从而使能量差变小，增强了对可见光的吸收。

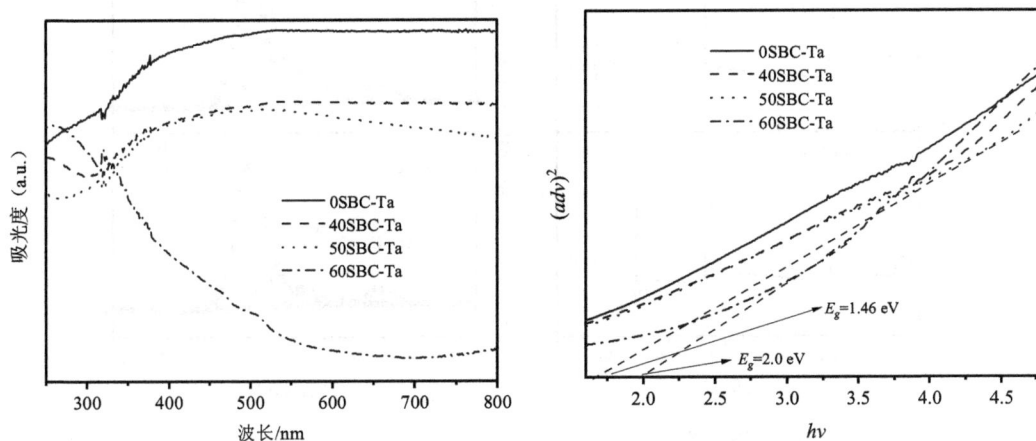

（a）不同秸秆炭复合催化剂的紫外-漫反射光谱图　　（b）对应的带隙宽度

图 9.3 不同秸秆炭复合催化剂的 DRS 结果

四、XPS 分析

利用 XPS 分析研究了未掺杂 S、S/Ta 摩尔比 50%两种方法制备的秸秆炭基光催化剂的化学组成以及元素之间的相互作用（图 9.4）。图 9.4（a）总图谱显示，50SBC-Ta 表面成功掺入少量 S 元素，在结合能 30 eV 处出现的 Ta 4f 峰比 0SBC-Ta 总谱中的 Ta 4f 峰相对较窄且峰高度较低，说明 50SBC-Ta 表面 Ta 元素含量较少。如图 9.4（b）所示，在结合能 284.6 eV、285.5 eV、288.8 eV 处分别属于 C—H/C—C/C=C、C—O/C—N/C—S、C=O/O—C=O 峰，通过 C 1s 分峰拟合面积计算得出 50SBC-Ta 在三处结合能显示峰面积占比分别为 55.74%、37.03%、7.23%，其中，在 285.5 eV 处的峰面积比 0SBC-Ta 同等位置所占之比高，含有更多的 C—S 键，从图 9.4（c）中可以看到，Ta 4f 所显示的双峰，即 Ta $4f_{5/2}$ 和 Ta $4f_{7/2}$，对应于 Ta^{5+} 的结合能分别为 28.4 eV 和 26.4 eV，同时可以观察到，50SBC-Ta 在 24.2 eV 处比 0SBC-Ta 多出分峰结构，可能是 C—S 官能团的出现导致。其 S 2p 的分峰拟合见图 9.4（d），S $2p_{1/2}$ 和 S $2p_{3/2}$ 峰分别出现在 165 eV 和 163.8 eV 处，主要由 Ta—S 键或 C—S 键引发，168.4 eV 处的分峰主要由 SO_4^{2-} 或 SO_3^{2-} 引起。

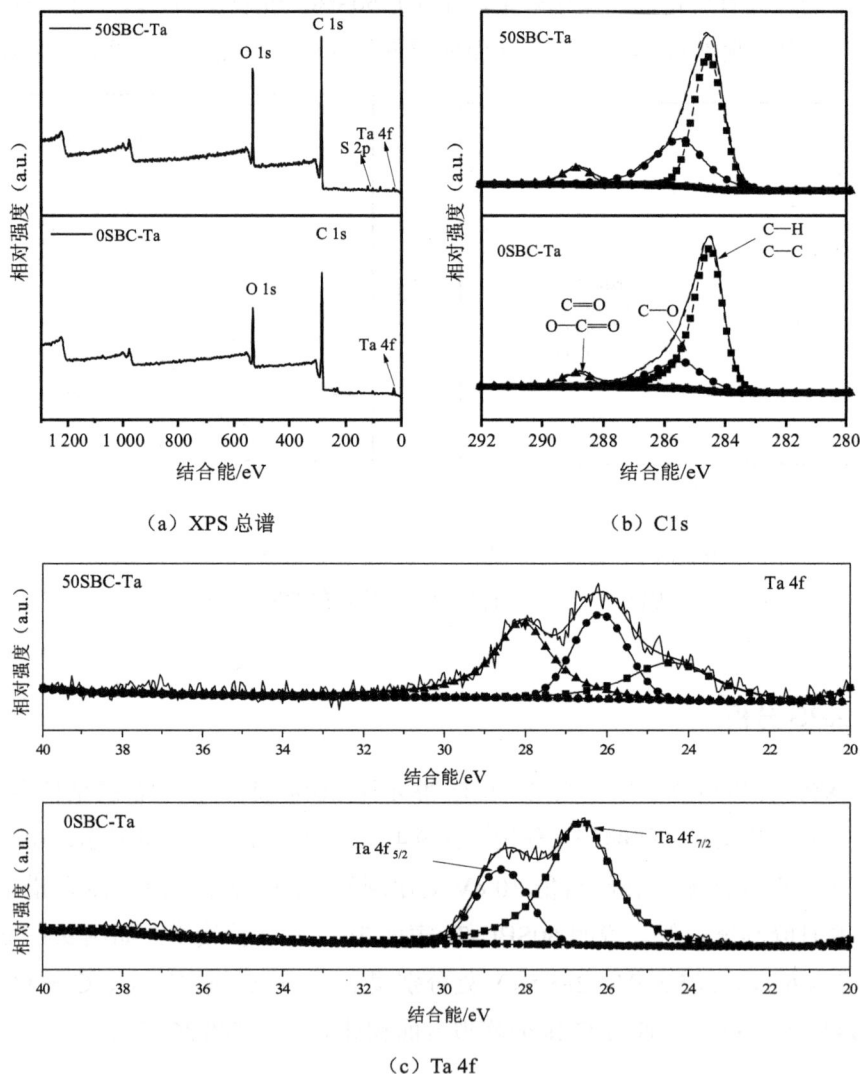

（a）XPS 总谱

（b）C1s

（c）Ta 4f

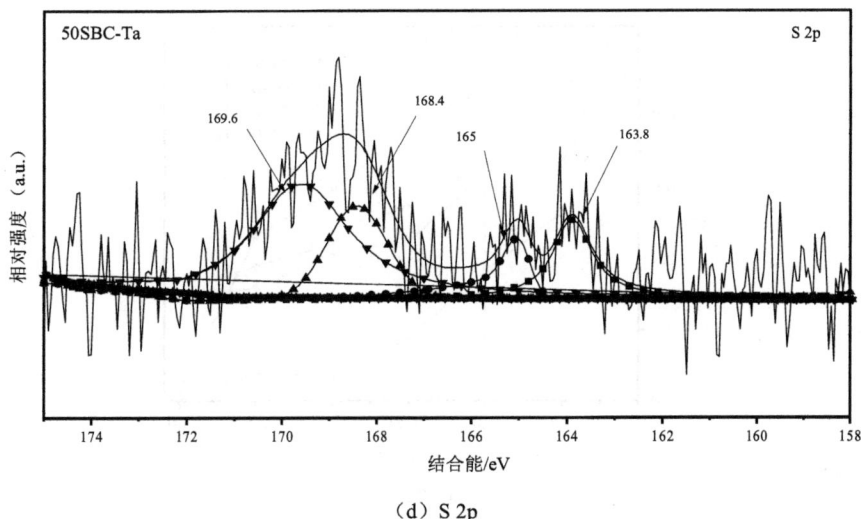

（d）S 2p

图 9.4　不同秸秆炭复合光催化剂的 XPS 结果

第三节　S 掺杂钽酸钠负载生物炭吸附/光催化性能分析

一、不同秸秆炭对 TC 的光催化性能对比及机理分析

通过预实验初步探究不同秸秆炭光催化 TC 的性能，初始投加量设置为 0.25 g/L。如图 9.5（a）所示，随着 S/Ta 摩尔比的增大，所制备秸秆炭的吸附和光催化性能也逐渐增强，当 S 掺杂钽酸钠达到 50%时，光催化性能最佳，1 h 暗反应吸附基本平衡时，50SBC-Ta 对 TC 的 C/C_0 已经达到 0.37，全光照射 30 min 后 C/C_0 分别下降为 0.17 和 0.49，光照 3 h 后其对 TC 已基本完全去除，说明 50SBC-Ta 的吸附-光催化作用更强，并对该秸秆炭进行后续系列实验的探究。同时可发现，未掺杂 S 条件下制备的秸秆炭 0SBC-Ta 吸附性能相对较差，TC 分解为 H_2O，但对 TC 光照 2.5 h 后去除率呈阶梯式上升，3 h 时 C/C_0 已基本接近 0，可能是因为长时间光照加速了秸秆炭表面光生载流子的分离，进而促进光催化效应。当 S 掺杂钽酸钠达到 60%时，其吸附-光催化性能反而下降，可见 50% S 掺杂钽酸钠为最佳活性。

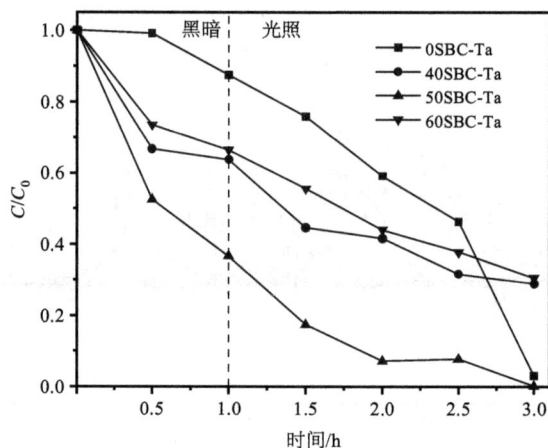

（a）TC

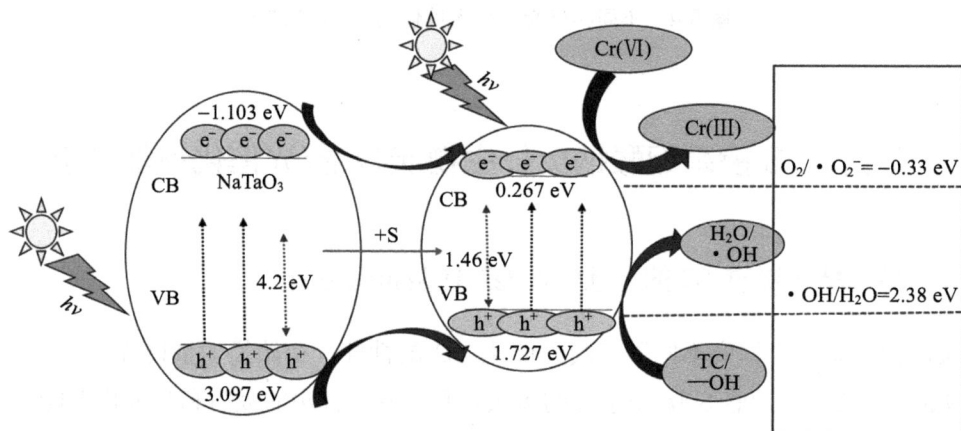

（b）光催化机理图

图 9.5 不同秸秆炭的光催化性能对比

二、50SBC-Ta 的初始浓度对 TC 的光催化影响

图 9.6 展示了 50SBC-Ta 的初始浓度对 TC 的光催化影响。如图 9.6 所示，50SBC-Ta 对二者的吸附-光催化效果与其初始投加量成正比增加，当 50SBC-Ta 的初始浓度为 0.5 g/L 时，其对 TC 的降解率已接近 100%，总体吸附量随着投加量的增加呈下降趋势

［图 9.6（b）］，因此该秸秆炭对 TC 的光催化去除最佳投加量为 0.8 g/L，如图 9.6（c）所示。

　　由于 TC 在强光照射下稳定性较差，容易自身分解，从而使 TC 溶液颜色加深，因此在未加入任何秸秆炭的条件下将其放在光化仪中全光照射考察其自降解率，如图 9.6（c）所示，发现 TC 在 500 W 氙灯照射 2 h 后自降解了 2.3%，可见 TC 的去除主要来自秸秆炭基光催化剂的降解。相比之下，50SBC-Ta 的光催化活性低于相应的吸附活性，这是由于 50SBC-Ta 在活性位点上的高效吸附阻碍了部分光子在活性位点上的捕获，以及中间体从本体表面扩散到水溶液中，可见 50SBC-Ta 对 TC 的去除主要依靠其吸附-光催化共同作用。

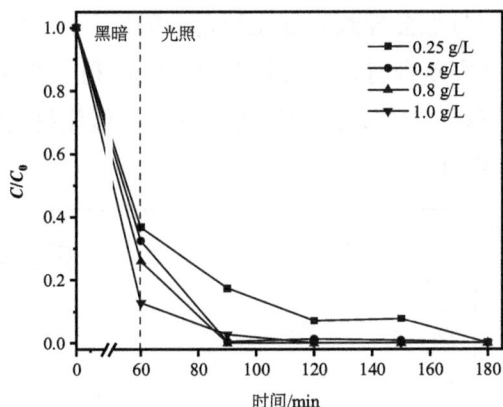

（a）不同投加量对 TC 的光催化影响

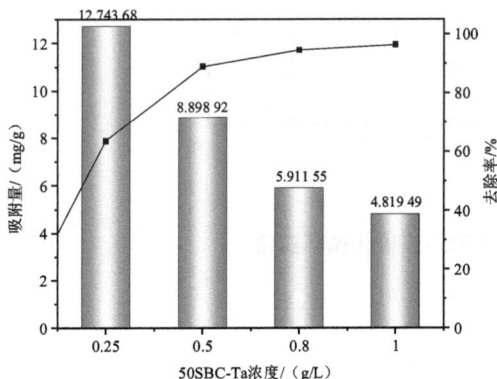

（b）不同投加量下对 Cr（Ⅵ）吸附量和去除率的影响

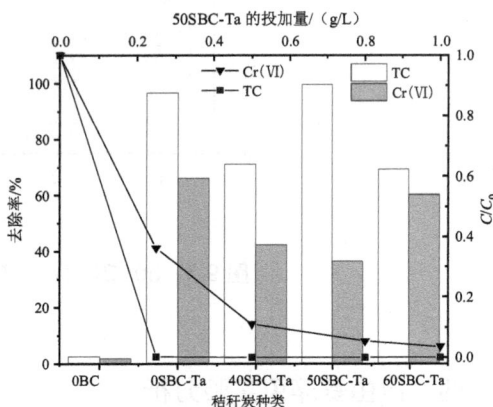

（c）TC 和 Cr（Ⅵ）去除率和投加量对比

图 9.6　50SBC-Ta 的初始浓度对 TC 的光催化影响

三、吸附-光催化循环实验

稳定性是评价其是否可以循环利用的重要指标，因此需要对其进行吸附光催化循环实验以探究其吸附-再生性能，图 9.7 描绘了 50SBC-Ta 对 TC 的吸附光催化循环实验。由图 9.7 可以看出，50SBC-Ta 对 TC 的氧化还原率低于吸附率，随着循环次数增加，光的催化效果也逐渐减弱，第 5 次循环反应结束时，由光催化作用去除的 TC 占比为 8%，相较于第一次循环增加了 10%左右，这说明多次循环之后 50SBC-Ta 表面吸附位点逐渐被污染物占据消耗，在长期全光照射下，依然具有一定的表面活性位点再生性能。一般地，钙钛矿类结构材料窄带隙会导致光催化稳定性降低，而 50SBC-Ta 活性略微增加，说明 S 掺杂 $NaTaO_3$ 秸秆炭复合材料具有相对可靠的再利用性和光催化耐久性。5 次循环过程中总去除率逐渐下降，主要是回收过程中部分光催化材料的损失导致，总体而言，50SBC-Ta 具有良好的稳定性。

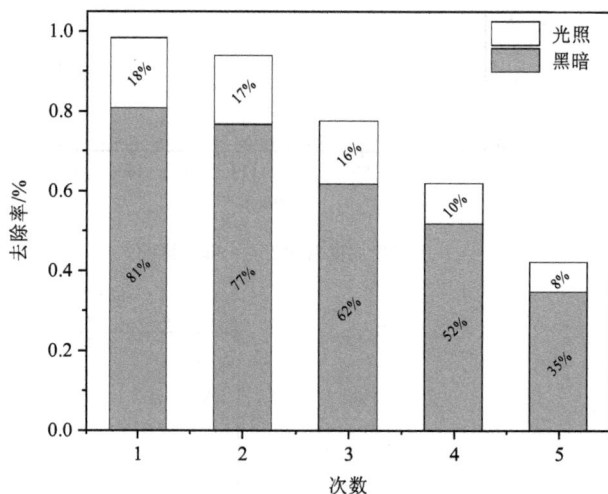

图 9.7　50SBC-Ta 对 TC 的吸附光催化循环实验

四、自由基淬灭实验分析

为确定秸秆炭复合光催化剂在光催化过程中产生的主要活性自由基及作用机理，在降解过程中加入了自由基捕获剂，判断 TC 降解率变化。本研究选择对苯醌（BQ）、乙二胺四乙酸二钠（EDTA-2Na）、AgNO$_3$ 和叔丁醇（TBA）用以捕获-O$_2^-$、h$^+$、e$^-$和•OH 这几种常见的活性物种。未掺杂捕获剂时 50SBC-Ta 对 TC 的去除率在 99%以上，加入捕获剂 EDTA-2Na 对 TC 去除未造成明显影响，说明催化过程中 h$^+$ 不是起主导作用的活性物种，且由图 9.8 可知，加入 TBA 也未给 TC 的光催化剂降解带来显著变化，可见 •OH 也不能主导 TC 的降解，而加入 BQ 和 AgNO$_3$ 光催化剂 30 min 后，分别抑制了 13.4% 和 30.9%TC 的降解。说明 BQ 和 AgNO$_3$ 是影响-O$_2^-$光催化的主要物种。

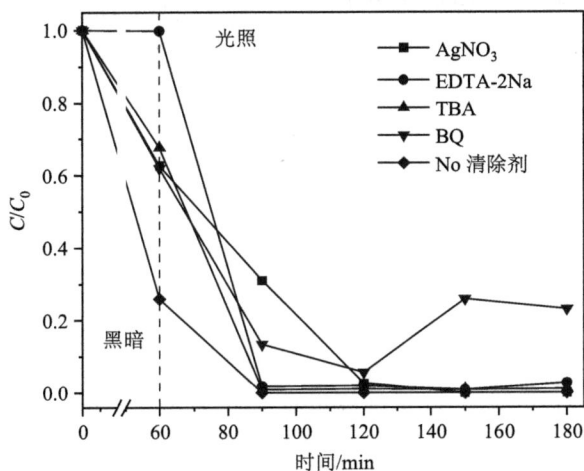

图 9.8　不同捕获剂对 TC 催化还原的影响

第四节　本章小结

本章通过调节不同 S/Ta 摩尔比，制备 S 掺杂 NaTaO$_3$ 负载秸秆炭复合光催化材料，用于光催化降解废水中的 TC，探究所制备炭基催化剂的吸附光催化再生性能，根据系列表征及实验，得出以下结论：

根据系列材料表征，NaTaO$_3$ 钙钛矿立方体晶体成功负载在秸秆炭表面，掺杂过硫酸钠引入非金属元素 S 磺化后测得 50SBC-Ta 的带隙变窄，光响应范围拓宽到可见光区。根据控制单一变量法，在相同浓度下比较不同秸秆炭的光催化效果，得出当 S/Ta 摩尔比为 50%时制备的生物炭吸附光催化性能最佳。确定光催化性能最优秸秆炭 50SBC-Ta 后，将该秸秆炭作为后续实验分析主要材料，在不同初始浓度条件下吸附光催化 TC，得出 50SBC-Ta 的最佳投加量为 0.8 g/L。根据吸附光催化循环实验，50SBC-Ta 的吸附效果明显高于光催化效果，随着循环次数增加，吸附光催化作用相对呈减弱趋势，这主要缘于回收过程中材料的部分损失，5 次循环后依然具有一定的光催化还原效果，说明 50SBC-Ta 在光照下可以实现吸附-再生。由自由基淬灭实验可知，50SBC-Ta 对两种污染物的催化降解主要受 BQ 和 $AgNO_3$ 抑制；因此，光催化氧化和光催化还原过程主要受超氧自由基和光生电子的产生速率影响。

参考文献

[1] 安婧，高程程，王宝玉，等. 生物炭对外源抗生素及其抗性基因的吸附行为与去除机制[J]. 生态学杂志，2021，40（4）：1210-1221.

[2] 曾少毅，李坤权. 窄孔径含磷棉秆生物质炭的制备及对四环素的吸附机制[J]. 环境科学，2023，44（3）：1519-1527.

[3] 常纪文. "十四五"：生态环保政策将更具针对性灵活性[N]. 中国经济时报，2021-03-30.

[4] 戴亮，赵伟繁，张洪伟，等. 污泥生物炭去除水中重金属的研究进展[J]. 环境工程，2020，38（12）：70-77.

[5] 戴田池. 改性秸秆生物炭吸附水中磷酸盐和四环素效能及机理研究[D]. 哈尔滨：哈尔滨工业大学，2021.

[6] 耿新祥. 改性生物炭吸附水体中磺胺类抗生素[D]. 南京：南京师范大学，2021.

[7] 郭梦卓，徐佰青，乔显亮，等. 表面活性剂强化过硫酸钠氧化修复石油烃污染土壤[J]. 土壤，2023，55（1）：171-177.

[8] 黄伟杰，刘学智，唐红亮，等. 植物修复在抗生素污染治理中的应用研究进展[J]. 生态科学，2022，41（1）：222-229.

[9] 鞠梦灿，严丽丽，简铃，等. 氮掺杂生物炭材料的制备及其在环境中的应用[J]. 化工进展，2022，41（10）：5588-5598.

[10] 匡开月，刘畅，俞志敏，等. 加拿大一枝黄花衍生炭对 Cr(Ⅵ) 吸附性能研究[J]. 生物学杂志，2022，39（4）：55-60.

[11] 李建. 卤氧化铋吸附/光催化去除水中典型 PPCPs 的研究[D]. 杭州：浙江大学，2017.

[12] 廖金龙. 可见光响应钽酸钠复合光催化材料的制备及性能研究[D]. 杭州：浙江理工大学，2019.

[13] 林春岭，钟来元，钟晓岚，等. 甘蔗渣生物炭吸附-还原 Cr(Ⅵ) 的反应研究[J]. 农业环境科学学报，2023：1-15.

[14] 林冠超. LDHs 改性生物炭生物滞留池对复合抗生素的吸附机理研究[D]. 南昌：南昌大学，2022.

[15] 刘静岩. 基于磺化炭的雨水径流氨氮和重金属的污染控制技术研究[D]. 北京：北京林业大学，2020.

[16] 潘杰，王明新，高生旺，等. 氮硫掺杂生物炭/过一硫酸盐体系降解水中磺胺异唑[J]. 化工进展，2022，41（8）：4204-4212.

[17] 孙金龙. NaTaO₃/BC+PMS 双效催化体系降解有机污染物研究[D]. 呼和浩特：内蒙古大学，2021.

[18] 孙进，王淑君，陈丰，等. 在质子解离平衡中测定左氧氟沙星的亲脂性[J]. 药学学报，2003（1）：57-61.

[19] 汪子润. Bi₂WO₆/生物炭基复合光催化剂的制备及对水中抗生素的降解去除[D]. 兰州：兰州大学，2021.

[20] 肖康，王琼. 吸附法净化室内甲醛研究进展[J]. 化工进展，2021，40（10）：5747-5771.

[21] 温静. 香蒲基生物炭材料制备及对水环境中抗生素和重金属处理的研究[D]. 呼和浩特：内蒙古大学，2022.

[22] 谢芳，隋静. 生物炭去除重金属铬的研究进展[J]. 新疆环境保护，2022，44（2）：46-50.

[23] 徐东波. 铌/钽基催化剂的制备及其太阳能转换研究[D]. 镇江：江苏大学，2018.

[24] 张晶晶，陈娟，王沛芳，等. 中国典型湖泊四大类抗生素污染特征[J]. 中国环境科学，2021，41（9）：4271-4283.

[25] 赵次娴，刘陈，刘锐利，等. 重金属污水处理技术研究进展[J]. 广东化工. 2021，48（8）：179-181.

[26] 周琰，史娟娟，钱顾杰，等. 改性竹蔗渣生物炭对水中阿莫西林的去除性能研究[J]. 安全与环境学报，2023（1）：1-13.

[27] 朱晓丽，程燕萍，申烨华，等. 核桃青皮生物炭对重金属的吸附效应分析[J]. 环境科学，2023（10）：1-20.

[28] Ahmed M B，Zhou J L，Ngo H H，et al. Adsorptive removal of antibiotics from water and wastewater: Progress and challenges[J]. Science of the Total Environment，2015，532：112-126.

[29] Ai D，Tang Y，Yang R，et al. Hexavalent chromium [Cr（Ⅵ）]removal by ball-milled iron-sulfur @biochar based on P-recovery: Enhancement effect and synergy mechanism[J]. Bioresource Technology，2023，371：1-11.

[30] Akinfalabi S I，Rashid U，Yunus R，et al. Appraisal of sulphonation processes to synthesize palm waste biochar catalysts for the esterification of palm fatty acid distillate[J]. Catalysts，2019，9（2）：1-15.

[31] Alexander J，Hembach N，Schwartz T. Identification of critical control points for antibiotic resistance discharge in sewers[J]. Science of the Total Environment，2022，820：1-8.

[32] Anjali R，Shanthakumar S. Insights on the current status of occurrence and removal of antibiotics in wastewater by advanced oxidation processes[J]. Journal of Environmental Management，2019，246：51-62.

[33] Antonopoulou M，Giannakas A，Bairamis F，et al. Degradation of organophosphorus flame retardant tris（1-chloro-2-propyl）phosphate（TCPP）by visible light N, S-codoped TiO₂ photocatalysts[J]. Chemical Engineering Journal，2017，318：231-239.

[34] Ashiq A，Vithanage M，Sarkar B，et al. Carbon-based adsorbents for fluoroquinolone removal from water and wastewater：A critical review[J]. Environmental Research，2021，197：1-20.

[35] Bai X，Liang W，Sun J，et al. Enhanced production of microalgae-originated photosensitizer by integrating photosynthetic electrons extraction and antibiotic induction towards photocatalytic degradation of antibiotic: A novel complementary treatment process for antibiotic removal from effluent of conventional biological wastewater treatment[J]. Journal of Environmental Management，2022，308：1-12.

[36] Bourzami R，Messai Y，Ouksel L，et al. Effect of high rGO ratio on structural properties，photoluminescence and adsorptive & photocatalytic performances under 365 nm-UV and simulated solar lights of $NaTaO_3$/rGO heterojunction composites[J]. Diamond and Related Materials，2022，125：1-11.

[37] Chang Y，Dang Q，Samo I，et al. Electrochemical heavy metal removal from water using PVC waste-derived N，S co-doped carbon materials[J]. RSC. Adv，2020，10（7）：4064-4070.

[38] Chaos-hernández D，Reynel-avila H E，Mendoza-castillo D I，et al. Functionalization and activation of carbon-based catalysts with KOH and calcium and their application in transesterification to produce biodiesel：Optimization of catalytic properties and kinetic study[J]. Fuel，2022，310：1-10.

[39] Che H，Wei G，Fan Z，et al. Super facile one-step synthesis of sugarcane bagasse derived N-doped porous biochar for adsorption of ciprofloxacin[J]. Journal of Environmental Management，2023，335：1-15.

[40] Chen C，Cai W，Long M，et al. Synthesis of visible-light responsive graphene oxide/TiO_2 composites with p/n heterojunction[J]. ACS nano，2010，4：6425-6432.

[41] Chen J，Liu Y S，Zhang J N，et al. Removal of antibiotics from piggery wastewaterby biological aerated filter system: Treatment efficiency and biodegradation kinetics[J]. Bioresource Technology，2017，238：70-77.

[42] Cong Y，Long M，Cui Z，et al. Anchoring a uniform TiO_2 layer on graphene oxide sheets as an efficient visible light photocatalyst[J]. Applied Surface Science，2013，282：400-407.

[43] Dai L，Lu Q，Zhou H，et al. Tuning oxygenated functional groups on biochar for water pollution control：A critical review[J]. Journal of Hazardous Materials，2021，420：1-13.

[44] De Sotto R，Lee X J，Bae S. Acute exposure effects of tetracycline，ampicillin，sulfamethoxazole，and their mixture on nutrient removal and microbial communities in the activated sludge of air-scouring and reciprocation membrane bioreactors[J]. Journal of Environmental Management，2022，304：1-9.

[45] Dhenadhayalan N，Lin K C，Saleh T A. Recent advances in functionalized carbon dots toward the

design of efficient materials for sensing and catalysis applications[J]. Small，2020，16（1）：1-24.

[46] Ekanayake A，Rajapaksha A U，Selvasembian R，et al. Amino-functionalized biochars for the detoxification and removal of hexavalent chromium in aqueous media[J]. Environmental Research，2022，211：1-8.

[47] El-nemr M A，Aigbe U O，Ukhurebor K E，et al. Adsorption of Cr（6⁺）ion using activated Pisum sativum peels-triethylenetetramine[J]. Environmental Science and Pollution Research，2022，29（60）：91036-91060.

[48] El-nemr M A，Yılmaz M，Ragab S，et al. Biochar-SO prepared from pea peels by dehydration with sulfuric acid improves the adsorption of Cr（6+）from water[J]. Biomass Conversion and Biorefinery，2022：1-19.

[49] Ezeuko A S，Ojemayem O，Okoh O O，et al. Potentials of metallic nanoparticles for the removal of antibiotic resistant bacteria and antibiotic resistance genes from wastewater：A critical review[J]. Journal of Water Process Engineering，2021，41：1-17.

[50] Fang H，Liu Y，Qiu P，et al. Simultaneous removal of antibiotic resistant bacteria and antibiotic resistance genes by molybdenum carbide assisted electrochemical disinfection[J]. Journal of Hazardous Materials，2022，432：1-11.

[51] Fang J，Jin L，Meng Q，et al. Biochar effectively inhibits the horizontal transfer of antibiotic resistance genes via transformation[J]. Journal of Hazardous Materials，2022，423（Pt B）：1-10.

[52] Fatimah I，Purwiandono G，Sahroni I，et al. Magnetically-separable photocatalyst of magnetic biochar from snake fruit peel for rhodamine B photooxidation[J]. Nvironmental Nanotechnology，Monitoring and Management，2022，17：1-13.

[53] Fu X F，Yang H P，Sun H H，et al. The multiple roles of ethylenediamine modification at TiO_2/activated carbon in determining adsorption and visible-light-driven photoreduction of aqueous Cr（Ⅵ）[J]. Journal of Alloys and Compounds，2016，662：165-172.

[54] Fu Y，Sun X，Wang X. $BiVO_4$–graphene catalyst and its high photocatalytic performance under visible light irradiation[J]. Materials Chemistry and Physics，2011，131：325-330.

[55] Ganiyu S O，Sable S，Gamal El-din M. Advanced oxidation processes for the degradation of dissolved organics in produced water：A review of process performance，degradation kinetics and pathway[J]. Chemical Engineering Journal，2022，429：1-24.

[56] Gao T，Shi W，Zhao M，et al. Preparation of spiramycin fermentation residue derived biochar for effective adsorption of spiramycin from wastewater[J]. Chem，2022，296：1-9.

[57] Gao Y X，Li X，Fan X Y，et al. Wastewater treatment plants as reservoirs and sources for antibiotic

resistance genes: A review on occurrence, transmission and removal[J]. Journal of Water Process Engineering, 2022, 46: 1-10.

[58] Gholami P, Khataee A, Soltani R D C, et al. Photocatalytic degradation of gemifloxacin antibiotic using Zn-Co-LDH @ biochar nanocomposite[J]. Journal of Hazardous Materials, 2020, 382: 1-12.

[59] Ghosh T, Cho K.Y, Ullah K, et al. High photonic effect of organic dye degradationby Cd Se-graphene-TiO_2 particles[J]. Journal of Industrial and Engineering Chemistry, 2013, 19: 797-805.

[60] Giraldo L, Moreno-Pirajàn J C. Exploring the use of rachis of chicken feathers for hydrogen storage[J]. Journal of Analytical and Applied Pyrolysis, 2013, 104: 243-248.

[61] Guo S, Gao Y, Wang Y, et al. Urea/$ZnCl_2$ in situ hydrothermal carbonization of Camellia sinensis waste to prepare N-doped biochar for heavy metal removal[J]. Environmental Science and Pollution Research, 2019, 26 (29): 30365-30373.

[62] Guo S, Liu Y, Zhang W, et al. N-doped carbon fibers in situ prepared by hydrothermal carbonization of camellia sinensis branches waste for efficient removal of heavy metal ions[J]. Environmental Science and Pollution Research, 2022, 29 (59): 88951-88961.

[63] Guo X, Yin Y, Yang C, et al. Maize straw decorated with sulfide for tylosin removal from the water[J]. Ecotoxicology and Environmental Safety, 2018, 152: 16-23.

[64] Han P L, Wang X J, Zhao Y H, et al. Electronic structure and optical properties of non-metals (N, F, P, Cl, S) -doped cubic $NaTaO_3$ by density functional theory[J]. Advanced Materials Research, 2009, 79: 1245-1248.

[65] Huang B, Huang D, Zheng Q, et al. Enhanced adsorption capacity of tetracycline on porous graphitic biochar with an ultra-large surface area[J]. RSC Advances, 2023, 13 (15): 10397-10407.

[66] Igboke O J, Odejobi O J, Orimolade T, et al. Composition and morphological characteristics of sulfonated coconut shell biochar and its use for corncob hydrolysis[J]. Waste and Biomass Valorization, 2023: 1-17.

[67] Imanipoor J, Ghafelebashi A, Mohammadi M, et al. Fast and effective adsorption of amoxicillin from aqueous solutions by L-methionine modified montmorillonite K10[J]. Colloids and Surfaces A: Physicochemical and Engineering Aspects, 2021, 611: 1-14.

[68] Ismail A A, Geioushy R A, Bouzid H, et al. TiO_2 decoration of graphene layers for highly efficient photocatalyst: Impact of calcination at different gas atmosphere onphotocatalytic efficiency[J]. Applied Catalysis B: Environmental, 2013, 129: 62-70.

[69] Jia M, Wang F, Bian Y, et al. Effects of pH and metal ions on oxytetracycline sorption to maize-straw-derived biochar[J]. Bioresource Technology, 2013, 136: 87-93.

[70] Jiang Y C，Luo M F，Niu Z N，et al. In-situ growth of bimetallic FeCo-MOF on magnetic biochar for enhanced clearance of tetracycline and fruit preservation[J]. Chemical Engineering Journal，2023，451：1-17.

[71] Kern M，Skulj S，Rozman M. Adsorption of a wide variety of antibiotics on graphene-based nanomaterials：A modelling study[J]. Chem，2022，296：1-10.

[72] Khalid N R，Ahmed E，Hong Z L，et al. Enhanced photocatalytic activity of graphenee-TiO$_2$ composite under visible light irradiation[J]. Current Applied Physics，2013，13：659-663.

[73] Kim C H，Kim B H. Effects of thermal treatment on the structural and capacitive properties of polyphenylsilane-derived porous carbon nanofibers[J]. Electrochimica Acta，2014，117：26-33.

[74] Kim J R，Kan E. Heterogeneous photocatalytic degradation of sulfamethoxazole in water using a biochar-supported TiO$_2$ photocatalyst[J]. Journal of Environmental Management，2016，180：94-101.

[75] Lee E，Hong J Y，Kang H，et al. Synthesis of TiO$_2$ nanorod-decorated graphene sheets and their highly efficient photocatalytic activities under visible-light irradiation[J]. Journal of Hazardous Materials，2012，219-220：13-18.

[76] Lee Y，Watanabe T，Takata T，et al. Preparation and characterization of sodium tantalate thin films by hydrothermal− electrochemical synthesis[J]. Chemistry of Materials，2005，17（9）：2422-2426.

[77] Leichtweis J，Silvestri S，Carissimi E. New composite of pecan nutshells biochar-ZnO for sequential removal of acid red 97 by adsorption and photocatalysis[J]. Biomass Bioenerg，2020，140：1-12.

[78] Leichtweis J，Vieira Y，Welter N，et al. A review of the occurrence，disposal，determination，toxicity and remediation technologies of the tetracycline antibiotic[J]. Process Safety and Environmental Protection，2022，160：25-40.

[79] Li B，Zhang Y，Xu J，et al. Effect of carbonization methods on the properties of tea waste biochars and their application in tetracycline removal from aqueous solutions[J]. Chem，2021，267：1-13.

[80] Li F F，Liu D R，Gao G M，et al. Improved visible-light photocatalytic activity of NaTaO$_3$ with perovskite-like structure via sulfur anion doping[J]. Applied Catalysis B：Environmental，2015，166：104-111.

[81] Li H，Hu J，Meng Y，et al. An investigation into the rapid removal of tetracycline using multilayered graphene-phase biochar derived from waste chicken feather[J]. Science of the Total Environment，2017，603-604：39-48.

[82] Li J，Yu G，Pan L，et al. Study of ciprofloxacin removal by biochar obtained from used tea leaves[J]. Journal of Environmental Sciences-China，2018，73：20-30.

[83] Li K，Xiong J，Chen T，et al. Preparation of graphene/TiO$_2$ composites by nonionic surfactant strategy

and their simulated sunlight and visible light photocatalytic activity towards representative aqueous POPs degradation[J]. Journal of Hazardous Materials，2013，250-251：19-28.

[84] Li M，Lu B，Ke Q F，et al. Synergetic effect between adsorption and photodegradation on nanostructured TiO_2/activated carbon fiber felt porous composites for toluene removal[J]. Journal of Hazardous Materials，2017，333：88-98.

[85] Li T，Zhu P，Wang D，et al. Efficient utilization of the electron energy of antibiotics to accelerate Fe（Ⅲ）/Fe（Ⅱ）cycle in heterogeneous Fenton reaction induced by bamboo biochar/schwertmannite[J]. Environmental Research，2022，209：1-10.

[86] Li X，Shi Z，Zhang J，et al. Aqueous Cr（Ⅵ）removal performance of an invasive plant-derived biochar modified by Mg/Al-layered double hydroxides[J]. Colloid and Interface Science Communications，2023，53：1-7.

[87] Linley S，Liu Y，Ptacek C J，et al. Recyclable graphene oxide-supported titanium dioxide photocatalysts with tunable properties[J]. ACS Applied Materials & Interfaces，2014，6：4658-4668.

[88] Liu H，Li Z，Qiang Z，et al. The elimination of cell-associated and non-cell-associated antibiotic resistance genes during membrane filtration processes：A review[J]. Science of the Total Environment，2022，833（22）：1-43.

[89] Liu Y，Li F，Deng J，et al. Mechanism of sulfamic acid modified biochar for highly efficient removal of tetracycline[J]. Journal of Analytical and Applied Pyrolysis，2021，158：1-7.

[90] Liu Z，Ho S H，Hasunuma T，et al. Recent advances in yeast cell-surface display technologies for waste biorefineries[J]. Bioresource Technology，2016，215：324-333.

[91] Lu L，Shan R，Shi Y，et al. A novel TiO_2/biochar composite catalysts for photocatalytic degradation of methyl orange[J]. Chem，2019，222：391-398.

[92] Luo L，Shen X，Song L，et al. MoS_2/Bi_2S_3 heterojunctions-decorated carbon-fiber cloth as flexible and filter-membrane-shaped photocatalyst for the efficient degradation of flowing wastewater[J]. Journal of Alloys and Compounds，2019，779：599-608.

[93] Lyu H，Zhang Q，Shen B. Application of biochar and its composites in catalysis[J]. Chem，2020，240：1-11.

[94] Lyu S，Wu L，Wen X，et al. Effects of reclaimed wastewater irrigation on soil-crop systems in China：A review[J]. Science of the Total Environment，2022，813：1-11.

[95] Ma Y，Lu T，Yang L，et al. Efficient adsorptive removal of fluoroquinolone antibiotics from water by alkali and bimetallic salts co-hydrothermally modified sludge biochar[J]. Environmental Pollution，2022，298：1-12.

[96] Ming H，Huang H，Pan K，et al. C/TiO$_2$ nanohybrids co-doped by N and their enhanced photocatalytic ability[J]. Journal of Solid State Chemistry，2012，192：305-311.

[97] Mohammad R D K，Mohammad S S，Abdul A A R，et al. Application of doped photocatalysts for organic pollutant degradation -- A review[J]. Journal of Environmental Management，2017，198：78-94.

[98] Monteagudo J M，Durán A，Culebradas R，et al. Optimization of pharmaceutical wastewater treatment by solar/ferrioxalate photo-catalysis[J]. Journal of Environmental Management，2013，128：210-219.

[99] Moularas C，Psathas P，Deligiannakis Y. Electron paramagnetic resonance study of photo-induced hole/electron pairs in NaTaO$_3$ nanoparticles[J]. Chem. Phys. Lett，2021，782：1-5.

[100] Natarajan T S，Lee J Y，Bajaj H C，et al. Synthesis of multiwall carbon nanotubes/TiO$_2$ nanotube composites with enhanced photocatalytic decomposition efficiency[J]. Catalysis Today，2017，282：13-23.

[101] Ngigi A N，Ok Y S，Thiele-bruhn S. Biochar-mediated sorption of antibiotics in pig manure[J]. Journal of Hazardous Materials，2019，364：663-670.

[102] Nguyen V T，Vo T D，Nguyen T B，et al. Adsorption of norfloxacin from aqueous solution on biochar derived from spent coffee ground：Master variables and response surface method optimized adsorption process[J]. Chem，2022，288：1-10.

[103] Nguyen-Phan T D，Pham V H，Kweon H，et al. Uniform distribution of TiO$_2$ nanocrystals on reduced graphene oxide sheets by the chelating ligands[J]. Journal of Colloid and Interface Science，2012，367：139-147.

[104] Pan J，Deng H，Du Z，et al. Design of nitrogen-phosphorus-doped biochar and its lead adsorption performance[J]. Environmental Science and Pollution Research，2022，29（19）：28984-28994.

[105] Peng H，Wang L，Zheng X. Efficient adsorption-photodegradation activity of MoS$_2$ coupling with S，N-codoped porous biochar derived from chitosan[J]. Journal of Water Process Engineering，2023，51：1-10.

[106] Phoon B L，Ong C C，Mohamed Saheed M S，et al. Conventional and emerging technologies for removal of antibiotics from wastewater[J]. Journal of Hazardous Materials，2020，400：1-28.

[107] Phyu Mon P，Phyu Cho P，Chanadana L，et al. Bio-waste assisted phase transformation of Fe$_3$O$_4$/carbon to nZVI/graphene composites and its application in reductive elimination of Cr（Ⅵ）removal from aquifer[J]. Separation and Purification Technology，2023，306：1-11.

[108] Piccirillo C，Castro P M L. Calcium hydroxyapatite-based photocatalysts for environment remediation：Characteristics，performances and future perspectives[J]. Journal of Environmental Management，2017，193：79-91.

[109] Prasannamedha G，Kumar P S，Mehala R，et al. Enhanced adsorptive removal of sulfamethoxazole from water using biochar derived from hydrothermal carbonization of sugarcane bagasse[J]. Journal of Hazardous Materials，2021，407：1-15.

[110] Rattanawongwiboon T，Chanklinhorm P，Chutimasakul T，et al. Green acidic catalyst from cellulose extracted from sugarcane bagasse through pretreatment by electron beam irradiation and subsequent sulfonation for sugar production[J]. J. Met. Mater. Miner，2022，32（4）：134-142.

[111] Reddy N. Non-food industrial applications of poultry feathers[J]. Waste Management，2015，45：91-107.

[112] Russell J N，Yost C K. Alternative，environmentally conscious approaches for removing antibiotics from wastewater treatment systems[J]. Chem，2021，263：1-10.

[113] Saravanan A，Kumar P S，Jeevanantham S，et al. Degradation of toxic agrochemicalsand pharmaceutical pollutants：Effective and alternative approaches toward photocatalysis[J]. Environmental Pollution，2022，298：1-12.

[114] Saygili H，Guzel F. Effective removal of tetracycline from aqueous solution using activated carbon prepared from tomato（*Lycopersicon esculentum* Mill.）industrial processing waste[J]. Ecotoxicology and Environmental Safety，2016，131：22-29.

[115] Sharma A，Lee B K. Integrated ternary nanocomposite of TiO_2/NiO/reduced graphene oxide as a visible light photocatalyst for efficient degradation of o-chlorophenol[J]. Journal of Environmental Management，2016，181：563-573.

[116] Shen Y，Wang W X，Xiao K J. Synthesis of three-dimensional carbon felt supported TiO_2 monoliths for photocatalytic degradation of methyl orange[J]. Journal of Environmental Chemical Engineering，2016，4：1259-1266.

[117] Singh S，Naik T，Basavaraju U，et al. Novel and sustainable green sulfur-doped carbon nanospheres via hydrothermal process for Cd（Ⅱ）ion removal[J]. Chem，2023：1-13.

[118] Song W，Zhao J，Xie X，et al. Novel BiOBr by compositing low-cost biochar for efficient ciprofloxacin removal：The synergy of adsorption and photocatalysis on the degradation kinetics and mechanism insight[J]. RSC. Adv，2021，11（25）：15369-15379.

[119] Song X，Li Y，Wei Z，et al. Synthesis of $BiVO_4$/P25 composites for the photocatalytic degradation of ethylene under visible light[J]. Chemical Engineering Journal，2017，314：443-452.

[120] Stylianou M，Christou A，Michael C，et al. Adsorption and removal of seven antibiotic compounds present in water with the use of biochar derived from the pyrolysis of organic waste feedstocks[J]. Journal of Environmental Chemical Engineering，2021，9：1-14.

[121] Su J，Zhu L，Chen G. Ultrasmall graphitic carbon nitride quantum dots decorated self-organized TiO_2

nanotube arrays with highly efficient photoelectron-chemical activity[J]. Applied Catalysis B：Environmental，2016，186：127-135.

[122] Su Y，Shi Y，Jiang M，et al. One-step synthesis of nitrogen-doped porous biochar based on n-doping co-activation method and its application in water pollutants control[J]. International Journal of Molecular Sciences，2022，23：1-21.

[123] Sundararaman S，Aravind Kumar J，Deivasigamani P，et al. Emerging pharma residuecontaminants：Occurrence，monitoring，risk and fate assessment--A challenge to water resource management[J]. Science of the Total Environment，2022，825：1-12.

[124] Sutar S，Otari S，Jadhav J. Biochar based photocatalyst for degradation of organic aqueous waste：A review[J]. Chem，2022，287：1-15.

[125] Tai Y，Sun J，Tian H，et al. Efficient degradation of organic pollutants by S-NaTaO$_3$/biochar under visible light and the photocatalytic performance of a permonosulfate-based dual-effect catalytic system[J]. Journal of Environmental Sciences-China，2023，125：388-400.

[126] Thommes M，Kaneko K，Neimark A V，et al. Physisorption of gases，with special reference to the evaluation of surface area and pore size distribution（IUPAC Technical Report）[J]. Pure and Applied Chemistry，2015，87（9-10）：1051-1069.

[127] Thommes M，Kaneko K，Neimark A V，et al. Physisorption of gases，with special reference to the evaluation of surface area and pore size distribution（IUPAC Technical Report）[J]. Pure and Applied Chemistry，2015，87：1051-1069.

[128] Tu W，Liu Y，Chen M，et al. Carbon nitride coupled with Ti$_3$C$_2$-Mxene derived amorphous Ti-peroxo heterojunction for photocatalytic degradation of rhodamine B and tetracycline[J]. Colloids and Surfaces A，2022，640：1-14.

[129] Tuna A，Okumus Y，Celebi H，et al. Thermochemical conversion of poultry chicken feather fibers of different colors into microporous fibers[J]. Journal of Analytical and Applied Pyrolysis，2015，115：112-124.

[130] Vaiano V，Sacco O，Sannino D，et al. Photocatalytic removal of spiramycin from wastewater under visible light with N-doped TiO$_2$ photocatalysts[J]. Chemical Engineering Journal，2015，261：3-8.

[131] Wan Mahari W A，Waiho K，Azwar E，et al. A state-of-the-art review on producing engineered biochar from shellfish waste and its application in aquaculture wastewater treatment[J]. Chem，2022，288：1-14.

[132] Wan Z，Sun Y，Tsang D C W，et al. Customised fabrication of nitrogen-doped biochar for environmental and energy applications[J]. Chemical Engineering Journal，2020，401：1-19.

[133] Wan Z，Xu Z，Sun Y，et al. Stoichiometric carbocatalysis via epoxide-like C-S-O configuration on sulfur-doped biochar for environmental remediation[J]. Journal of Hazardous Materials，2022，428：1-11.

[134] Wang B，Yang W，McKittrick J，et al. Keratin：Structure，mechanical properties，occurrence in biological organisms and efforts at bioinspiration[J]. Progress in Materials Science，2016，76：229-318.

[135] Wang C，Zhang Y，Liu Y，et al. Photocatalytic and antibacterial properties of NaTaO$_3$ nanofilms doping with Mg^{2+}，Ca^{2+} and Sr^{2+}[J]. Applied Surface Science，2023，612：1-12.

[136] Wang H，Lou X，Hu Q，et al. Adsorption of antibiotics from water by using Chinese herbal medicine residues derived biochar：Preparation and properties studies[J]. Journal of Molecular Liquids，2021，325：1-9.

[137] Wang J，Chu L，Wojnarovits L，et al. Occurrence and fate of antibiotics，antibiotic resistant genes（ARGs）and antibiotic resistant bacteria（ARB）in municipal wastewater treatment plant：An overview[J]. Science of the Total Environment，2020，744：1-12.

[138] Wang J，Zhang D，Chu F. Wood-derived functional polymeric materials[J]. Advanced Materials，2021，33（28）：1-21.

[139] Wang P，Wang J，Wang X F，et al. One-step synthesis of easy-recycling TiO$_2$-rGO nanocomposite photocatalysts with enhanced photocatalytic activity[J]. Applied Catalysis B：Environmental，2013，132-133：452-459.

[140] Wang Q，Cao Q，Wang X，et al. A high-capacity carbon prepared from renewable chicken feather biopolymer for supercapacitors[J]. Journal of Power Sources，2013，225：101-107.

[141] Wang Q，Chen C C，Ma W H，et al. Pivotal role of fluorine in tuning band structure and visible-light photocatalytic activity of nitrogen-doped TiO$_2$[J]. Chemical Engineering Journal，2009，19：4765-4769.

[142] Wang Y，Zhao X，Wang Y，et al. Hydrothermal treatment enhances the removal of antibiotic resistance genes，dewatering，and biogas production in antibiotic fermentation residues[J]. Journal of Hazardous Materials，2022，3894（22）：1-34.

[143] Weerasooriyagedara M，Ashiq A，Gunatilake S R，et al. Surface interactions of oxytetracycline on municipal solid waste-derived biochar–montmorillonite composite[J]. Sustainable Environment，2022，8：1-15.

[144] Wu J，Wang T，Liu Y，et al. Norfloxacin adsorption and subsequent degradation on ball-milling tailored N-doped biochar[J]. Chem，2022，303（Pt 3）：1-9.

[145] Wu Q，Zhang Y，Liu H，et al. Fe(x)N produced in pharmaceutical sludge biochar by endogenous Fe and exogenous N doping to enhance peroxymonosulfate activation for levofloxacin degradation[J]. Water

Research, 2022, 224: 1-13.

[146] Wu W, Wang R, Chang H, et al. Rational electron tunning of magnetic biochar via N, S co-doping for intense tetracycline degradation: Efficiency improvement and toxicity alleviation[J]. Chemical Engineering Journal, 2023, 458: 1-11.

[147] Wu Y H, Tseng P Y, Hsieh P Y, et al. High mobility of graphene-based flexible transparent field effect transistors doped with TiO_2 and nitrogen-doped TiO_2[J]. ACS Applied Materials & Interfaces, 2015, 18: 9453-9461.

[148] Xia L, Zang J L. Facile hydrothermal synthesis of sodium tantalate (NaTaO$_3$) nanocubes and high[J]. Journal of Physical Chemistry, 2009, 113, 19411-19418.

[149] Xiao Y, Lyu H, Tang J, et al. Effects of ball milling on the photochemistry of biochar: Enrofloxacin degradation and possible mechanisms[J]. Chemical Engineering Journal, 2020, 384: 1-13.

[150] Xiao Y, Lyu H, Yang C, et al. Graphitic carbon nitride/biochar composite synthesized by a facile ball-milling method for the adsorption and photocatalytic degradation of enrofloxacin[J]. Journal of Environmental Sciences (China), 2021, 103: 93-107.

[151] Xie Q, Yang X, Xu K, et al. Conversion of biochar to sulfonated solid acid catalysts for spiramycin hydrolysis: Insights into the sulfonation process[J]. Environmental Research, 2020, 188: 1-10.

[152] Xue K H, Wang J, Yan Y, et al. Enhanced As (III) transformation and removal with biochar/SnS$_2$/phosphotungstic acid composites: Synergic effect of overcoming the electronic inertness of biochar and $W_2O_3(AsO_4)_2$[As(V)-POMs] coprecipitation[J]. Journal of Hazardous Materials, 2021, 408: 1-12.

[153] Xue X D, Fang C R, Zhuang H F. Adsorption behaviors of the pristine and aged thermoplastic polyurethane microplastics in Cu(II)-OTC coexisting system[J]. Journal of Hazardous Materials, 2021, 407: 1-13.

[154] Yan S, Yu W, Yang T, et al. The adsorption of corn stalk biochar for pb and cd: preparation, characterization, and batch adsorption study[J]. Separations, 2022, 9: 1-15.

[155] Yang B, Dai J, Zhao Y, et al. Advances in preparation, application in contaminant removal, and environmental risks of biochar-based catalysts: A review[J]. Biochar, 2022, 4 (1): 1-11.

[156] Yang F, Zhang Q, Jian H, et al. Effect of biochar-derived dissolved organic matter on adsorption of sulfamethoxazole and chloramphenicol[J]. Journal of Hazardous Materials, 2020, 396: 1-11.

[157] Yang G, Li Y, Yang S, et al. Surface oxidized nano-cobalt wrapped by nitrogen-doped carbon nanotubes for efficient purification of organic wastewater[J]. Separation and Purification Technology, 2021, 259: 1-12.

[158] Yang Y，Zhong Z，Li J，et al. Efficient with low-cost removal and adsorption mechanisms of norfloxacin，ciprofloxacin and ofloxacin on modified thermal kaolin：Experimental and theoretical studies[J]. Journal of Hazardous Materials，2022，430：1-21.

[159] Yao B，Li Y，Zeng W，et al. Synergistic adsorption and oxidation of trivalent antimony from groundwater using biochar supported magnesium ferrite：Performances and mechanisms[J]. Environmental Pollution，2023，323：1-9.

[160] Yu F，Tian F，Zou H，et al. ZnO/biochar nanocomposites via solvent free ball milling for enhanced adsorption and photocatalytic degradation of methylene blue[J]. Journal of Hazardous Materials，2021，415：1-8.

[161] Yu W，Lian F，Cui G，et al. N-doping effectively enhances the adsorption capacity of biochar for heavy metal ions from aqueous solution[J]. Chemosphere，2018，193：8-16.

[162] Yuan H，Zhao Y，Yang J，et al. N，S-co-doping of activated biochar from herb residue for enhanced electrocatalytic performance toward oxygen reduction reaction[J]. Journal of Analytical and Applied Pyrodysis，2022，166：1-13.

[163] Zhang H，Li L，Li Y，et al. N and S co-doped pine needle biochar activated peroxydisulfate for antibiotic degradation[J]. Journal of Cleaner Production，2022，379：1-10.

[164] Zhang L，Jiang Y，Wang L，et al. Hierarchical porous carbon nanofibers as binder-free electrode for high-performance supercapacitor[J]. Electrochimica Acta，2016，196：189-196.

[165] Zhang M，Sun R，Song G，et al. Enhanced removal of ammonium from water using sulfonated reed waste biochar-A lab-scale investigation[J]. Environmental Pollution，2022，292（Pt B）：1-9.

[166] Zhang S，Wang J. Removal of chlortetracycline from water by Bacillus cereus immobilized on Chinese medicine residues biochar[J]. Environmental Technology & Innovation，2021，24：1-12.

[167] Zhang X，Zhang Y，Ngo H H，et al. Characterization and sulfonamide antibiotics adsorption capacity of spent coffee grounds based biochar and hydrochar[J]. Science of the Total Environment，2020，716：1-10.

[168] Zhang Y，Liang S，He R，et al. Enhanced adsorption and degradation of antibiotics by doping corncob biochar/PMS with heteroatoms at different preparation temperatures：Mechanism，pathway，and relative contribution of reactive oxygen species[J]. Journal of Water Process Engineering，2022，46：1-15.

[169] Zhang Y，Xu M，He R，et al. Effect of pyrolysis temperature on the activated permonosulfate degradation of antibiotics in nitrogen and sulfur-doping biochar：Key role of environmentally persistent free radicals[J]. Chem，2022，294：1-10.

[170] Zheng C，Yang Z，Si M，et al. Application of biochars in the remediation of chromium contamination：

Fabrication, mechanisms, and interfering species[J]. Journal of Hazardous Materials, 2021, 407: 1-16.

[171] Zhou C, Zhou H, Yuan Y, et al. Coupling adsorption and in-situ Fenton-like oxidation by waste leather-derived materials in continuous flow mode towards sustainable removal of trace antibiotics[J]. Chemical Engineering Journal, 2021, 420: 1-10.

[172] Zhou K, Zhu Y, Yang X, et al. Preparation of graphene-TiO_2 composites with enhanced photocatalytic activity[J]. New Journal of Chemistry, 2011, 35: 353-359.

[173] Zhou S Y, Huang F Y, Zhou X Y, et al. Conurbation size drives antibiotic resistance along the river[J]. Science of the Total Environment, 2022: 1-7.

[174] Zhu Y, Ning Y, Li L, et al. Effective removal of hexavalent chromium from aqueous system by biochar-supported titanium dioxide TiO_2[J]. Environmental Chemistry, 2023, 19 (7): 432-445.

[175] Zuo X, Chen M, Fu D, et al. The formation of alpha-FeOOH onto hydrothermal biochar through H_2O_2 and its photocatalytic disinfection[J]. Chemical Engineering Journal, 2016, 294: 202-209.

第四篇

生物炭处理抗生素再生研究

在日常生物炭的使用过程中，再生处理是指通过特定的工艺和方法将使用过的生物炭中的被吸附物质（如有机污染物等）去除，使其恢复吸附能力的过程。再生的生物炭可以重复使用，不仅可以降低成本，还能减少废弃物的产生，最终实现减污和降碳。再生方法通常包括热再生、化学再生、氧化再生等。其中，热再生通过高温加热使吸附在活性炭上的有机污染物挥发或分解，耗能较高且会导致部分活性炭的损失和孔结构的改变。化学再生一般利用不同离子环境或酸碱环境去除污染物，可能会造成二次污染或再生不彻底，氧化再生利用高温高压条件，通过氧化作用，将吸附在活性炭上的污染物氧化分解，但是氧化作用一般依赖于能源和化学药剂的同时使用，运行成本较高。选择适当的再生方法需要综合考虑多种因素，包括污染物的性质、再生设备的成本、操作复杂性、环境影响等。通过科学合理的再生策略，可以延长活性炭的使用寿命，降低运营成本，减少环境污染。因此，本篇以传统再生方法为基础，进行新型再生方法的探索。

第十章　常规热再生方法研究

本研究采用将羽毛先炭化后用氢氧化钾活化的两步法制备活化羽毛炭（AFC）。研究发现，AFC 具有典型的多层石墨烯结构，比表面积较高，吸附能力强。独特的层状结构在热再生过程中能更好地保持吸附能力，因为层状结构的孔道较短，阻塞影响较小，在二次炭化作用过程中，被吸附物质炭化后材料表面的吸附质被有效去除，从而提升材料的再生比例。通过与市售活性炭的对比，研究了 AFC 的吸附动力学和吸附热力学，同时考虑了吸附剂投加量、pH、离子强度和共存离子的影响，证明了 AFC 在抗生素废水处理中的应用潜力。此外，基于传统热再生方法，进一步探讨了 AFC 的再生性能，验证了其材料的实用性。

第一节　羽毛炭制备及热再生方案

一、羽毛炭制备方法

首先，用一次水及表面活性剂将羽毛上残留的沙土及油脂洗净。冲洗后，挑选长度约 3 cm 的无硬梗羽毛，压实在 50 mL 烧杯中，并在 60℃下干燥 24 h。

炭化处理：取经过干燥处理的羽毛 10 g 直接放入管式炉，通入氩气进行保护，逐渐从室温升至 220℃（升温速率 10℃/min）并恒温 8 h，使羽毛充分发生交联反应。之后将温度提升到 450℃（升温速率 10℃/min）并恒温 1 h，反应结束。自然冷却后取出，使用玛瑙研钵研磨，便可得到生物羽毛炭（Feather Carbon，FC）材料。将 FC 用去离子水水洗 3 遍后，用布氏漏斗及真空泵抽滤，置于 60℃下干燥 24 h。

活化处理：将干燥后的 FC 研磨，取 3.0 g 均匀铺在石英舟内，称取 4.5 g 无水 KOH，同样放置在石英舟内，分别取 1 mL 无水乙醇（分散剂）及 9 mL 去离子水于石英舟中，用玻璃棒搅拌至 KOH 全部溶解，FC 呈黏糊状。将石英舟置于 110℃下干燥 24 h。取出干燥后的石英舟置于管式炉内，通入氩气进行保护，逐渐从室温升至 800℃（升温速率 10℃/min）并恒温 1 h，自然冷却至室温，取出石英舟。将石英舟内的固体用药匙取出放入 200 mL 烧杯中，加入 0.5 mol/L 的稀盐酸 100 mL 用布氏漏斗及真空泵抽滤，再直接在布氏漏斗中加入去离子水，继续用布氏漏斗及真空泵抽滤，用 pH 试纸检测最后一滴洗液的 pH，直至洗液呈中性，将呈中性的固体材料置于干燥箱中干燥。取出干燥后的固体材料，用玛瑙研钵进行研磨，过 200 目细筛，制得成品 AFC 材料。

二、热再生方案

以 1 g/L 的 AFC 投加量及浓度 100 mg/L 的 TC 初始模拟废水为实验样品，进行 AFC 的吸附再生研究。具体实验步骤如下：

首先，在 150 mL 锥形瓶中分别加入 50 mL TC 储备液及 0.05 g AFC 粉末，将恒温振荡器实验条件设定为 30℃，转速 200 r/min，吸附反应进行 60 min 后取出样品，用漏斗及 Waltman 中速定性滤纸进行过滤。将滤纸及滤纸上残留的 AFC 置于 60℃干燥箱干燥 24 h，回收所得的吸附后的 AFC，将吸附后的 AFC 在 400℃氩气环境下加热 30 min 进行再生，再生后的 AFC（RAFC）直接用于吸附循环实验。对 TC 残留物进行 3 次平行测试分析，通过过滤回收吸附剂，进行 4 次吸附-再生循环。

第二节　羽毛炭特征分析

一、元素分析

AFC 活化前后的元素分析结果见表 10.1。其中，AFC 中的 N 元素比其他常见生物质炭高。这主要是羽毛的蛋白质原始成分决定的。同时，氨基酸结构在 AFC 的吸附行为中起着重要的作用。另外，N 元素在 FC 和 AFC 之间也存在一定的差距，这是因为一些 N 元素在活化过程中即被氧化。

表 10.1　AFC 活化前后元素组成对比及同其他生物质炭文献对比

原材料	$T/℃$	C/%	H/%	O/%	N/%
云杉	300	69.67	4.30	25.52	0.51
桦树	300	68.09	3.83	27.49	0.59
秸秆	400	57.07	3.33	16.50	0.88
木质素磺酸盐	400	33.58	1.82	27.91	3.65
甘蔗渣	500	85.59	2.82	10.48	1.11
椰糠	500	84.44	2.88	11.67	1.02
木杆	500	89.31	2.57	7.34	0.78
木皮	500	84.84	3.13	10.20	1.83
棉秸秆	600	43.60	5.80	49.80	0.80
葡萄藤	500	73.77	3.45	21.99	0.79
向日葵壳	500	72.10	3.69	22.82	1.39
活化前	450	66.06	3.38	16.41	14.15
活化后 AFC	750	84.77	1.10	9.85	4.28

二、比表面积分析

典型的吸附/脱附等温线分析能够反映材料的孔形状、尺寸及孔容。AFC 的 N_2 的吸附/脱附等温线见图 10.1（a），其形状和迟滞环可以反映孔的特征。根据 IUPAC 的分类，AFC 的等温线分析结果与混合类型 Ⅱ 和 Ⅳ（a）等温线类似。这意味着 AFC 同时含有大孔、介孔及微孔结构。AFC 的转折点 $P/P_0=0.2$，表明此时单层吸附结束，多层吸附开始，紧接着发生孔凝聚现象（多发生在孔宽为 4 nm 时）。另外，当 $P/P_0>1$ 时，曲线有继续增加的趋势，表明吸附未完成（当大孔存在时出现）。在介孔或微孔材料中发现存在 H4 型迟滞环。这个结论与 BJH（Barret，Joyner and Halenda）孔径分布曲线相一致[图 10.1（b）]。最后，通过 BET 方程和 t-plot 方法计算得出 FC 和 AFC 的比表面积，AFC 的比表面积较大，为 1 838.86 m^2/g，而 FC 的比表面积只有 0.043 m^2/g。此外，AFC 的比表面积远大于其他类似的吸附剂（表 10.2）。

（a）AFC 的吸脱附曲线

（b）AFC 的孔径分布

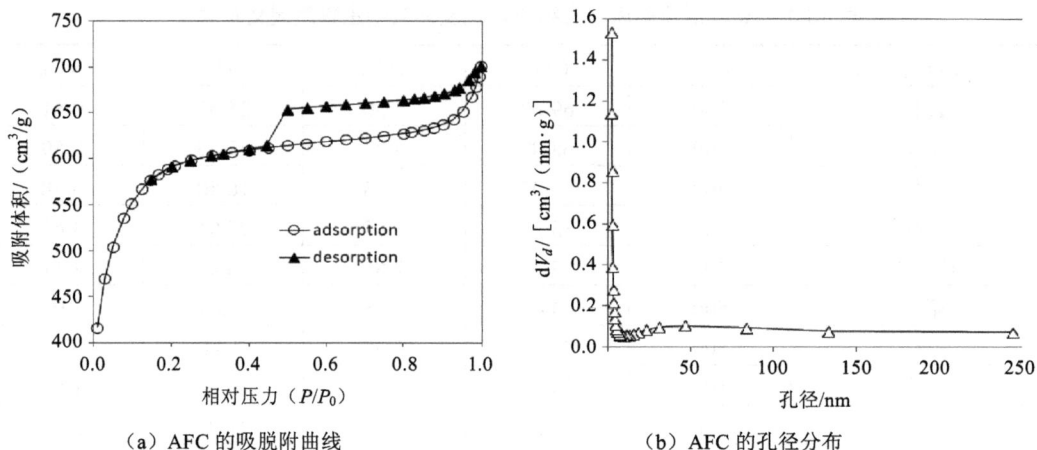

图 10.1   比表面积分析

表 10.2   AFC 的比表面积及同其他类似材料的对比

吸附剂	原材料	活化剂	比表面积/（m²/g）
AFC	羽毛	KOH	1 838.86
Biochar	藤木	KOH	13.40
AC	轮胎	KOH	814.00
AC	煤焦	N_2	776.46
Biochar	坚果壳	NaOH	1 524.00
Biochar	软木粉废料	KOH	>1 300.00

三、SEM、TEM 分析

AFC 的 SEM 图、TEM 图见图 10.2。从图 10.2（a）和图 10.2（b）中可以明显看出 AFC 的多层氧化石墨烯结构。在 AFC 的表面可以看到大量的微孔，这与比表面积的研究结果一致。AFC 拥有特殊的多层氧化石墨烯结构，TEM 图进一步证明，这一特殊结构 ［图 10.2（c）］。

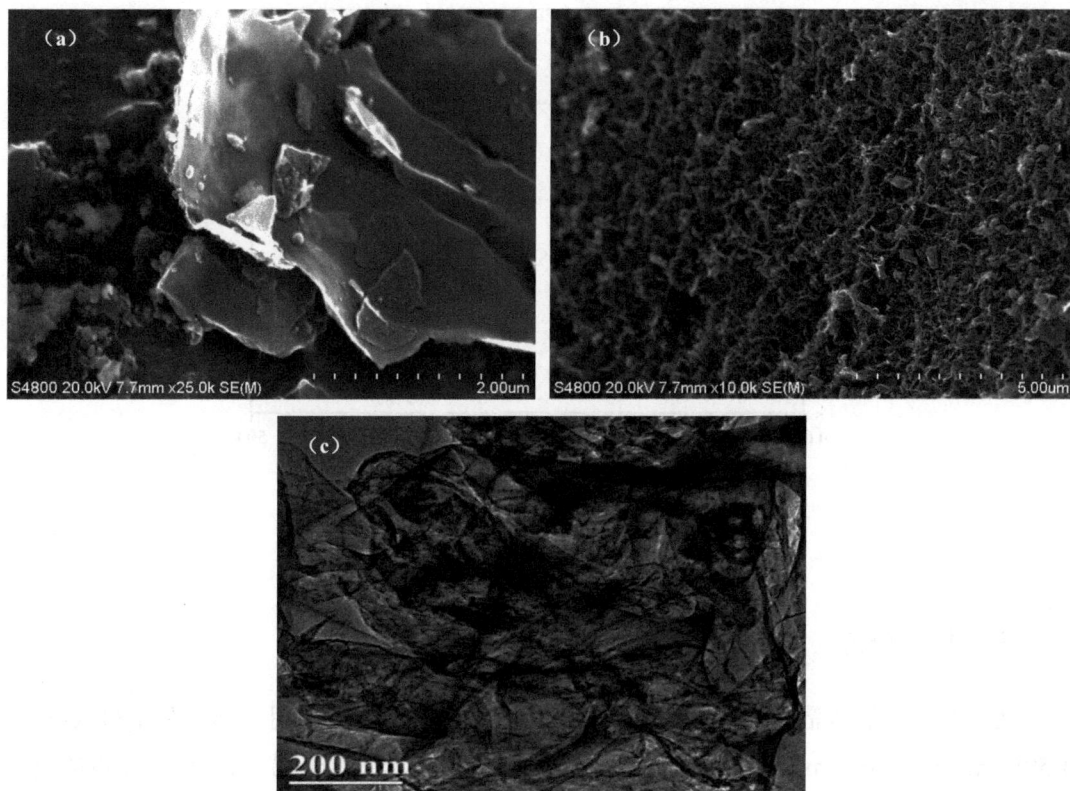

图 10.2　AFC 的 SEM 图 ［（a）、（b）］、TEM 图（c）

四、FTIR 分析

为了进一步表征吸附前后过程，测试了傅里叶变换红外光谱。如图 10.3 所示，2 920 cm^{-1} 和 3 430 cm^{-1} 处的宽峰是—OH 和—COOH 的拉伸振动。1 385 cm^{-1} 处的尖峰是 C—O 键。1 130 cm^{-1} 和 1 600 cm^{-1} 处的明显峰值是 C—N 键和 C=O 键。550 cm^{-1} 和 850 cm^{-1} 处存在的弱峰是 C—H 和 N—H 的拉伸振动。

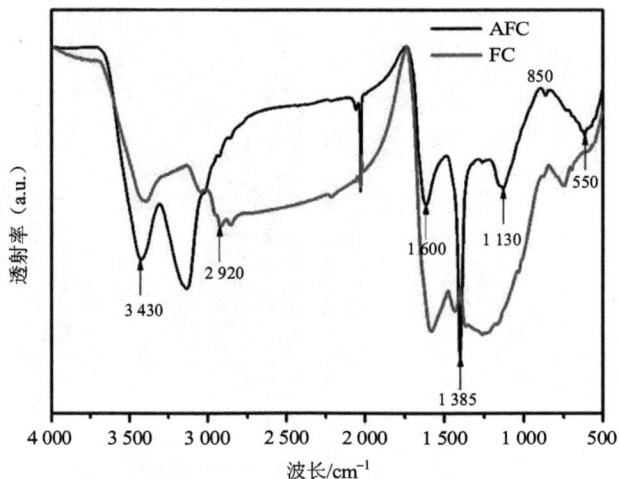

图 10.3　AFC 和 FC 的 FTIR 图像

五、拉曼分析

为了分析炭的结晶质量，对 AFC 的拉曼图谱进行了研究，见图 10.4。在 $1\,340\ cm^{-1}$、$1\,595\ cm^{-1}$ 和 $2\,800\ cm^{-1}$ 周围分别存在明显的 D 带、G 带和 2D 带。D 带和 G 带的出现通常证明碳原子分别以 sp^3 和 sp^2 的形式存在。D 带的强度表明 AFC 存在缺陷和结构混乱。弱而宽的 2D 带符合多层氧化石墨烯结构。

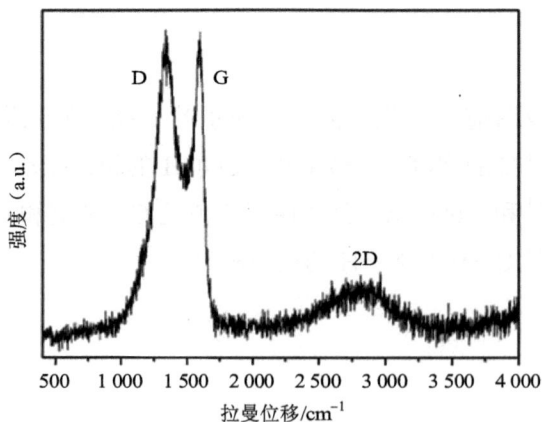

图 10.4　AFC 的拉曼图谱

六、XPS 分析

通过 XPS 分析了 AFC 的表面结构。C、N 和 O 元素分析分布见图 10.5，具体峰值为 C 1s（285 eV）、N 1s（400 eV）和 O 1s（533 eV）。AFC 的 XPS 图中 N 1 s 有两个明显峰，分别是吡啶（398.2 eV）和吡咯（400.2 eV）含氮官能团。C 1s 的谱图分布在 284.7 eV、286.7 eV、288.8 eV 和 291.0 eV 处，见图 10.5（c）。峰值分别为 sp2、C—O、COO 和 C—N 结构。

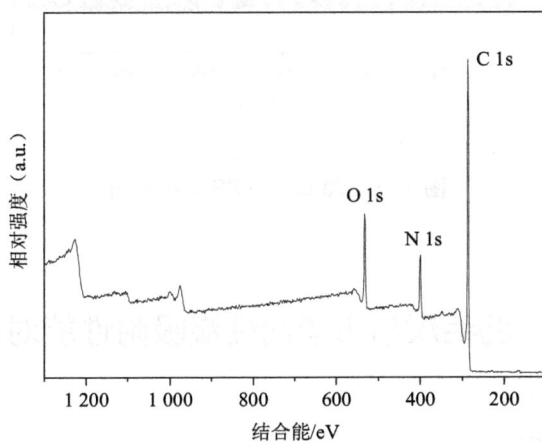

（a）

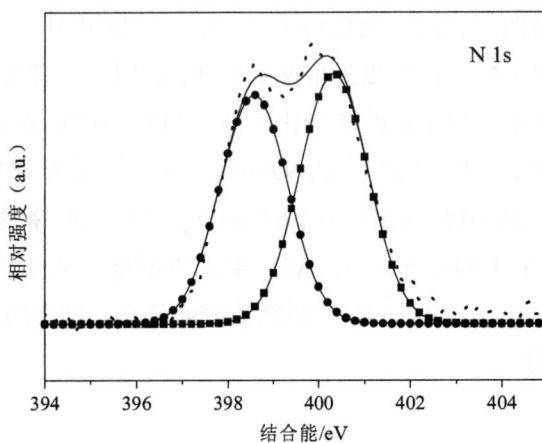

（b）

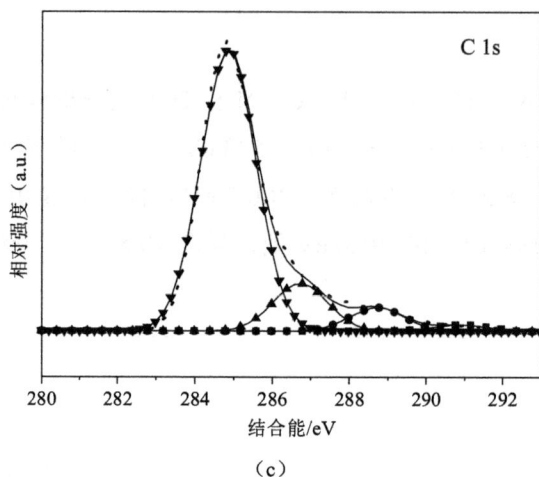

（c）

图 10.5　AFC 的 XPS 分析图谱

第三节　羽毛炭与市售活性炭吸附性能对比分析

一、吸附能力分析

通过投加量实验对四环素的去除趋势进行分析，结果见图 10.6。起初随着 AFC 投加量的增加，去除率快速增长，当投加量增加到 1 g/L 时，去除率曲线趋于平缓。当继续增加投加量时，四环素与吸附剂的质量比降低。AFC 对四环素的去除率高于 AC。当投加量为 1 g/L 时，四环素的去除率高达 99.65%。当投加量为 0.2 g/L 时，AFC 和 AC 的吸附量最大，分别为 283.08 mg/g 和 167.67 mg/g。AFC 去除率高于 AC 表明其有更大的有用比表面积（AFC：1 838.86 m²/g，AC：412.50 m²/g）、更均匀的孔径分布（AFC：2.00～2.88 nm，AC：1.99～47.44 nm）和活跃的表面位点。综上所述，AFC 相较于 AC，AFC 有更高的吸附能力。

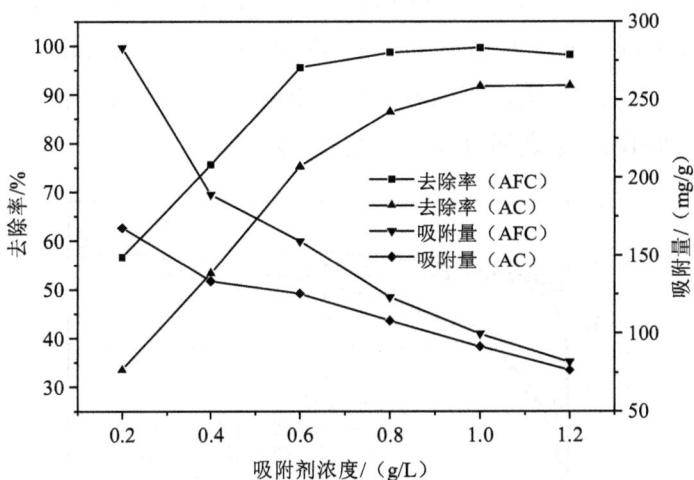

图 10.6　投加量对四环素在 AFC 和 AC 上吸附的影响

二、吸附动力学

为更好地理解吸附过程，本研究进行了动力学分析。相关模型及参数见第二章。本节使用了伪一级模型、伪二级模型和 Elovich 模型。有必要找出不同浓度下（50 mg/L、100 mg/L 和 150 mg/L）四环素吸附趋势受接触时间影响的情况。最初，AFC 对四环素的吸附量比 AC 增长快，在 30 s 内基本达到最大吸附平衡，如图 10.7 所示。当四环素初始浓度为 50 mg/L 时，吸附速率最快。

动力学参数见表 10.3。相关系数 R^2 作为一个关键参数，便于比较。这些模型的相关系数顺序为 Elovich 模型＞伪二级模型＞伪一级模型＞0.98，其他吸附剂多数小于0.96。因此，本吸附过程可以用 Elovich 模型拟合，同时证明了 AFC 对四环素的吸附是化学吸附过程。同样的结果在其他生物活性炭材料的前期研究中已有证实。

Elovich 模型是一个经验方法，常用于高能异构吸附剂。它建立在吸附剂和吸附质之间相互作用时活化能变化显著的假设基础上。较大的 α 值从 32.89 g/（mg·min^2）到 $2.95×10^{32}$ g/（mg·min^2）的变化见表 10.3，表明四环素初始吸附速率高。相反地，与 α 值相比，较小数值的 β 从 0.62 g/（mg·min^2）到 14.68 g/（mg·min），表明四环素在每个状态下的解吸速率低。同样的规律在不同四环素浓度下 AC 上也体现出来了，α

值分别为 2.95×10^{32} g/（mg·min^2）、2.06×10^4 g/（mg·min^2）和 7.04×10^4 g/（mg·min^2），β 值分别为 0.62 g/（mg·min）、6.35 g/（mg·min）和 7.23 g/（mg·min）。研究表明，AFC 比 AC 有较大的吸附能力。同时，随着四环素浓度的升高，α 值逐渐变小，β 值逐渐变大，这说明吸附剂和四环素之间有较多的无效吸附作用。

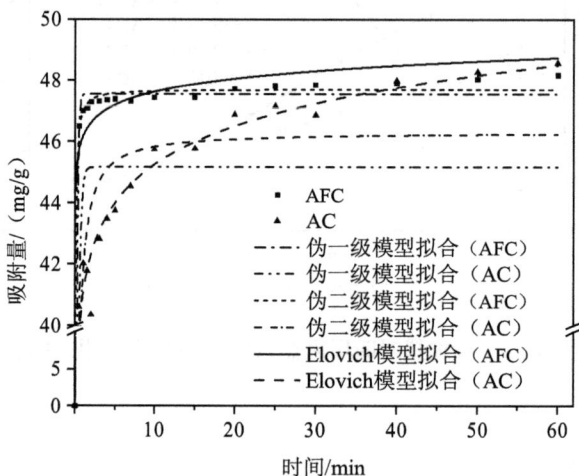

（a）50 mg/L

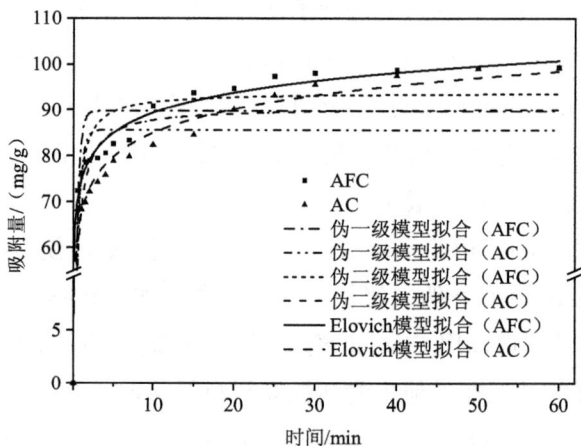

（b）100 mg/L

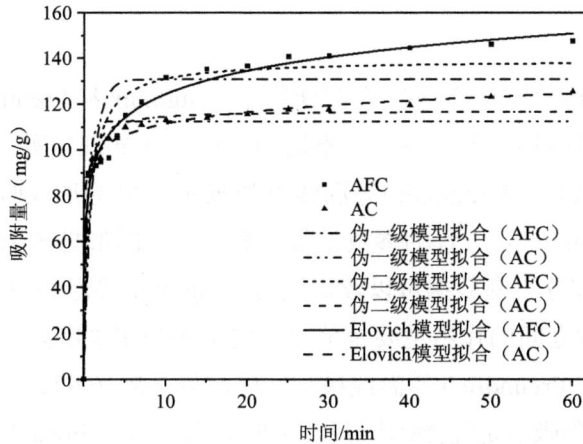

(c) 150 mg/L

图 10.7　AFC 和 AC 吸附 TC 的动力学曲线

表 10.3　TC 在 AFC 和 AC 上吸附的动力学参数

动力学模型	参数	TC 在 AFC 上吸附浓度/ (mg/L)			TC 在 AC 上吸附浓度/ (mg/L)		
		50	100	150	50	100	150
伪一级模型	$Q_{e,\exp}$ / (mg/g)	48.77	99.52	148.92	48.83	99.26	142.29
	$Q_{e,\text{cal}}$ / (mg/g)	47.54	89.73	130.83	45.16	85.63	112.57
	k_1 /min^{-1}	7.58	2.64	1.02	4.27	2.17	2.45
	R^2	0.99	0.88	0.77	0.95	0.81	0.91
伪二级模型	$Q_{e,\exp}$ / (mg/g)	48.77	99.52	148.92	48.83	99.26	142.30
	$Q_{e,\text{cal}}$ / (mg/g)	47.72	93.91	139.30	46.33	90.59	117.31
	k_2 / [g/ (mg·min)]	1.38	0.04	0.011	0.20	0.034	0.036
	R^2	0.99	0.94	0.90	0.98	0.90	0.97
Elovich 模型	α/ [g/ (mg·min^2)]	2.95×10^{32}	2.06×10^4	7.04×10^4	3.85×10^9	1.12×10^3	32.89
	β/ [g/ (mg·min)]	0.62	6.35	7.23	1.81	7.49	14.68
	R^2	0.99	0.99	0.98	0.99	0.99	0.99

三、吸附平衡

本研究进行了吸附等温线研究。同时使用了 Langmuir 和 Freundlich 两种典型的吸附等温线模型来阐述四环素的吸附。当不均匀表面存在非理想吸附时，Freundlich 等温线模型表示多层吸附，Langmuir 等温线模型表示当单层形成时均匀表面的理想吸附。Freundlich 和 Langmuir 方程的参数常数见表 10.4，图形见图 10.8。当温度从 30℃ 到 50℃ 变化时，大部分平衡数据可以较好地用 Langmuir 等温线模型表示。结果说明，四环素和两种吸附剂之间的作用主要是单层吸附而不是多层吸附。然而，AFC 在 30℃ 时对四环素的吸附与 Freundlich 等温线模型匹配较好（R^2=0.97）。这可能是因为温度较低时，AFC 对四环素的吸附是混合吸附过程。同时，图 10.8 中 Freundlich 等温线模型 n 的所有值均小于 1，这说明 AFC 的整个吸附过程是化学吸附。另外，Q_m 数据递减的情况说明，四环素和吸附剂之间的亲密关系随着温度的升高而降低。同时，如表 10.4 所示，AFC 高达 388.33 mg/g 的 Q_m 值表明 AFC 的吸附能力接近 AC 的 2 倍。

表 10.4　Freundlich 和 Langmuir 等温线吸附参数

吸附剂	T/℃	Langmuir 参数			Freundlich 参数		
		K_L /（L/mg）	Q_m /（mg/g）	R^2	K_F /（mg/g）	n	R^2
AFC	30	0.027	388.33	0.94	79.04	0.25	0.97
	40	0.096	258.76	0.99	76.19	0.20	0.89
	50	0.090	231.14	0.99	65.97	0.21	0.90
AC	30	0.070	228.60	0.99	56.23	0.23	0.90
	40	0.051	191.75	0.99	44.88	0.23	0.88
	50	0.038	171.06	0.97	35.40	0.25	0.88

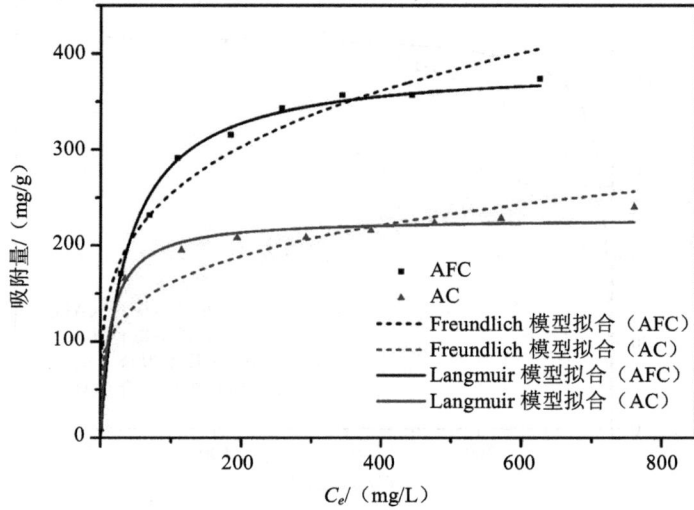

（a）30℃

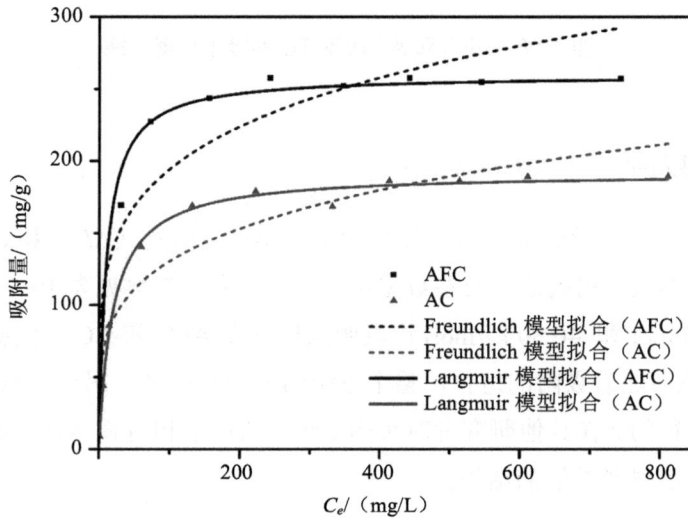

（b）40℃

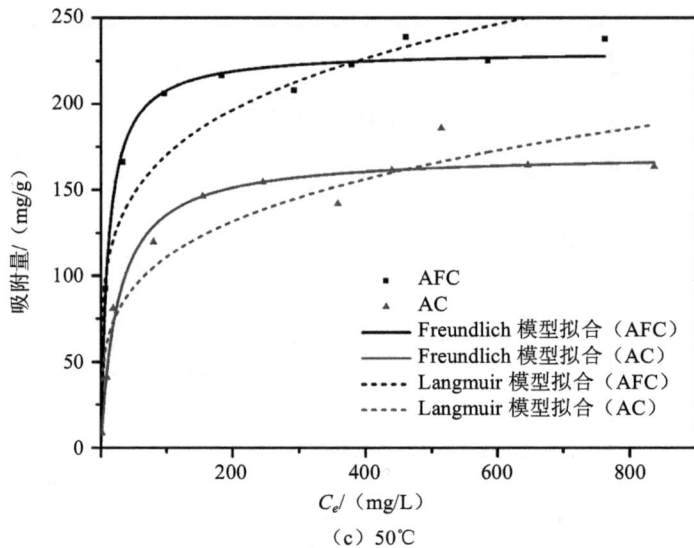

（c）50℃

图 10.8　AFC 和 AC 吸附 TC 的吸附平衡曲线

四、吸附热力学

本研究进行了热力学分析。吉布斯自由能（ΔG）、焓变（ΔH）和熵变（ΔS）是非常典型的热力学参数。相关模型及参数见第二章。热力学参数见表 10.5。ΔH 均为负值，分别为 -27.09 kJ/mol 和 -40.50 kJ/mol，这表明四环素在 AFC 和 AC 上的吸附均为放热反应。ΔS 为负值表明随着吸附的进行，整个系统的熵是减少的。另外，ΔG 为负值表示吸附过程是自发进行的。在其他研究者对头孢氨苄、四环素和青霉素在生物炭或活性炭上吸附的研究中得出很多类似的结果。

表 10.5　TC 吸附的热力学参数

吸附剂	T/K	$\ln k$	ΔG / (kJ/mol)	ΔH / (kJ/mol)	ΔS / [kJ/ (mol·K)]
AFC	303	5.03	-12.68	-27.09	-47.84
	313	4.58	-11.92		
	323	4.37	-11.74		

吸附剂	T/K	$\ln k$	ΔG / (kJ/mol)	ΔH / (kJ/mol)	ΔS / [kJ/ (mol·K)]
	303	3.32	−8.37		
AC	313	2.76	−7.19	−40.50	−106.16
	323	2.33	−6.25		

五、pH 影响和表面电荷

大量研究表明，pH 影响吸附行为。因此，本研究做了不同 pH（3~11）下 AFC 和 AC 对四环素的吸附实验，结果见图 10.9。四环素是两性物质，表面存在不同的可电离集团 [图 10.9（a）]。四环素分子在不同的 pH 环境下发生变化。四环素以 H_2L 表示，其主要存在形态分别是当 pH<3.4 时为 H_3L^+，当 3.4<pH<7.6 时为 H_2L，当 7.6<pH<9.0 时为 HL^-，当 pH>9.0 时为 L^{2-}。可以看出，吸附剂的表面化学在吸附过程中起着重要作用。从图 10.9（b）可以很容易发现吸附随 pH 的变化规律——吸附能力随着 pH 的增加而减少。当 pH>9 时，可以观察到较快变化的折线。对于 AC 来说，当 pH 为 11 时，去除率降至 55% 以下。通常，pH 影响四环素和吸附剂之间的相互作用。这些结果揭示了吸附剂表面一些活跃的羧基位点处于被动状态或者在碱溶液中受阻，这种现象在化学吸附中比较常见。从本实验中可以发现，AFC 对 pH 的容忍度大于 AC。

如图 10.9（c）所示，测试了不同 pH 下 AFC 和 AC 的 Zeta 电位。一般来讲，AFC 的表面电荷是负值，且通常大于 AC。因此，当 pH<4 时，四环素和吸附剂之间的静电作用随着 pH 的降低而增加，吸附剂的吸附能力同时增加。相应地，当 pH>8 时，吸附剂的吸附能力降低。这主要是四环素分子和吸附剂之间不利的静电条件所致，如图 10.9（d）所示。同时，也研究了腐殖酸对四环素去除的影响，四环素与腐殖酸之间存在竞争吸附，这是四环素和腐殖酸混合的缘故，结果见图 10.10。

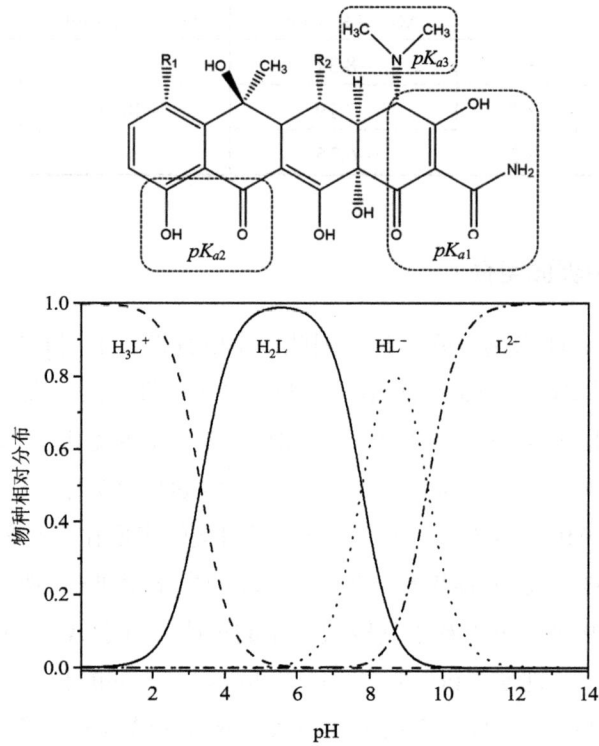

（a）不同 pH 下的 TC 化学结构

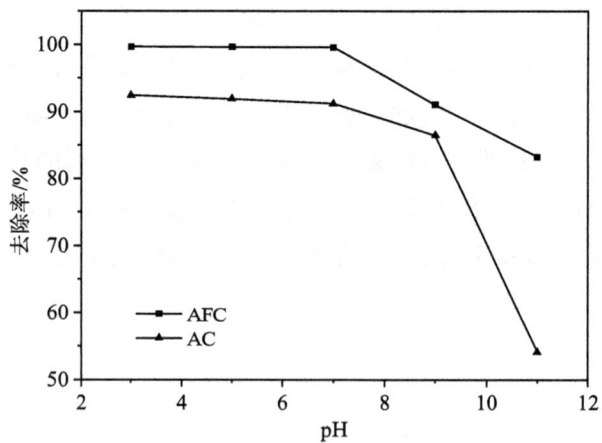

（b）pH 对 TC 在 AFC 和 AC 上吸附的影响

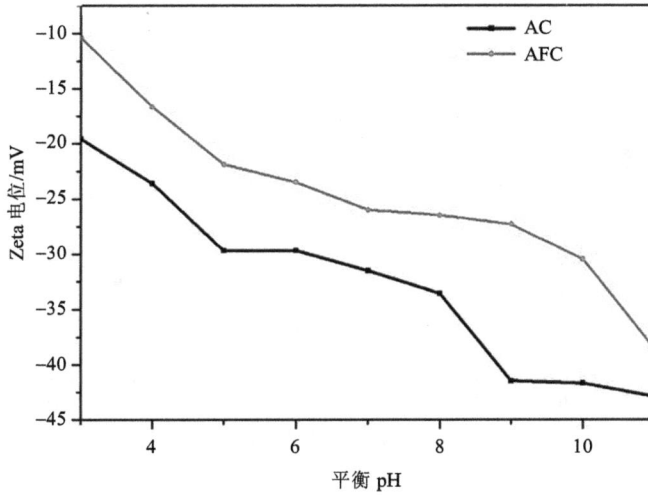

（c）AFC 和 AC 的 Zeta 电位

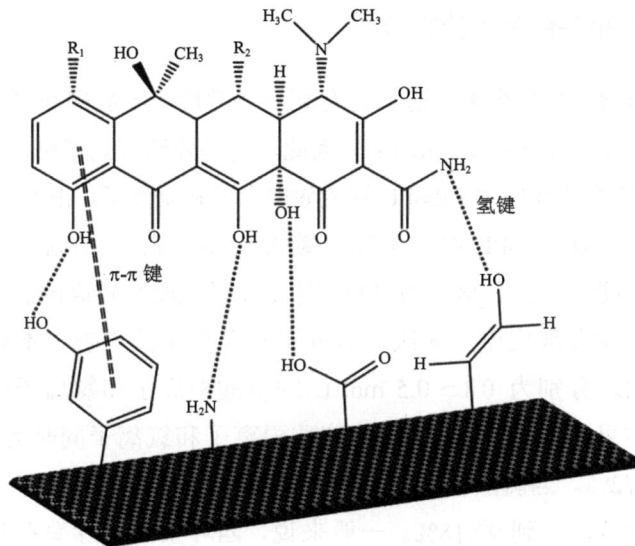

（d）TC 和 AFC 之间的相互作用

图 10.9　不同 pH 下 AFC 和 AC 对四环素的吸附实验结果

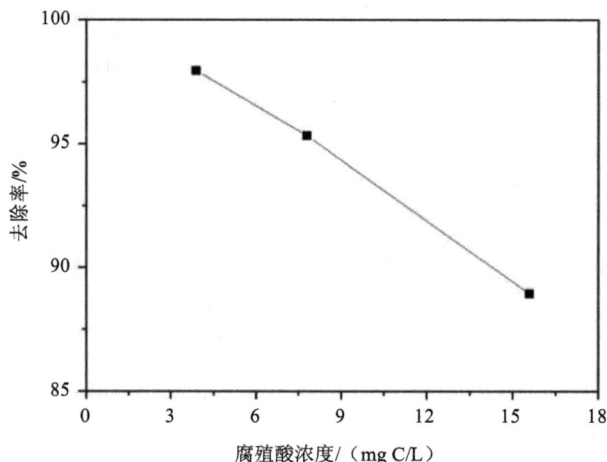

图 10.10　不同 HA 浓度背景下 TC 的去除率

六、离子强度和共存离子的影响

受发酵技术影响，制药废水中通常含有高离子强度。硫酸根和氯离子是比较容易检测到的离子，通常浓度为 0.1～0.5 mol/L。因此，有必要研究离子强度对吸附的影响。首先，单独使用不同浓度从 0.1～0.5 mol/L 的硫酸根离子和氯离子。相关数据见图 10.11（a）。两种离子均在浓度为 0.1 mol/L 时吸附能力最强，达到峰值。在硫酸根存在下，很容易观察到 AC 的吸附能力下降。这表明 AFC 对高离子强度有较高的容忍性。然而，氯离子对吸附的影响很难发现规律。其次，研究了共存离子的影响。不同种类不同浓度的离子混合交叉使用，分别为 0.1～0.5 mol/L 的硫酸根离子和氯离子混合交叉加入来做共存离子实验。结果见图 10.11（b）。当硫酸根离子和氯离子同时为 0.1 mol/L 时，去除率最高，达 99.72%。当硫酸根离子浓度为 0.5 mol/L、氯离子浓度为 0 mol/L 时，去除率最低，但依然可以达到 99.18%。一般来说，四环素的去除率在共存离子存在时比单离子存在时高，这可能是 AFC 的特殊结构所致。毋庸置疑，AFC 较适合不稳定的水质。

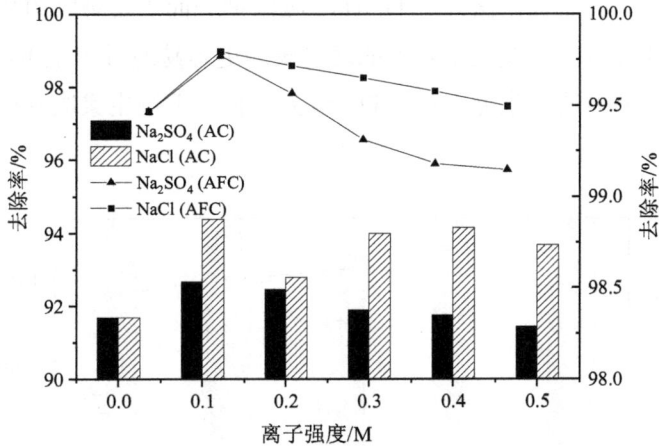

（a）单离子强度对 TC 在 AFC 和 AC 上吸附的影响

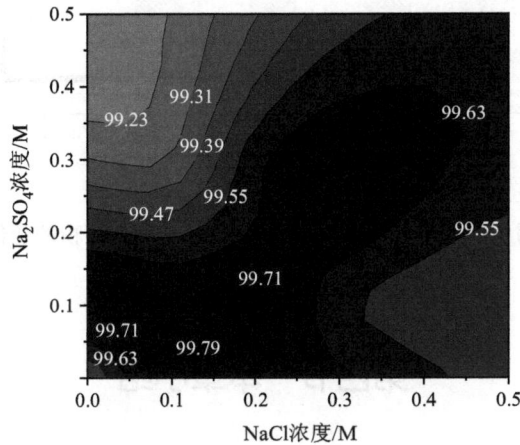

（b）共存离子对 TC 在 AFC 上吸附的影响

图 10.11　离子强度对吸附的影响

七、热再生研究分析

如图 10.12 所示，经过 4 次再生-吸附循环实验后，再生的 AFC（RAFC）对四环素的去除率从 99.65% 降到 96.61%。相应地，其比表面积由 1 838.86 m²/g 降至 1 527.31 m²/g。结果表明，RAFC 依然有较高的比表面积和吸附能力。这可能是 AFC 特殊的多层氧化石墨烯结构所致。一般而言，微片状的 AFC 吸附剂表面更难被吸附质堵塞，微片层状吸附剂表面的活性吸附位点及化学吸附的功能集团更容易通过再生再次暴露在表面，重新发挥吸附作用。突出的再生能力使 AFC 成为一种用于抗生素废水处理的有前景的炭吸附材料。

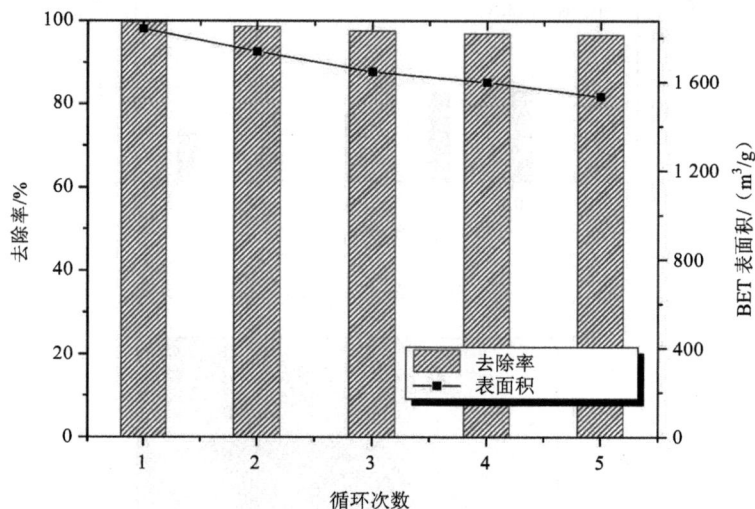

图 10.12　吸附循环过程中去除率和比表面积的变化

第四节　本章小结

本研究通过两步法制备了特殊的 AFC 吸附剂。通过与市售活性炭进行比较研究了 AFC 的特征分析及吸附行为。得出以下结果：与传统的市售活性炭相比，使用 AFC 吸附四环素时，只需要 30 s 就可以达到吸附平衡，去除率高达 99.65%，而传统活性炭需要时间长，效率低。

同时，通过对羽毛的微观空间排列结构进行梳理，分析了特殊多层石墨烯结构的产生机理。AFC 作为一种新型吸附剂，为四环素的吸附提供了功能位点。通过不同的光谱技术在 AFC 表面发现了丰富的化学基团。这种方法使得在四环素分子和 AFC 表面很容易形成氢键。另外，动力学、吸附平衡和热力学研究表明，四环素在 AFC 表面的吸附主要是化学单层吸附。pH 和离子强度研究结果表明，AFC 稳定性良好。在再生实验中，经过 4 次再生后去除率依然可达 96.61%。AFC 体现出了很好的再生能力，比表面积再生率高达 83%。总之，AFC 是一种可回收、可再生、可再利用的动物源生物质材料，在废水处理中的潜力巨大。这些结果对动物废弃物制得的吸附剂在抗生素废水处理领域的应用具有重要意义。

第十一章　新型光自再生方法探索

　　前期研究开发的 AFC 具有一定的亲水性和吸附能力。更为优秀的是具有多层类氧化石墨烯的结构。与传统的氧化石墨烯相比，其具有显著的成本优势与二次开发优势。但传统热再生需要消耗大量的能量。通过交联过程在 AFC 体系中引入钛前驱体（钛酸四丁酯），在足够的温度和压力下，羽毛中的 β 角蛋白结构层可以通过水解过程暴露出足够多的活性位点（如羟基、羧基、氨基等），从而实现可见光催化活性。因此，本研究进一步将吸附与光催化相结合，探讨了对抗生素废水的协同处理效果，并通过光催化实现了生物炭材料的再生。

第一节　光自再生羽毛炭制备方法及再生方案

一、光自再生羽毛炭制备方法

　　通过三步自组装方法制备 PFB：第一阶段，先将 4 g（±0.1 g）CFs 剪碎到 1 英寸（2.54 cm）长度，同时，将 0.01 g KOH 溶入 50 mL 无水乙醇中，取 10 mL 该溶液加入装有破碎的 CFs 的反应釜中。其后，加入 4 mL 钛酸四丁酯放到反应釜中。将反应釜密封并放置在真空干燥箱中。在温度以 10℃/min 的速率升至 220℃，并保持 8 h 的自交联过程之后，将类似泥状的交联材料转移到石英舟中。第二阶段，炭化过程。所有的石英舟在氮气下（0.5 L/min）加热到 450℃保持 1 h，然后降至室温。用玛瑙研钵磨碎并用稀盐酸、去离子水和无水乙醇交替清洗。利用布氏漏斗和定性滤纸将灰黑色粉末（TINC）从溶液中分离并干燥。第三阶段，将灰黑色粉末与滤纸分离并重新放入石英舟。这些石英舟在水蒸气下加热到 750℃，水蒸气是由一个简单的蒸汽发生装置产生的（图 11.1）。当温度降低后将石英舟取出，获得 PFB 并磨成粉末。所有的炭化和活化过程都在管式炉中完成。

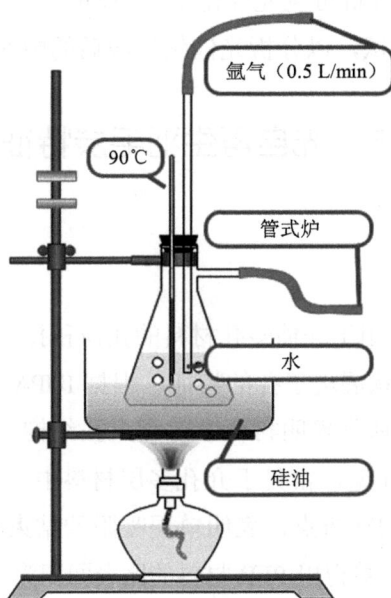

图 11.1　水蒸气发生装置

二、光自再生方案

通过催化降解 AMOX 实验来评价 PFB 的光再生循环能力。AMOX 的初始浓度为 20 mg/L，使用氙灯（500 W）作为光催化实验中的可见光光源，并用 400 nm 的滤光片过滤紫外光。预实验证明，投加量为 0.5 g/L 时反应效率最高。在 6 个石英管（尺寸 Φ12 mm×140 mm）中分别加入 0.02 g PFB 和 40 mL 模拟废水，然后将所有石英管统一放置在氙灯周围。通过循环冷却水来保持系统温度为 25℃。使用磁力搅拌器来保持反应液混合均匀。

降解实验通过两组进行。在第一组实验中，在 1 h、2 h、3 h、5 h、10 h、15 h 和 20 h 分别取 1 mL 反应液，用 0.22 μm 针筒式过滤器（PES）过滤。AMOX 浓度随着光照时间的变化通过 HPLC 定量测量。所有的 PFBs 通过离心分离（900 r/min）再收集并进行干燥（110℃干燥 12 h）。在同样的实验条件下重复 4 次。在第二组实验中，实验条件与第一组一致，除了反应总时间为 10 h，还分别在 0.5 h、1 h、1.5 h、2 h、3 h、5 h 和 10 h 进行取样并过滤测试。为了评价可见光催化处理 AMOX 的矿化机理，第一组中第二次循环 10 h 的滤液通过 MS 测试，以分析光催化反应后的中间产物。

第二节　光自再生羽毛炭特征分析

一、BET 分析

N_2 吸附/解吸等温线分析用于评估多孔材料的孔径和孔容。PFB 的 N_2 吸附/解吸等温线分析结果见图 11.2，其形状展现了孔的特征。根据 IUPAC 的分类，PFB 的主要吸附/解吸类型属于 II 型等温线，通常表明材料中含有大孔结构。进一步分析，PFB 吸附/解吸等温线上的迟滞环属于 H3 型，常见于介孔多层材料中。另外，PFB 曲线在多层吸附的开始（P/P_0=0.1）有明显的转折点，表明单层吸附的结束和多层吸附的开始。并且，我们通过 BET 和 t-plot 方法计算得出 PFB 材料的比表面积为 261.24 m^2/g，明显高于 TINC 的 64.10 m^2/g。比表面积分析的结果表明，PFB 不仅具有较大的比表面积，而且呈现出多层结构，这对光散射和吸附行为有促进作用。

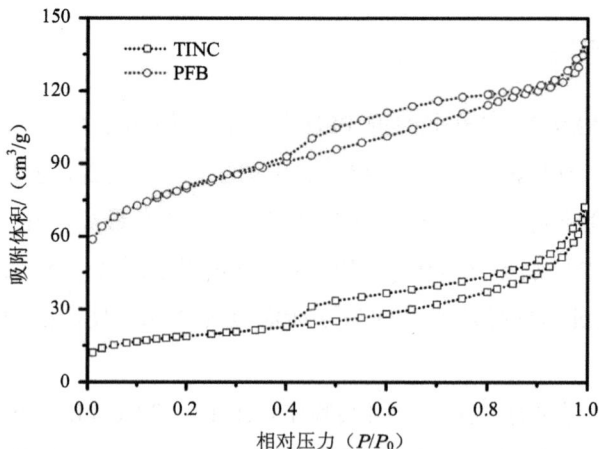

图 11.2　PFB 和 TINC 的 N_2 吸附/解吸等温线

二、XRD 分析

PFB 的 XRD 分析结果见图 11.3。可以观察到 10°和 26°衍射角周围弱而宽的衍射峰是由石墨层平面（0 0 2）引起的。PFB 曲线上存在一些明显的锐钛矿 TiO_2 衍射特征峰标准卡片为（JCPDs. No. 21-1272），较 TINC 材料更加尖锐、明显。XRD 图谱测试结果表明 PFB 表面存在分散的 TiO_2 纳米颗粒。

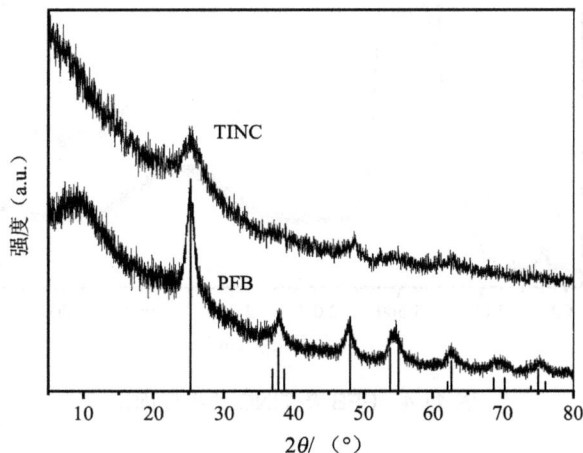

图 11.3　PFB 的 XRD 图谱

根据实验过程，PFB 和 TINC 制作过程中的钛前驱体投加量相同。然而，XRD 图中可以看出明显的不同。一方面，表明 PFB 和 TINC 中碳的结晶质量存在明显差异；另一方面，说明两者基底的厚度不同，因此炭基底在不同材料中的干扰信号强弱不一。

三、拉曼分析

为了进一步对 PFB 的炭基底结构情况进行深度分析，我们对材料进行了拉曼散射光谱分析，见图 11.4。为了更好地说明材料的结构变化，我们将 TINC 的拉曼图谱引入并做出对比说明。总体来说，PFB 和 TINC 的拉曼谱图中均存在 D 带、G 带和 2D 带，分别出现在 $1\,340\ cm^{-1}$、$1\,595\ cm^{-1}$ 和 $2\,800\ cm^{-1}$ 周围。D 带和 G 带信号通常代表 sp^3 和 sp^2 形式的碳。相对 TINC，PFB 中存在明显的 D 带强峰（PFB 和 TINC 的 I_D/I_G 分别为 1.15 和 0.85），这表明 PFB 中存在更明显的缺陷及混乱结构。另外，弱而宽的 2D 带展示了 PFB 中存在多层类氧化石墨烯结构。综上所述，PFB 中存在薄的碳层结构，其信号与氧化石墨烯材料类似。这个结论与 XRD 和拉曼测试结果一致。

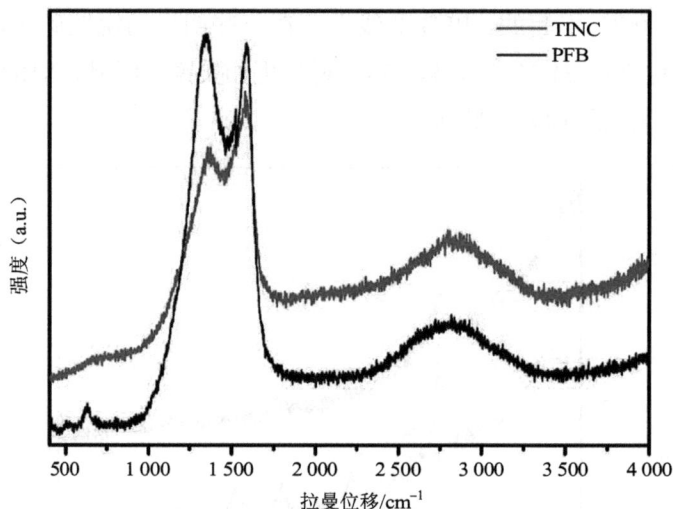

图 11.4　PFB 及 TINC 的拉曼图谱

四、TEM 分析

　　为了对比说明活化过程对材料结构的影响，我们在图 11.5 中分别展示了 TINC 和 PFB 的 TEM 结构。在 TINC 与 PFB 的 TEM 图中可以清楚地观察到多层类氧化石墨烯（MGO）结构。同时，PFB 的片层结构明显比 TINC 更薄 [图 11.5（a）、（c）]。在图 11.5（b）和图 11.5（d）中分别展示了 TINC 与 PFB 的 HR-TEM 图像，我们可以发现，直径为 5～10 nm 的 Ti 纳米颗粒均匀地分布在多层类氧化石墨烯的炭层表面。在这两种合成材料的 HR-TEM 图像中，可以观察到 TiO_2 颗粒晶面晶格宽度分别为 0.35 nm 和 0.19 nm，分别属于锐钛矿晶体面层（１０１）和锐钛矿晶体面层（２００）[图 11.5（b）、（d）]。另外，图 11.5（c）中的阴影较图 11.5（a）的更为清晰，这进一步表明 PFB 材料中的多层类氧化石墨烯结构更薄。因此，水蒸气活化过程对获得较薄的多层类氧化石墨烯的碳层结构有重要作用，这种结构更类似 TiO_2-GO 材料。

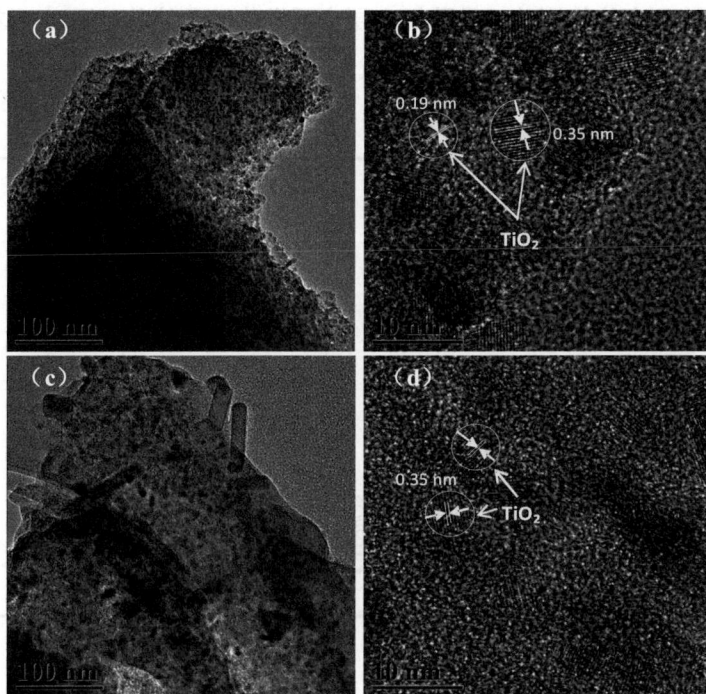

图 11.5　TINC [（a）、（b）] 和 PFB [（c）、（d）] 的 TEM、HR-TEM 图

五、XPS 分析

XPS 被用来探索 PFB 中 Ti、C、N 和 O 的状态，整体扫描结果见图 11.6（a）。图中可以清晰看出在 283.8 eV、399.2 eV、457.8 eV 和 531.3 eV 处较强的特征峰分别对应 C 1s、N 1s、Ti $2p_{3/2}$ 和 O 1s 轨道的结合能。Ti 2p 分谱经过分峰、拟合后分别在 457.8 eV 和 463.6 eV 有明显的 Ti $2p_{3/2}$ 和 Ti $2p_{1/2}$ 的特征峰 [图 11.6（b）]。这表明 PFB 表面有丰富的 Ti^{4+} 粒子。529.2 eV、531.3 eV 和 532.7 eV 周围的 O 1s 峰分别为 TINC 和 PFB 中 Ti—O 键、—OH 键和 Ti—O—C 键形成的特征峰，见图 11.6（c）。水蒸气活化后，O 1s 分谱图中 531.4 eV 处的羟基特征峰降低，529.2 eV 处的 Ti—O 特征峰升高，并且可以清楚地看到 PFB 表面 Ti—O 功能结构的百分比高于原始的 TINC，这表明在 PFB 的孔结构表面成功负载了 TiO_2 纳米颗粒，而且经过水蒸气活化后，有更多的 TiO_2 纳米颗粒暴露在了材料表面。同时，对应 Ti—O、—OH 的分峰上我们发现了轻微的峰谱位移。这可能是受到

了 Ti—O/—OH 比例变化的影响，导致氧表层电子发生部分偏移。同时，这种电子偏移也有助于形成光电子通道，将通道延伸至负载钛原子的氧化类石墨烯表面，也有助于可见光响应。

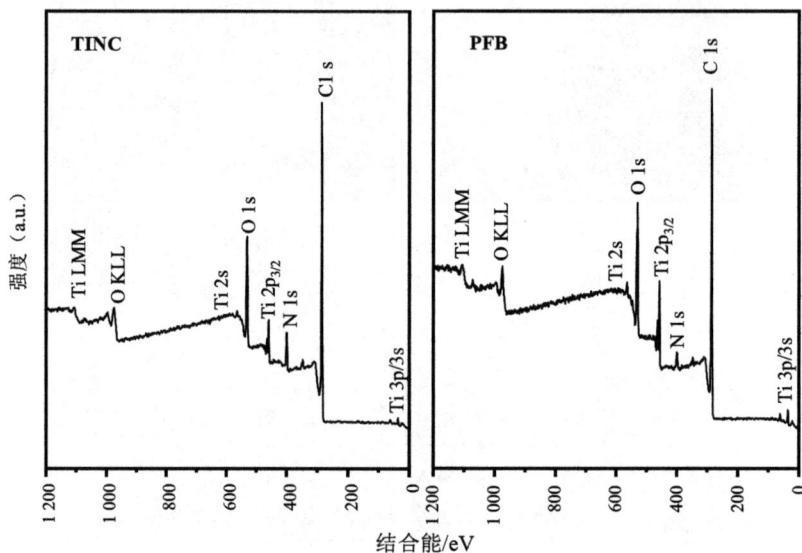

（a）TINC/PFB 的 XPS 全扫描图

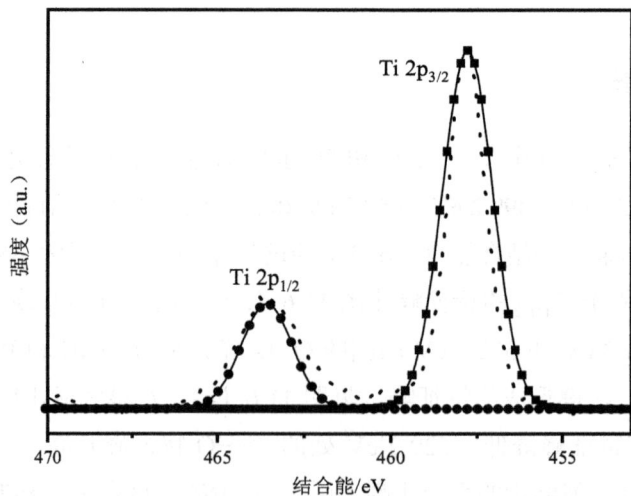

（b）PFB 的 Ti 2p 分谱图

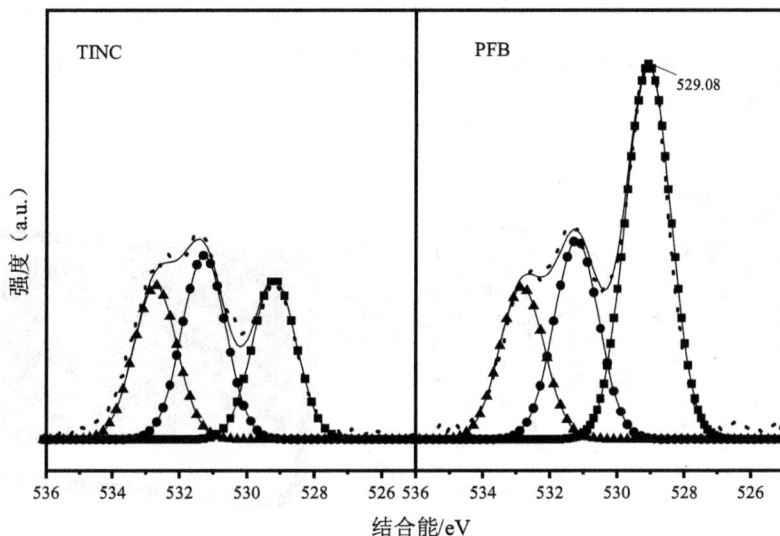

（c）TINC 的 O 1s 分谱对比图

图 11.6　XPS 分析结果

第三节　光自再生羽毛炭的形成机理

总体来说，传统的生物炭取材于植物材料，受原材料中维管束或细胞结构的影响，常形成类似蜂窝状的空间网状结构。羽毛是由微片层状结构的蛋白质及多肽分子组成的，含有丰富的折叠角蛋白分子（称为 β 角蛋白）。因此，经过炭化活化的羽毛生物炭可以表现出独特的多层类氧化石墨烯结构。受角蛋白中原始的含氧官能团影响，TINC 和 PFB 的碳结构中存在缺陷，前面的拉曼分析已证明这一点。因此，活化羽毛生物炭的化学性能类似于多层氧化石墨烯。

事实上，PFB 的产生过程受钛前驱体特殊结构影响。作为交联剂，它容易与高温高压（水热过程）下的 β 角蛋白中的氨基、羧基和羟基官能团交联。在这方面，Ti—O 和 Ti—O—C 的电子转移通道是氧化石墨烯结构的自组装。炭化和活化方法有利于打断 Ti 前驱体和碳之间的弱键。然而，仍有许多 TiO_2 纳米颗粒包裹在微片层状结构中，见图 11.7。水蒸气活化不仅有助于制造纳米片层结构和暴露 TiO_2 纳米颗粒，同样有利于增强材料的介孔结构。随后，很多 Ti^{4+} 出现在 PFB 表面，其吸附能力明显增强。这样，PFB 中有类似 TiO$_2$-GO 的结构，但由于其孔结构不同，合成材料也不同。PFB 拥有潜在的光再生循环能力。

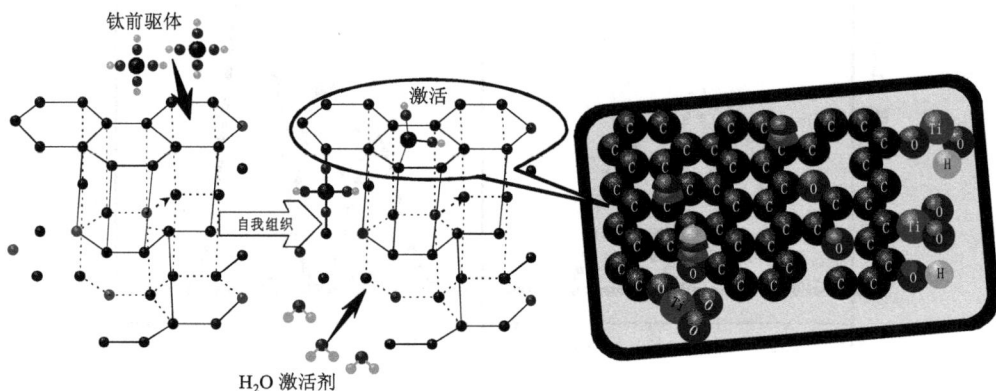

图 11.7　PFB 的形成机理

第四节　光自再生羽毛炭对阿莫西林的矿化路径分析

通常，当含杂原子的有机污染物在光催化作用下氧化时，会产生芳香族、短链脂肪族羧酸和无机物副产物。因此，使用 MS 分析了 AMOX 的中间产物。基于有机污染物鉴别系统，分析了 PFB 对 AMOX 的氧化路径，见图 11.8。在主要氧化路径中，肽键或苯环附近的氨基断裂。形成了乙酰胺（m/z=60）、（4-羟苯级-苯基）-氧-乙酸（m/z=166）和双环苯胺酸（m/z=261，Ⅰ）等副产物。产物（Ⅰ）材料通过若干步骤进一步氧化来打开短链结构，乙酰胺在这个过程中也被分解。

随后，氧化过程主要通过羟基化和脱氢作用等持续进行。首先得到一种二元羧酸（m/z=246，Ⅱ）和其同分异构体，氧化后形成 2-甲基-3-亚硝基-2-磺酸基-丁二酸（m/z=241，Ⅲ）和丙二酸（m/z=105）等副产物。随着不同的羧化过程进行，各种各样的中间产物乙酸（m/z=61）、二羟基-乙酸（m/z=93）和丁烯二酸（m/z=116）进一步通过羟基化、脱羧反应和脱氢作用形成。在后续的氧化过程中形成了 NH$_4^+$、NO$_3^-$、SO$_4^{2-}$、CO$_2$ 和 H$_2$O。同样观测到了 AMOX 的羟基化副产物（m/z=199，Ⅳ）。

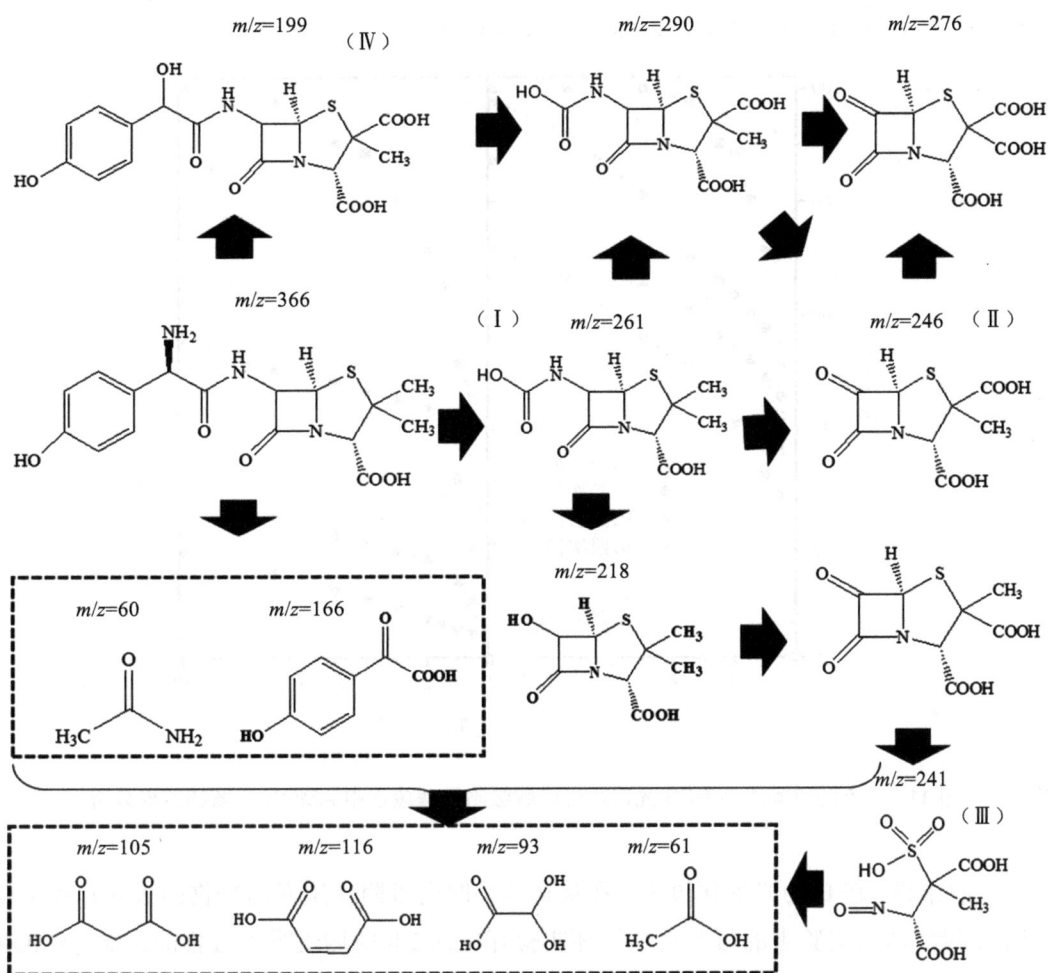

图 11.8　可见光催化下阿莫西林在 PFB 上的矿化路径分析

第五节　光自再生羽毛炭光再生性能分析

为了证明可见光催化下活化合成材料的循环能力，利用模拟抗生素废水（浓度为 20 mg/L 的 AMOX 溶液）测试 PFB 在可见光下的光再生能力。每次再生后的 PFB 材料重复进行 20 h 的吸附及光催化反应，最终使用 HPLC 测试溶液中的 AMOX 残留浓度测试每次再生-降解过程的 AMOX 去除率，见图 11.9。

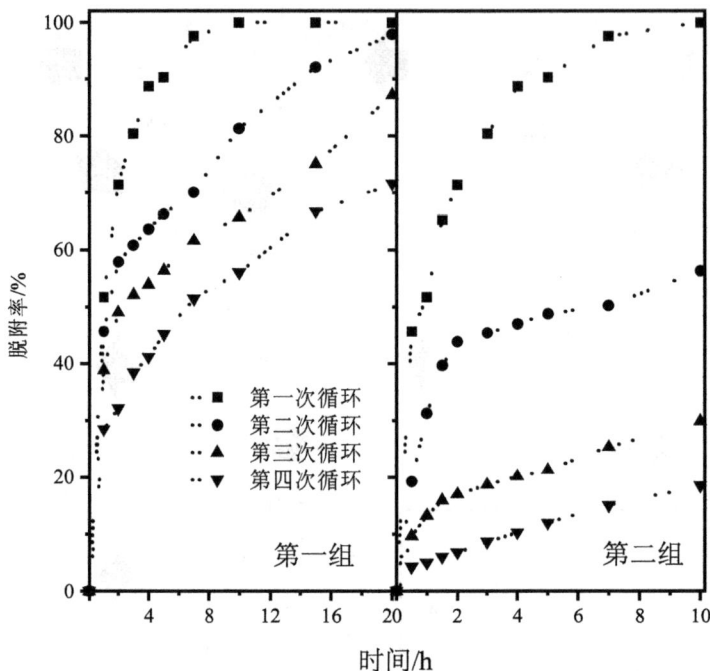

图 11.9　不同时间段下 PFB 光自再生降解吸附处理废水中 AMOX 残留物效果分析

一般来说，PFB 的光催化过程，在最初几小时内吸附作用对污染物的去除起到主要作用，因此，两组实验中的每个再生循环实验开始的 2 h 内均受吸附过程的影响，AMOX浓度快速下降。吸附能力在再生循环过程中有所下降，20 h 光再生实验组中，前 2 h 吸附作用下 AMOX 的去除率在第二次、第三次、第四次的再生循环中分别为 57.90%、49.01% 和 32.11%，其中第一次实验中的 AMOX 去除率最高，为 71.50%。在可见光照射下，PFB 的吸附能力重新分别达到初始吸附能力的 80.98%、68.55% 和 44.91%。相比之下，20 h 光再生实验组的吸附再生效率高于 10 h 光再生实验组。第二组实验中，第二次、第三次、第四次再生循环的 AMOX 吸附去除率分别为 43.79%、17.02% 和 6.78%，明显低于第一组实验。这表明延长可见光照射时间对吸附能力恢复有利并与光催化反应机理一致。

　　由于吸附和光催化的协同作用，第一组实验的第一次循环中 AMOX 的去除率高达 99.97%。然而，随着循环次数的增加，去除率不断下降（从第一次循环的 99.97%降到第四次循环的 71.65%）。第二组实验中出现了同样的现象（从 99.96%降到 23.51%）。这是因为在吸附结束后，AMOX 在持续的可见光照射下主要通过光催化过程降解。因此 PFB 材料吸附与光催化的协同效应同时受吸附和光催化过程的影响。然而，吸附再生效率很难再增强，原因是部分吸附位点所吸附的污染物并不影响光催化功能位点，无法通过光催化过程实现原吸附位点功能的再生。另外，PFB 的吸附位点也要同时被 AMOX 的副产物占据，数量减少。

第六节　本章小结

　　以废弃羽毛为原材料，通过简单的自交联技术制得 PFB。展现出特殊的光催化自再生能力，在本研究中通过处理模拟 AMOX 废水对其自再生能力进行了探索和分析，研究得出以下结果。

　　PFB 中特殊的带孔纳米片层状炭模板上装饰有尺寸为 10 nm 左右的 TiO_2 纳米颗粒。PFB 有较大的比表面积和片层孔结构，并通过吸附和光催化协同作用克服了传统 TiO_2-AB 或 TiO_2-GO 的许多缺点。一方面，具有多孔结构 PFB（比表面积为 261.24 m^2/g）成功克服了传统光催化剂对抗生素残留的去除速度较慢的缺点。几乎 90%的 AMOX 在 4 h 内得以去除。另一方面，PFB 的微片层状多层类氧化石墨烯结构通过 XRD、拉曼和 TEM 技术进行了表征，这种独特结构有助于形成更高效的光自再生能力。通过可见光自再生实验的证明，PFB 的吸附能力可恢复至 80.98%，第三次循环后，仍有高达 50% 的 AMOX 被处理，最终去除率约 84%。PFB 将吸附和可见光催化功能有机结合，形成了协同处理效应，是非常具有潜力的吸附-可见光催化材料，另外，材料成本可以有效降低光催化设施的运行维护成本，同时，本自组装方法具有绿色、便宜、方便，并且易于工业化等优点。

参考文献

[1] 高磊. 鸡毛等废弃物处理与炭基功能材料制备研究[D]. 合肥：中国科学技术大学，2014.

[2] 林娜. 膨胀珍珠岩的改性及应急处置溢油污染技术研究[D]. 哈尔滨：哈尔滨工业大学，2013.

[3] 乔雪. 羽毛角蛋白提取及其与纤维素复合材料的制备与性能研究[D]. 无锡：江南大学，2017.

[4] 邵琰. 含酚废水在结构化固定床上的吸附动力学[D]. 广州：华南理工大学，2013.

[5] Acosta R，Fierro V，Martinez A，et al. Tetracycline adsorption onto activated carbons produced by KOH activation of tyre pyrolysis char[J]. Chemosphere，2016，149：168-176.

[6] An C，Huang G. Stepwise Adsorption of phenanthrene at the fly ash-water interface as affected by solution chemistry：Experimental and modeling studies[J]. Environmental Science & Technology，2012，46：12742-12750.

[7] Andersson K I，Me A M. Removal of lignin from waste water generated by mechanical pulping using activated charcoal and fly ash：Adsorption isotherms and thermodynamics[J]. Environmental Chemistry Letters，2011，50：7722-7732.

[8] Bach Q V，Chen W H，Chu Y S，et al. Predictions of biochar yield and elemental composition during torrefaction of forest residues[J]. Bioresource Technology，2016，215：239-246.

[9] Bañuelos J A，Rodríguez F J，Manríquez R J，et al. Novel electro-fenton approach for regeneration of activated carbon[J]. Environmental Science & Technology，2013，47：7927-7933.

[10] Bode-Aluko C A，Pereao O，Ndayambaje G，et al. Adsorption of toxic metals on modified polyacrylonitrile nanofibres：A review[J]. Water，Air，& Soil Pollution，2017，228：35.

[11] Cai J，Bennici S，Shen J，et al. Study of phenol and nicotine adsorption on nitrogen-modified mesoporous carbons[J]. Water，Air，& Soil Pollution，2016，225：2088.

[12] Cardoso B，Mestre A S，Carvalho A P. Activated carbon derived from cork powder waste by KOH activation：Preparation，characterization，and VOCs adsorption[J]. Journal of Industrial and Engineering Chemistry，2008，47：5841-5846.

[13] Chang Q，Li K K，Hu S L，et al. Hydroxyapatite supported N-doped carbon quantum dots for visible-light photocatalysis[J]. Materials Letters，2016，175：44-47.

[14] Chen C，Cai W，Long M，et al. Synthesis of visible-light responsive graphene oxide/TiO$_2$ composites with p/n heterojunction[J]. ACS Nano，2010，4：6425-6432.

[15] Chen J，Zou G，Hou H，et al. Pinecone-like hierarchical anatase TiO$_2$ bonded with carbon enabling

ultrahigh cycling rates for sodium storage[J]. Journal of Materials Chemistry A, 2016, 4: 12591-12601.

[16] Chen S Q, Chen Y L, Jiang H. Slow Pyrolysis Magnetization of hydrochar for effective and highly stable removal of tetracycline from aqueous Solution[J]. Journal of Industrial and Engineering Chemistry, 2017, 56: 3059-3066.

[17] Chen X, Huang G, An C, et al. Emerging N-nitrosamines and N-nitramines from amine-based post-combustion CO_2 capture--A review[J]. Chemical Engineering Journal, 2018, 335: 921-935.

[18] Colantoni A, Evic N, Lord R, et al. Characterization of biochars produced from pyrolysis of pelletized agricultural residues[J]. Renewable & Sustainable Energy Reviews, 2016, 64: 187-194.

[19] Fan H T, Shi L Q, Shen H, et al. Equilibrium, isotherm, kinetic and thermodynamic studies for removal of tetracycline antibiotics by adsorption onto hazelnut shell derived activated carbons from aqueous media[J]. RSC Advancesance, 2016, 6: 109983-109991.

[20] Fouda A N, Shazly E l, Duraia M. Self-assembled graphene oxide on a photo-catalytic active transparent conducting oxide[J]. Materials & Design, 2016, 90: 284-290.

[21] Fu X, Yang H, Sun H, et al. The multiple roles of ethylenediamine modification at TiO_2/activated carbon in determining adsorption and visible-light-driven photoreduction of aqueous Cr(Ⅵ)[J]. Journal of Alloys and Compounds, 2016, 662: 165-172.

[22] Ganiyu S O, Oturan N, Raffy S, et al. Sub-stoichiometric titanium oxide (Ti_4O_7) as a suitable ceramic anode for electrooxidation of organic pollutants: A case study of kinetics, mineralization and toxicity assessment of amoxicillin[J]. Water Research, 2016, 106: 171-182.

[23] Gao Y, Li Y, Zhang L, et al. Adsorption and removal of tetracycline antibiotics from aqueous solution by graphene oxide[J]. Journal of Colloid and Interface Science, 2012, 368: 540-546.

[24] Giraldoa L, Moreno-Piraján J C. Exploring the use of rachis of chicken feathers for hydrogen storage[J]. Journal of Analytical and Applied Pyrolysis, 2013, 104: 243-248.

[25] Jansson I, Suárez S, Garcia-Garcia F J, et al. Zeolite-TiO_2 hybrid composites for pollutant degradation in gas phase[J]. Applied Catalysis B: Environmental, 2015, 178: 100-107.

[26] Jo W K, Kumar S, Isaacs M A, et al. Cobalt promoted TiO_2/GO for the photocatalytic degradation of oxytetracycline and congo red[J]. Applied Catalysis B: Environmental, 2017, 201: 159-168.

[27] Kanakaraju D, Kockler J, Motti C A, et al. Titanium dioxide/zeolite integrated photocatalytic adsorbents for the degradation of amoxicillin[J]. Applied Catalysis B: Environmental, 2015, 166-167: 45-55.

[28] Kang J, Liu H J, Zheng Y M, et al. Systematic study of synergistic and antagonistic effects on adsorption of tetracycline and copper onto a chitosan[J]. Journal of Colloid and Interface Science, 2010, 344: 117-125.

[29] Klauson D，Babkina J，Stepanova K，et al. Aqueous photocatalytic oxidation of amoxicillin[J]. Catalysis Today，2010，151：39-45.

[30] Kluska J，Kardaś D，Heda Ł，et al. Thermal and chemical effects of turkey feathers pyrolysis[J]. Waste Management，2016，49：411.

[31] Lai Q，Luo X P，Zhu S F. Titania nanotube-graphene oxide hybrids with excellent photocatalytic activities[J]. New Carbon Materials，2016，31：121-128.

[32] Lee Y，Park J，Ryu C，et al. Comparison of biochar properties from biomass residues produced by slow pyrolysis at 500℃[J]. Bioresource Technology，2013，148：196-201.

[33] Li G，Wang S，Wu Q，et al. Mechanism identification of temperature influence on mercury adsorption capacity of different halides modified bio-chars[J]. Chemical Engineering Journal，2017，315：251-261.

[34] Li H Q，Huang G H，An C J，et al. Kinetic and equilibrium studies on the adsorption of calcium lignosulfonate from aqueous solution by coal fly ash[J]. Chemical Engineering Journal，2013，200-202：275-282.

[35] Li H Q，Huang G H，An C J，et al. Removal of tannin from aqueous solution by adsorption onto treated fly ash：Kinetic，equilibrium and thermodynamic studies[J]. Industrial & Engineering Chemistry Research，2013，52：15923-15931.

[36] Li H，Hu J，Cao Y，et al. Development and assessment of a functional activated fore-modified bio-hydrochar for amoxicillin removal[J]. Bioresource Technology，2017，246：168-175.

[37] Li H，Hu J，Meng Y，et al. An investigation into the rapid removal of tetracycline using multilayered graphene-phase biochar derived from waste chicken feather[J]. Science of The Total Environment，2017，603-604：39-48.

[38] Li H，Hu J，Wang C，et al. Removal of amoxicillin in aqueous solution by a novel chicken feather carbon：Kinetic and equilibrium studies[J]. Water，Air，& Soil Pollution，2017，228：201-213.

[39] Li M，Lu B，Ke Q F，et al. Synergetic effect between adsorption and photodegradation on nanostructured TiO$_2$/activated carbon fiber felt porous composites for toluene removal[J]. Journal of Hazardous Materials，2017，333：88-98.

[40] Linley S，Liu Y，Ptacek C J，et al. Recyclable graphene oxide-supported titanium dioxide photocatalysts with tunable properties[J]. ACS Applied Materials & Interfaces，2014，6：4658-4668.

[41] Makrigianni V，Giannakas A，Daikopoulos C，et al. Preparation，characterization and photocatalytic performance of pyrolytic-tire-char/TiO$_2$ composites，toward phenol oxidation in aqueous solutions[J]. Applied Catalysis B：Environmental，2015，174-175：244-252.

[42] Maneerung T，Liew J，Dai Y，et al. Activated carbon derived from carbon residue from biomass

gasification and its application for dye adsorption: Kinetics, isotherms and thermodynamic studies[J]. Bioresource Technology, 2016, 200: 350-359.

[43] Martins A C, Pezoti O, Cazetta A L, et al. Removal of tetracycline by NaOH-activated carbon produced from macadamia nut shells: Kinetic and equilibrium studies[J]. Chemical Engineering Journal, 2015, 260: 291-299.

[44] Ming H, Huang H, Pan K, et al. C/TiO$_2$ nanohybrids co-doped by N and their enhanced photocatalytic ability[J]. Journal of Solid State Chemistry, 2012, 192: 305-311.

[45] Mittal A, Thakur V, Gajbe V. Evaluation of adsorption characteristics of an anionic azo dye Brilliant Yellow onto hen feathers in aqueous solutions[J]. Environmental Science and Pollution Research, 2012, 19: 2438-2447.

[46] Natarajan T S, Lee J Y, Bajaj H C, et al. Synthesis of multiwall carbon nanotubes/TiO$_2$ nanotube composites with enhanced photocatalytic decomposition efficiency[J]. Journal of Catalysis, 2017, 282: 13-23.

[47] Peng L, Ren Y, Gu J, et al. Iron improving bio-char derived from microalgae on removal of tetracycline from aqueous system[J]. Environmental Science and Pollution Research, 2014, 21: 7631-7640.

[48] Pezoti O, Cazett A L, Bedin K C, et al. NaOH-activated carbon of high surface area produced from guava seeds as a high-fficiency adsorbent for amoxicillin removal: Kinetic, isotherm and thermodynamic studies[J]. Chemical Engineering Journal, 2016, 288: 778-788.

[49] Pirkarami A, Olya M E, Farshid S R. UV/Ni-TiO$_2$ nanocatalyst for electrochemical removal of dyes considering operating costs[J]. Water Resources and Industry, 2014, 5: 9-20.

[50] Pouretedal H R, Sadegh N. Effective removal of amoxicillin cephalexin, tetracycline and penicillin G from aqueous solutions using activated carbon nanoparticles prepared from vine wood[J]. Journal of Water Process Engineering, 2014, 1: 64-73.

[51] Putra E K, Pranowo R, Sunarso J, et al. Performance of activated carbon and bentonite for adsorption of amoxicillin from wastewater: Mechanism, isotherms and kinetics[J]. Water Research, 2009, 43: 2419-2430.

[52] Qu J, Zhang Q, Xia Y S, et al. Synthesis of carbon nanospheres using fallen willow leaves and adsorption of Rhodamine B and heavy metals by them[J]. Environmental Science and Pollution Research, 2015, 22: 1408-1419.

[53] Rojas R, Vanderlinden E, Morillo J. Characterization of sorption processes for the development of low-cost pesticide decontamination techniques[J]. Science of the Total Environment, 2014, 488-489: 124-135.

[54] Sampaio M J, Marques R R N, Tavares P B, et al. Tailoring the properties of immobilized titanium

dioxide/carbon nanotube composites for photocatalytic water treatment[J]. Journal of Environmental Chemical Engineering, 2013, 1: 945-953.

[55] Sampaio M J, Silva C G, Silva A M T, et al. Carbon-based TiO$_2$ materials for the degradation of Microcystin-LA[J]. Applied Catalysis B: Environmental, 2015, 170-171: 74-82.

[56] Saygılı Ha, Güzel F. Effective removal of tetracycline from aqueous solution using activated carbon prepared from tomato (*Lycopersicon esculentum* Mill.) industrial processing waste[J]. Ecotoxicology and Environmental Safety, 2016, 131: 22-29.

[57] Şeyma A, Fati D, Çiğdem O. Influence of humidity on kinetics of xylene adsorption onto ball-type hexanuclear metallophthalocyanine thin film[J]. Microelectronic Engineering, 2015, 134: 7-13.

[58] Shao Y, Cao C, Chen S, et al. Investigation of nitrogen doped and carbon species decorated TiO$_2$ with enhanced visible light photocatalytic activity by using chitosan[J]. Applied Catalysis B: Environmental, 2015, 179: 344-351.

[59] Shen J, Huang G, An C, et al. Removal of tetrabromobisphenol a by adsorption on pinecone-derived activated charcoals: Synchrotron FTIR, kinetics and surface functionality analyses[J]. Bioresource Technology, 2018, 247: 812-820.

[60] Shi X Q, Leong K Y, Ng H Y. Anaerobic treatment of pharmaceutical wastewater: A critical review[J]. Bioresource Technology, 2017, 245: 1238-1244.

[61] Smith M, Louis S, Juan E, et al. Improving the deconvolution and interpretation of XPS spectra from chars by ab initio calculations[J]. Carbon, 2016, 110: 155-171.

[62] Stromer B S, Woodbury B, Williams C F. Tylosin sorption to diatomaceous earth described by Langmuir isotherm and Freundlich isotherm models[J]. Chemosphere, 2018, 193: 912-920.

[63] Su J, Zhu L, Chen G. Ultrasmall graphitic carbon nitride quantum dots decorated self-organized TiO$_2$ nanotube arrays with highly efficient photoelectrochemical activity[J]. Applied Catalysis B: Environmental, 2016, 186: 127-135.

[64] Sun J, Pan L, Tsang D C W, et al. Organic contamination and remediation in the agricultural soils of China: A critical review[J]. Science of the Total Environment, 2017, 615: 724.

[65] Sun Z, Chang H. Graphene and graphene-like two-dimensional materials in photodetection: Mechanisms and methodology[J]. ACS Nano, 2014, 8: 4133-4156.

[66] Thommes M, Kaneko K, Neimark A V, et al. Physisorption of gases, with special reference to the evaluation of surface area and pore size distribution (IUPAC Technical Report) [J]. Pure and Applied Chemistry, 2015, 87: 1051-1069.

[67] Tripathi M, Sahu J N, Ganesan P. Effect of process parameters on production of biochar from biomass

waste through pyrolysis: A review[J]. Renewable and Sustainable Energy Reviews, 2016, 55: 467-481.

[68] Trovó A G, Nogueira R F, Agüera A, et al. Degradation of the antibiotic amoxicillin by photo-fenton process e chemical and toxicological assessment[J]. Water Research, 2011, 45: 1394-1402.

[69] Tuna A, Okumus Y, Celebi H, et al. Thermochemical conversion of poultry chicken feather fibers of different colors into microporous fibers[J]. Journal of Analytical and Applied Pyrolysis, 2015, 115: 112-124.

[70] Turku I, Sainio T, Paatero E. Thermodynamics of tetracycline adsorption on silica[J]. Environmental Chemistry Letters, 2007, 5: 225-228.

[71] Varga M, Tibor I, Viliam V, et al. Diamond/carbon nanotube composites: Raman, FTIR and XPS spectroscopic studies[J]. Carbon, 2017, 111: 54-61.

[72] Wang G, Feng W, Zeng X, et al. Highly recoverable TiO_2-GO nanocomposites for stormwater disinfection[J]. Water Research, 2016, 94: 363-370.

[73] Wang H X, Wang N, Wang B, et al. Antibiotics in drinking water in Shanghai and their contribution to antibiotic exposure of school children[J]. Environmental Science & Technology, 2016, 50: 2692.

[74] Wang J, Wang Y M, Zhu J Y, et al. Construction of TiO_2 @ graphene oxide incorporated antifouling nanofiltration membrane with elevated filtration performance[J]. Journal of Membrane Science, 2017, 533: 279-288.

[75] Wang Q, Cao Q, Wang X Y, et al. A high-capacity carbon prepared from renewable chicken feather biopolymer for supercapacitors[J]. Journal of Power Sources, 2013, 225: 101-107.

[76] Wang Q, Chen C C, Ma W H, et al. Pivotal role of fluorine in tuning band structure and visible-light photocatalytic activity of nitrogen-doped TiO_2[J]. Chemistry - A European Journal, 2009, 19: 4765-4769.

[77] Wu Y H, Tseng P Y, Hsieh P Y, et al. High mobility of graphene-based flexible transparent field effect transistors doped with TiO_2 and nitrogen-doped TiO_2[J]. ACS Applied Materials & Interfaces, 2015, 18: 9453-9461.

[78] Xu H, Ding M N, Liu S, et al. Preparation and characterization of novel polysulphone hybrid ultrafiltration membranes blended with N-doped GO/TiO_2 nanocomposites[J]. Polymers, 2017, 117: 198-207.

[79] Yan L, Cao Y, He B. On the kinetic modeling of biomass/coal char co-gasification with steam[J]. Chemical Engineering Journal, 2018, 331: 435-442.

[80] Yang S Q, Huang G H, An C J, et al. Adsorption behaviours of sulfonated humic acid at fly ash-water interface: Investigation of equilibrium and kinetic characteristics[J]. The Canadian Journal of Chemical

Engineering，2015，93：2043-2050.

[81] Yang W，Han H，Zhou M，et al. Simultaneous electricity generation and tetracycline removal in continuous flow electrosorption driven by microbial fuel cells[J]. RSC Advancesance，2015，5：49513-49520.

[82] Zha S，Cheng Y，Gao Y，et al. Nanoscale zero-valent iron as a catalyst for heterogeneous fenton oxidation of amoxicillin[J]. Chemical Engineering Journal，2014，255：141-148.

[83] Zhang H Y，Wang Z W，Li R N，et al. TiO_2 supported on reed straw biochar as an adsorptive and photocatalytic composite for the efficient degradation of sulfamethoxazole in aqueous matrices[J]. Chemosphere，2017，185：351-360.

[84] Zhang H，Gu L，Zhang L，et al. Removal of aqueous Pb（Ⅱ）by adsorption on Al_2O_3-pillared layered MnO_2[J]. Applied Surface Science，2017，406：330-338.

[85] Zhang J，Liu J，Liu R. Effects of pyrolysis temperature and heating time on biochar obtained from the pyrolysis of straw and lignosulfonate[J]. Bioresource Technology，2015，176：288-291.

[86] Zhang L，Jiang Y，Wang L，et al. Hierarchical porous carbon nanofibers as binder-free electrode for high-performance supercapacitor[J]. Electrochimica Acta，2016，196：189-196.

[87] Zhang Q Q，Ying G G，Pan C G，et al. Comprehensive evaluation of antibiotics emission and fate in the river basins of China：Source analysis，multimedia modeling，and linkage to bacterial resistance[J]. Environmental Science & Technology，2015，49：6772-6782.

[88] Zhang Z，Li H，Liu H. Insight into the adsorption of tetracycline onto amino and amino-Fe^{3+} gunctionalized mesoporous silica：Effect of functionalized groups[J]. Journal of Environmental Sciences，2018，65：171-178.

[89] Zhao J，Wang Z，White J C，et al. Graphene in the aquatic environment：Adsorption，dispersion，toxicity and transformation[J]. Environmental Science & Technology，2014，48：9995-10009.

[90] Zhou Y，Berruti F，Greenhalf C，et al. Increased retention of soil nitrogen over winter by biochar application：Implications of biochar pyrolysis temperature for plant nitrogen availability[J]. Agriculture，Ecosystems & Environment，2017，236：61-68.

第五篇

生物炭制备低碳路径探索

2020 年 9 月 22 日，国家主席习近平在第七十五届联合国大会一般性辩论上的讲话中提出："中国将提高国家自主贡献力度，采取更加有力的政策和措施，二氧化碳排放力争于 2030 年前达到峰值，努力争取 2060 年前实现碳中和。"2020 年也成为中国的"双碳"元年，低碳发展成为多个行业未来发展的核心目标。在生物炭开发过程中，已探讨如何通过优化材料的结构降低材料应用及再生过程中的碳排放，本章将探讨如何优化制备流程，减少材料制备过程中的碳排放，以服务"双碳"目标，推动低碳生物炭资源的开发。

第十二章　一体化集成型生物炭制备及抗生素废水处理研究

基于低碳发展理念，本章针对急需解决的抗生素残留处理问题，提出了一种低碳综合生物炭合成方法，并制备了优化的香蒲生物炭（TBI$_K$）。得益于其微孔特征和保留的功能基团，TBI$_K$对抗生素的去除率迅速达到平衡。与传统的两步炭化-活化方法制备的生物炭（TBT$_K$）相比，TBI$_K$的制备过程降低了43 849.58 J的能耗，减少了32.80%的二氧化碳排放量，助力"双碳"战略。因此，这种针对处理抗生素废水而优化的制备生物炭的综合方法具有巨大潜力。

第一节　一体化集成优化生物炭制备方法

通过炭化-活化综合方法制备香蒲生物炭（TBI$_K$，表12.1）。先用去离子水冲洗香蒲以去除灰尘，将其放入风干箱（60℃）中风干48 h。将香蒲切成小块，与KOH颗粒按固定重量比混合（香蒲/KOH的质量比为3∶1）。用超声波处理混合物20 min。将样品转移到石英舟中，并将所有样品放入管式炉，在持续的氮气环境下（60 mL/min）加热。混合物在450℃下逐渐加热（升温速率为10℃/min）1 h，然后进一步升温至800℃（升温速率为10℃/min），持续1 h。最后，将样品研磨并用0.5 mol/L HCl和去离子水交替洗涤数次，直至pH为7。在60℃的风干箱中干燥48 h后，将样品研磨成粉末状并命名为TBI$_K$。

同时，还采用传统的炭化-活化两步法制备了香蒲生物炭（TBTs，表12.1）。将处理过的香蒲放入石英舟，在氮气保护下放入管式炉。以相同的升温速度逐渐升温至 450℃，持续 1 h，自然冷却后取出，得到前驱体炭。然后，加入与上述同质量比的 KOH 来活化前驱体炭，接着进行 20 min 的超声波处理，并以与 TBI$_K$ 相同的方式加热 1 h，然后将其放入 800℃ 的管式炉 1 h，之后用 0.5 mol/L HCl 和去离子水交替洗涤，直至 pH 为 7。在干燥研磨后得到 TBT$_K$。

表 12.1　生物炭常用的炭化和活化条件

原材料	炭化温度/℃	催化剂	温度/℃
芹菜	400	KOH	450/600/750
芒草	400/450/500	CO_2	900
油棕空果	450	HNO_3	132
含油污泥	400	KOH	850
锯末	500	K_2FeO_4	800/900/1 000
藤木	600	KOH/NaOH	—
	600	$ZnCl_2$/NaCl	—
轮胎	600	KOH	800
羽毛	450	KOH	800
蒜蓉皮	100	$ZnCl_2$	600~900
TBI$_K$	—	KOH（3∶1）	800
TBT	450	—	—
TBT$_K$	—	KOH（3∶1）	800

第二节　一体化集成优化生物炭能量衡算方法

在炭化和活化过程中几乎没有相变。因此，不发生相变的生物质材料的吸附热可计算如下：

$$Q_i(\text{J}) = C_B \times m_1 \times (t_2 - t_1) \qquad (12\text{-}1)$$

此外，主要的热损失考虑气体加热的精确吸热。

$$Q_g(\text{J}) = m_2 \int_{t_1}^{t_2} (\alpha + \beta T + \gamma T^2 + \theta T^3) \mathrm{d}T \qquad (12\text{-}2)$$

恒温加热时吹扫气体带走的热量为

$$Q_{gi}(\text{J}) = \sum_{i}^{n} (G_{gi} \times I_{gi}) + 2\,511.6 G_a \qquad (12\text{-}3)$$

式（12-1）～（12-3）中：

$Q_i(\text{J})$ —— 生物质材料在管式炉中无相变的吸附热；

$Q_g(\text{J})$ —— 考与气体一起升温的精确吸热而出现的主要热损失；

$Q_{gi}(\text{J})$ —— 恒温加热过程中气体带走的热量；

C_B —— 生物质材料的比热容（0.7～0.9），J/（g·K）；

m_1 和 m_2 —— 管式炉中物料和气体的重量；

t_1 和 t_2 —— 反应的起始温度和结束温度，℃；

α、β、γ 和 θ —— 常数（其中 $\alpha = 3.081 \times 10^1$、$\beta = -1.255 \times 10^{-2}$、$\gamma = 2.575 \times 10^{-5}$ 和 $\theta = -1.133 \times 10^{-8}$）；

G_{gi} —— 气体各组分的重量，g；

I_{gi} —— 气体焓；

G_a —— 雾化器的质量。

第三节 一体化集成优化生物炭表征分析

一、BET 分析

TBI_K 和 TBT_K 的 N_2 吸附/解吸等温线的孔径分布见图 12-1（a）。值得注意的是，TBI_K 的比表面积为 1 252.40 m^2/g，远大于 TBT_K（369.01 m^2/g）。根据 IUPAC 的标准分类，TBI_K 和 TBT_K 的氮吸附/解吸曲线都符合类型Ⅱ的分类，具有杂化介孔。一般来说，当吸附剂的孔径超过抗生素分子的直径时，微孔、中孔和大孔会将抗生素分子包围在其孔壁内。微孔和抗生素分子会产生强大的范德华力。中孔和大孔内会产生毛细作用，从而提高吸附剂的吸附能力。TC 和 Lev 的分子直径较小，而在孔径分布曲线上［图 12.1（b）］，TBI_K 的微孔数量比 TBT_K 多，这使其更有利于吸附抗生素。

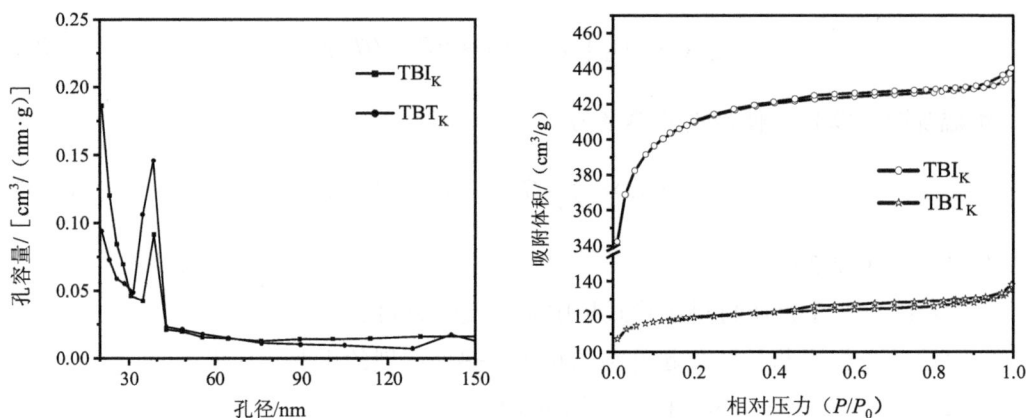

（a）TBI$_K$ 和 TBT$_K$ 吸附/解吸等温线的孔径分布　　　　　（b）吸附/解吸等温线

图 12.1　孔径分布及吸附/解吸等温线

二、SEM 分析

　　TBI$_K$ 和 TBT$_K$ 的 SEM 图如图 12.2 所示，TBT$_K$ 和 TBI$_K$ 都被严重蚀刻，香蒲的原始棒状结构完全被破坏。TBT$_K$ 明显表现出独特的多层石墨烯相结构 [图 12.2（a）、（b）]，这可能是因为损失了较多的非碳原子。与 TBT$_K$ 相比，TBI$_K$ 的孔隙结构更丰富 [图 12.2（c）、（d）]，这是 TBI$_K$ 比表面积更大的主要原因。丰富的孔隙结构和较大的比表面积有利于吸附抗生素。

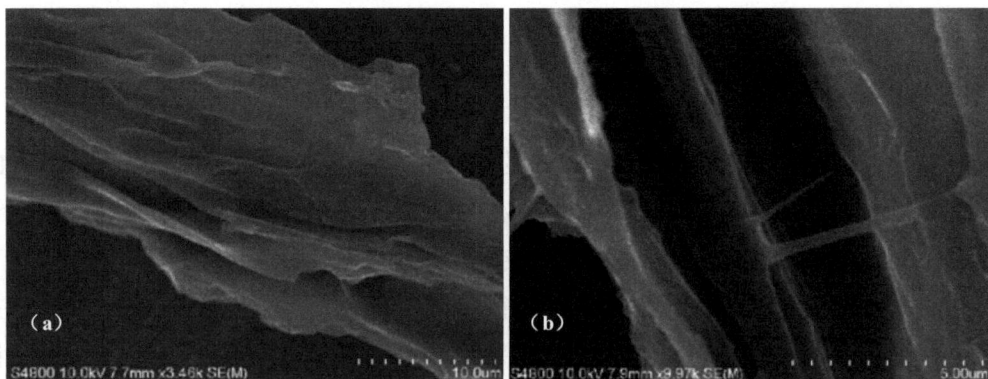

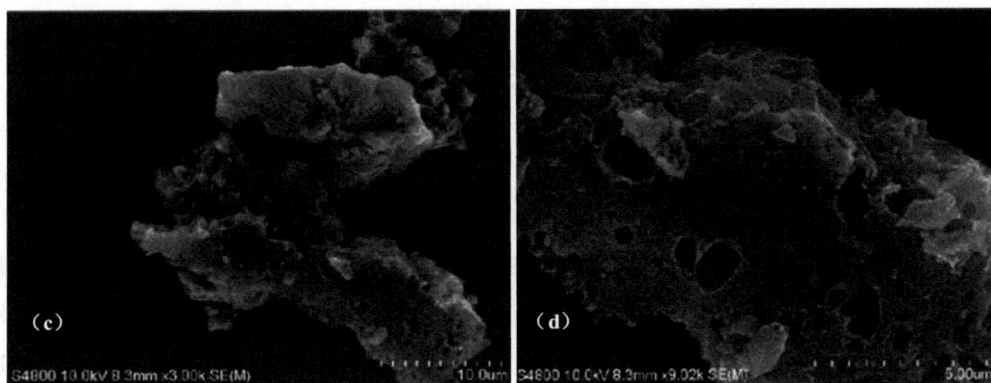

图 12.2　TBT$_K$［（a）、（b）］和 TBI$_K$［（c）、（d）］的不同形貌的 SEM 图

三、元素分析

如表 12.2 所示，一步炭化-活化综合法最大限度地减少了非碳原子的损失，而传统的两步法会加速非碳原子的损失。与原材料（香蒲）相比，炭化后样品（TBT）的氢、氮、氧总含量降低了 23.55%。在经过额外的活化过程后，TBT$_K$ 进一步减少了 14.92%，非碳原子含量仅为 13.56%。相反，TBI$_K$ 中的非碳原子含量达到 16.14%。因此，由于非碳原子的存在，TBI$_K$ 的去除率高于 TBT$_K$，从而提高了样品的化学吸附能力。此外，与玉米秸秆和竹子等生物质材料相比，香蒲的 S 和 N 含量更高，有望成为一种优良的生物炭原料。通过比较其他材料的 O/C 原子比和 H/C 原子比，O/C 原子比急剧下降，表明在炭化和活化过程中失去了大量的极性官能团，疏水性的增加导致 TC 吸附能力提高。H/C 比也很低，这表明芳香度高的 TBI$_K$ 和 TBT$_K$ 具有更高的吸附容量和化学活性。

表 12.2　不同材料和两种不同的制备方法制备的 TBs 的元素分析

TBs	N/%	C/%	H/%	S/%	O/%	O/C	H/C
稻草	0.940	81.930	2.390	7.430	7.310	0.089	0.030
咖啡渣	2.100	79.700	1.000	0.000	1.800	0.023	0.130
竹子	0.230	67.010	4.200	0.220	28.340	0.423	0.063
TBI$_K$	0.360	70.050	1.533	0.100	27.057	0.386	0.022
TBT	1.990	71.520	3.259	0.060	21.731	0.303	0.046
TBT$_K$	0.640	84.360	1.367	0.110	13.633	0.161	0.016

第四节　一体化集成优化生物炭对抗生素的吸附研究

一、投加量的影响

通过吸附 Lev 和 TC 测试了 TBI_K 和 TBT_K 的去除率，以选出性能最佳的吸附剂投加量（图 12.3）。结果表明，TBI_K 对 Lev 和 TC 的吸附效率接近 100%，而对 TBT_K 的吸附效率仅为 25%～30%。因此，本研究认为，TBI_K 是最有效的吸附材料。因此，检测 TBI_K 的去除率，决定以后实验中的主要用量（图 12.4）。初步显示，当投加量从 0.2 g/L 增长到 0.6 g/L 时，去除率从 30%（TC）和 17%（Lev）增长到 81% 和 73%，吸附容量从 180 mg/g（TC）和 100 mg/g（Lev）增长到 162 mg/g 和 146 mg/g。显然，当投加量持续增长到 0.6 g/L 以上时，去除率明显提高，但吸附容量会降低。当 TBI_K 的用量为 0.6 g/L 时，在模拟废水中 TC 含量为 22.8 mg/L，Lev 含量为 32.4 mg/L。吸附剂 TBI_K 在用量达到 1 g/L 时才会饱和。因此，1 g/L 的投加量是对混合废水吸附的最佳投加量，其吸附容量约为 120 mg/L，污染物的吸附率超过 99.5%。

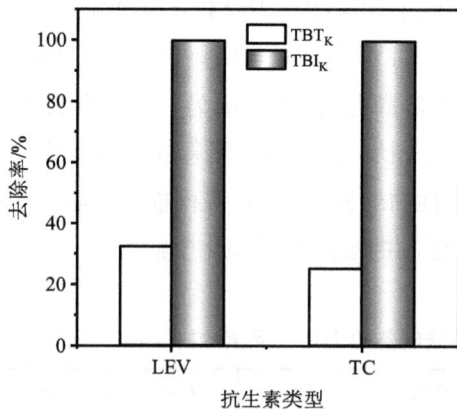

图 12.3　TBI_K、TBT_K 对 TC、Lev 的去除率

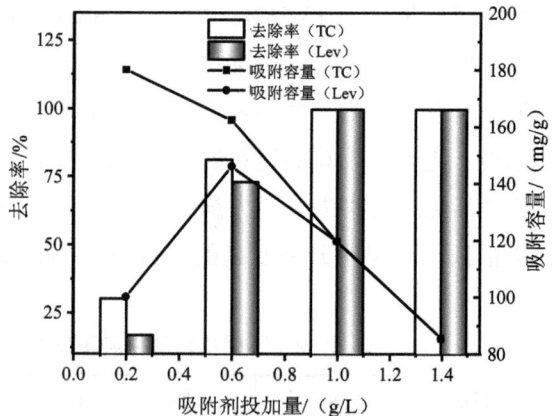

图 12.4　TBI_K 对 TC、Lev 的投加量、去除率和吸附容量

二、吸附动力学

动力学研究对于评估吸附效率至关重要。采用伪一级、伪二级和 Elovich 模型研究了不同时间间隔内对抗生素（TC、Lev、MTL）的吸附动力学。生物炭的一般吸附容量见图 12.5，动力学参数见表 12.3。图 12.5 显示了 TBI_K 在不同时间点对 TC 和 Lev 的吸附动力学。从表 12.3 中可以看出，TBI_K 对 TC 和 Lev 的去除率与 Elovich 模型非常吻合，R^2 分别为 0.976 7 和 0.977 8。这表明化学吸附是 TBI_K 吸附 TC 和 Lev 的主要过程。此外，研究还发现 TBI_K 对 Lev 的吸附容量在 2 min 内达到 90 mg/g，而对 TC 的吸附容量则为 17 min ［图 12.5（a）、（b）］。此外，还发现 MTL 在 20 min 内达到了相对较快的平衡，且 $Q_{e,\,cal}$ 较大。此外，根据表 12.3 中的 R^2（0.97），MTL 在 TBI_K 上的吸附与伪一级动力学模型拟合得很好，这表明在 Lev 和 TC 共存的情况下存在物理吸附。除吸附速度外，Lev 和 TC 在单独和混合体系中的计算吸附容量几乎相等。同时，将 TBI_K 的吸附性与表 12.4 所列的其他材料进行比较。TBI_K 的吸附能力高于表 12.4 所列的其他采用传统两步法制造的生物炭，这可能是因为其比表面积较大。因此，经过优化的炭化和活化一体化方法是开发高效生物炭的最佳选择。

表 12.3　抗生素（TC、Lev 和 MTL）的吸附动力学参数

动力学模型	参数	TBI$_K$-MTL		TBI$_K$-Lev	TBI$_K$-TC
		Lev	TC		
伪一级模型	$Q_{e,\mathrm{exp}}$/（mg/g）	119.69	119.76	119.99	119.28
	$Q_{e,\mathrm{cal}}$/（mg/g）	119.78	120.44	110.54	105.10
	K_1/min^{-1}	0.18	0.15	1.81	0.31
	R^2	0.972 4	0.967 3	0.920 9	0.738 6
伪二级模型	$Q_{e,\mathrm{exp}}$/（mg/g）	119.69	119.76	119.99	119.28
	$Q_{e,\mathrm{cal}}$/（mg/g）	131.56	129.60	114.81	110.06
	K_2/［g/（mg·min）］	0.001 6	0.002 1	0.023 0	0.006 0
	R^2	0.959 9	0.966 6	0.958 8	0.872 1
Elovich 模型	α/［g/（mg·min^2）］	0.37	0.25	1 495.51	3.27
	β/［g/（mg·min）］	20.14	21.13	8.82	14.17
	R^2	0.916 8	0.918 1	0.976 7	0.977 8

（a）TBI$_k$ 吸附 Lev

（b）TBI$_k$ 吸附 TC

（c）TBI$_k$ 吸附 MTL

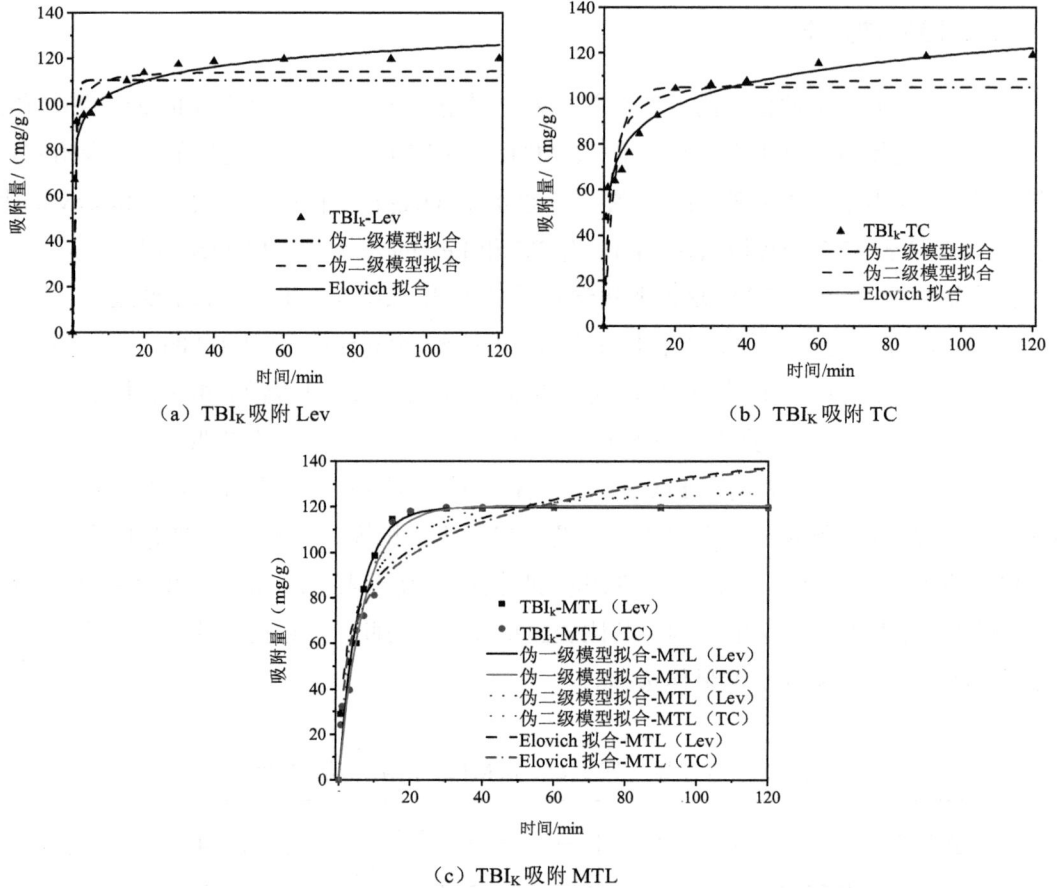

图 12.5   TC、Lev 和 MTL 过程的不同动力学模型对 TBI$_K$ 的不同拟合曲线

表 12.4   不同生物炭对抗生素的吸附效率

生物炭	原材料	抗生素	催化剂、温度和时间	比表面积/（m²/g）	吸附量/（mg/g）	剂量/（g/L）
FBC	油棕	MB	HNO$_3$，132，1 h	3.05	62.52±0.48	2.0
KS$_2$	污泥	TC	KOH，500，6 h	44.71	50.75	0.8
SCG	咖啡渣	TC	NaOH，500，2 h	116.59	113.60	0.1
AGSC	好氧颗粒污泥	TC	ZnCl$_2$，700，2 h	852.41	87.72	0.75
RB	油菜梗	TC	H$_2$O$_2$，300～600，4 h	3.87～117.05	42.45	0.05
MBC	油菜花壳	TC	HNO$_3$，879，5 h	370.37	119.05	0.5
TBI$_K$	香蒲	TC、Lev	KOH，800，1 h	1 252.40	129.60、131.56	1.0

三、吸附等温线

研究使用 Langmuir 模型和 Freundlich 模型完成了在 25℃时 TBI_K 对 MTL 的等温线研究。如图 12.6 所示，TC 和 Lev 的去除过程都很好地与 Langmuir 模型拟合，表明 TBI_K 表面可能存在单层吸附。表 12.5 列出了所有相关参数。TC 较高的 Q_m 也证实了其吸附能力略高于 Lev。

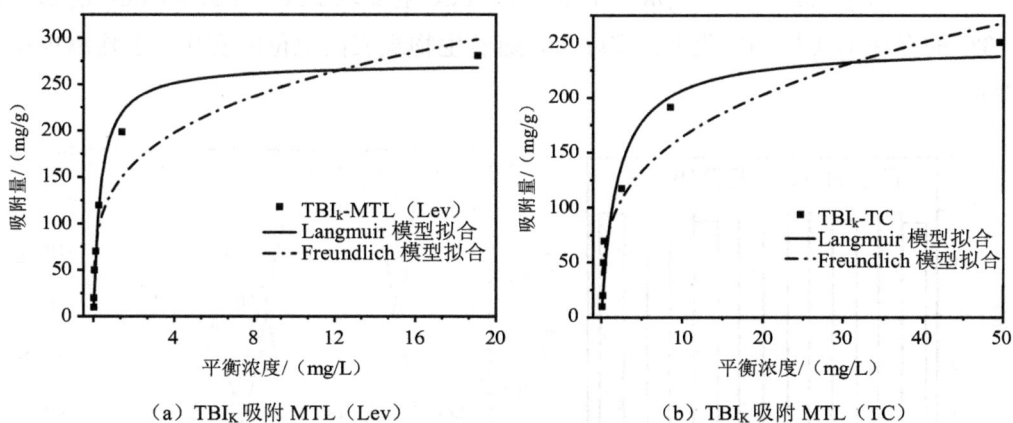

（a）TBI_K 吸附 MTL（Lev）　　（b）TBI_K 吸附 MTL（TC）

图 12.6　混合抗生素不同等温线模型的不同拟合曲线

表 12.5　TBI_K 不同等温线模型的计算参数

等温线模型	参数	MTL-Lev	MTL-TC
Langmuir 模型	$K_L/$（L/mg）	0.515 3	2.931 7
	$Q_m/$（mg/g）	246.840 2	272.661 4
	R^2	0.948 5	0.981 1
Freundlich 模型	$K_F/$ $[mg \cdot g^{-1} (mg \cdot L^{-1})^{-1/n}]$	81.443 3	137.230 5
	$1/n$	0.304 6	0.263 1
	R^2	0.918 9	0.888 7

四、pH 影响

pH 是影响吸附行为的常见因素之一。如图 12.7（a）所示，TBI_K 的吸附性能受到 pH 的影响，在 pH 为 7 时，对 MTL 的吸附率＞99.50%。一般来说，生物炭上的官能团容易受到酸碱的影响。不过，TBI_K 的吸附效果受强酸环境的影响较小。碱性吡啶环在碱前改性生物炭中很常见。一方面，碱性吡啶环与氢氧化物的竞争性吸附降低了抗生素的去除率。另一方面，在酸性环境下，氢离子与碱性吡啶环之间水解竞争会提高表面电位。因此，虽然 TBI_K 在 pH=3 时呈现弱的负电位，但其在酸性环境中的吸附能力并没有发生明显变化（图 12.7）。此外，由于 TC 和 Lev 分子的两性特征，它们的吸附行为很容易受到 pH 环境的影响。如图 12.7（b）所示，当 pH pK_1（6.1）、大于 pK_1（6.1）、小于 pK_2（8.2）、大于 pK_2（8.2）时，Lev 主要以 Lev^+、Lev 和 Lev^- 的形式存在。TC 的存在形式与 Lev 类似。实际上，随着生物炭表面电位的变化，去除率也在不断变化。

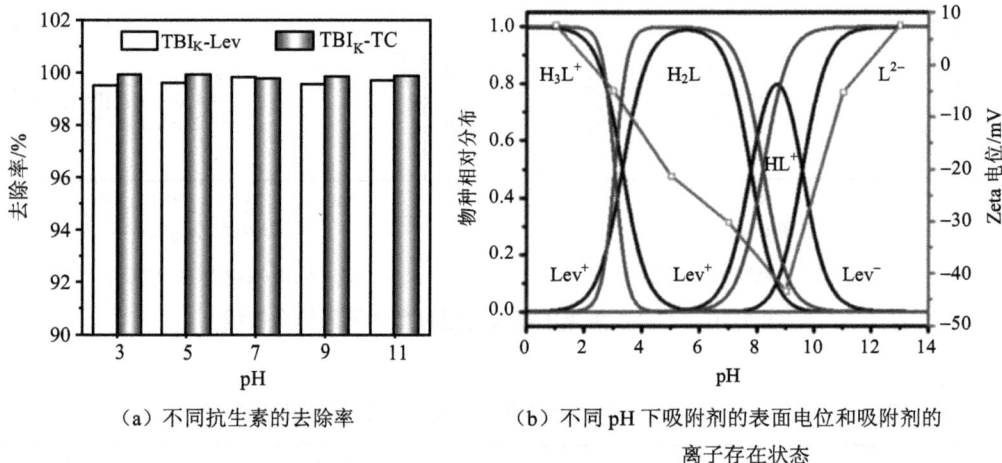

（a）不同抗生素的去除率　　　　（b）不同 pH 下吸附剂的表面电位和吸附剂的离子存在状态

图 12.7　pH 对 TBI_K 吸附性能的影响

五、阴离子及腐殖酸的影响

此外，还研究了吸附剂在不同离子强度下以及共存阴离子的影响。鉴于制药废水中通常含有高浓度的硫酸根离子和氯离子。本研究在 MTL 中存在不同浓度的硫酸根离子和氯离子（3 g/L、6 g/L 和 9 g/L）的情况下进行了吸附实验。图 12.8（a）显示，硫酸根离子和氯离子的存在对吸附的影响很小。在这两种离子条件下观察到的去除率均高达99%。此外，实验中还考虑了腐殖酸（浓度分别为 5 mg C/L、10 mg C/L 和 15 mg C/L）的共存，以模拟真实的废水处理环境。在 120 mg/L 的 MTL 溶液中加入腐殖酸，观察到 Lev 的吸附具有明显的拮抗作用［图 12.8（b）］。腐殖酸不可避免地与废水中的抗生素存在竞争性吸附关系。总之，TBI_K 对阴离子和 HA 的耐受性较好。

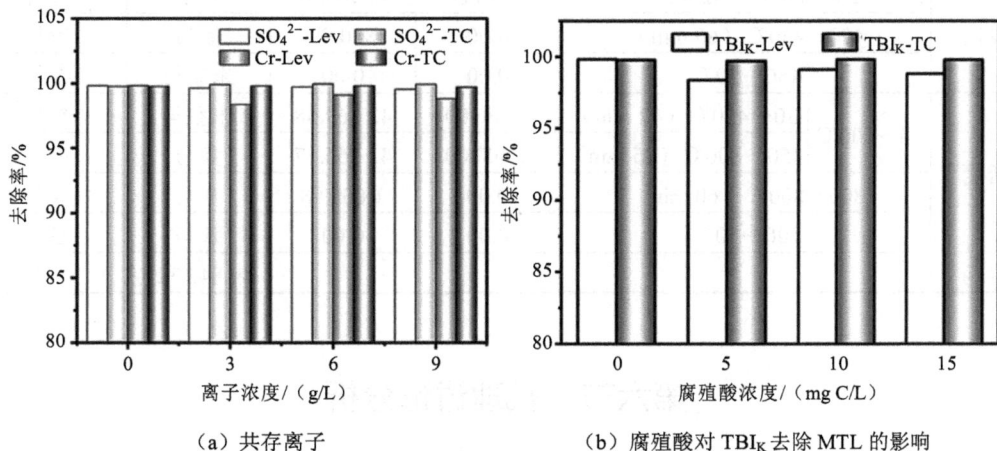

（a）共存离子　　　　　　　（b）腐殖酸对 TBI_K 去除 MTL 的影响

图 12.8　阴离子及腐殖酸浓度对 TBI_K 性能的影响

第五节　一体化集成优化生物炭能量衡算分析

一步炭化-活化的集成方法比传统两步炭化-活化法节省了大量的能源。然而，除非将能量量化，否则难以精确地比较能量消耗。因此，在确定加热过程的情况下，计算了每个步骤消耗的能量（表 12.6）。在本研究中，炭化分为 3 个步骤：加热、恒定和冷却。相应地，活化过程计算分为 4 个步骤（为便于计算，加热过程分为两个子步骤）。每次实验假设以 5 g 物质为基数。这两种方法的主要区别在于，一步炭化-活化法在活化过程中省略了从 450℃到 30℃ 的冷却过程（表 12.6 中炭化的第三个子步骤）和从 30℃ 到 450℃ 的二次加热步骤。如表 12.6 所示，自然冷却过程没有热量损失，而在无相变的再加热过程中出现了热消耗。因此，一步炭化-活化综合方法一共消耗 143 849.58 J 的能量（包括材料吸收的 1 680.00 J 和过程加热的 42 169.58 J），从而减少了 32.80% 的碳排放量。

表 12.6　两种制备方法的加热过程比较

步骤	温度（持续时间）		Q_l/J	Q_g/J	一步炭化-活化法	两步炭化-活化法
炭化	30~450℃（42 min）		1 680.00	42 169.58	参与	参与
	450~450℃（60 min）		0.00	820.99	参与	参与
	450~30℃		0.00	0.00	未参与	参与
活化	30~800℃	30~450℃（42 min）	1 680.00	42 169.58	未参与	参与
		450~800℃（35 min）	1 400.00	42 766.17	参与	参与
	800~800℃（60 min）		0.00	1 005.58	参与	参与
	800~30℃		0.00	0.00	参与	参与
能耗					89 842.32 J	133 691.90 J

第六节　机理讨论分析

虽然 TBI_K 和 TBT_K 的原料相同，外观也很相似，但由于合成方法不同，其表面特征、去除率、动力学和等温线结果也不尽相同。事实上，TBI_K 比 TBT_K 少消耗近 66% 的碱和 33% 的能量，表现出最全面的优化性能。众所周知，氢、氮和氧在官能团的形成过程中起着至关重要的作用。与其他生物质和生物炭相比，香蒲中明显含有更多的氢原子和氮原子，TBI_K 具有更好的去除率。因此，香蒲是一种生产具有丰富官能团的生物炭的潜在原料。一般来说，传统的两步法会加速这些非碳原子的损失。通过炭化，总氢、氮和氧的含量比降低了 53.19%，活化后进一步降低了 24.50%。然而，通过集成方法，只有 59.02% 的非碳原子消失了。尤其 TBI_K 中的氧含量比 TBT_K 中的氧含量多 98.47%。

根据 XPS 光谱，TBI_K 和 TBT_K 不仅元素含量不同，而且元素在表面的价态也不同 [图 12.9（a）~（f）]。如图 12.9（a）所示，C 1s 光谱峰分别位于 284.6 eV、285.6 eV 和 286.5 eV 处，分别对应 C═C、C—O 和—COO 官能团。位于 288.8 eV 的卫星峰归因于 π-π 堆积，表明 TBI_K 中存在石墨结构 O—H 官能团是有意义的，这可能是 TBI_K 比 TBT_K 吸附效率高的原因。可以看到，图 12.9（e）中结合能为 535.9 eV 的另一个小峰值属于 O—O 基团，与图 12.9（d）中 291.0 eV 的峰值相一致。此外，如图 12.9（c）所示，在 164.0 eV 和 168.8 eV 附近还发现了额外的结合能峰，分别对应 S $2p_{1/2}$ 和 S $2p_{3/2}$。然而，在图 12.9（f）中 TBT$_K$ 的 S 2p 高分辨率光谱中没有发现这些峰。值得注意的是，本研究采用的综合炭化-活化法使生物炭获得了丰富的 O—H 和 C—S 基团。

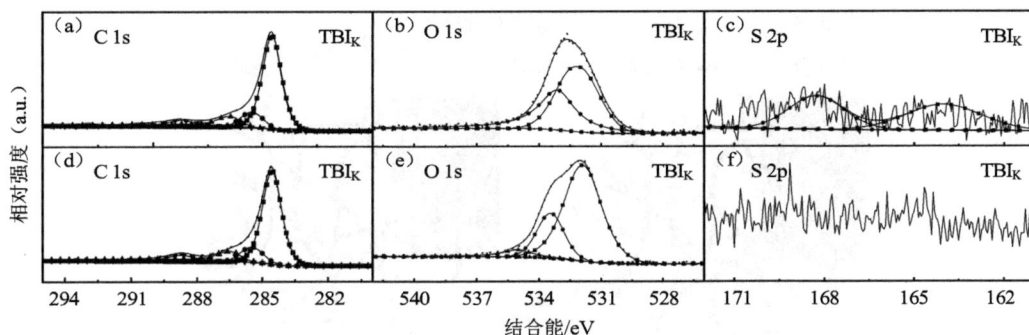

图 12.9 TBI$_K$ 和 TBT$_K$ 的 C 1s、O 1s 和 S 2p 的 XPS 谱图

一般来说，生物炭的粒度和特征与表面结构和制备条件密切相关，而表面结构和制备条件又受到碱金属蚀刻和矿化效应的影响。首先，香蒲中的一些纤维素和木质素纳米颗粒在碱性条件下被水解。钾原子通过热解取代了纤维素骨架中羟基或羧基上的一部分氢原子。因此，纤维素通过自组装的方式转化为碱性纤维素。同时，生物质中的灰分被排出。最后，通过活化钾在高温发生矿化刻蚀出 C—O 骨架形成微孔。因此，氢原子比氧原子消失得更快。因此，与 TBT$_K$ 相比，在 TBI$_K$ 中观察到了更多的羟基（图 12.10）。此外，香蒲中的纤维素和木质素的碱化阻止了羟基和羧基之间的脱水，因此这种综合方法更有利于氧元素的保留。此外，炭化后部分羟基和羧基也会消失。一步炭化-活化综合方法较早地将氢氧化钾引入香蒲中可有效增加钾原子的掺入比例，从而产生更多微孔，使 TBI$_K$ 具有更大的比表面积，丰富了孔结构和官能团。

本实验测试了 TBT$_K$ 和 TBI$_K$ 吸附前后的 FTIR 光谱以确定表面官能团的变化（图 12.11）。在 2 920 cm^{-1} 和 3 420 cm^{-1} 处观察到的宽峰分别来自生物炭中 C—H 键和 O—H 键的伸缩振动。值得注意的是，TBI$_K$ 的峰谷更宽、更深，说明与 TBT$_K$ 相比，TBI$_K$ 中存在更多的—OH 基团。光谱中 1 560 cm^{-1} 附近的峰属于 TBI$_K$ 的 C≡O 基团，而 1 462 cm^{-1} 和 1 029 cm^{-1} 附近的峰主要是 C≡C 和 C—S 的共轭芳香环振动拉伸。可以明显看出，TBI$_K$ 的表面呈现出更多的基团。此外，O—H、C≡C 和 C—S 的频带也明显减少，这表明这些官能团对吸附的贡献很大。在吸附后的光谱中（TBI$_K$-MTL 和

TBI$_K$-Lev），位于 1 560 cm^{-1} 处的 C=O 振荡明显减少，这表明吸附物的羧基对吸附过程有显著影响。

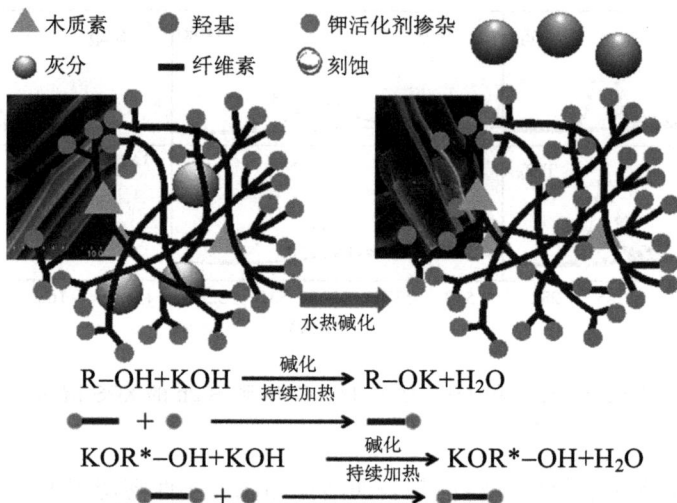

图 12.10　一步炭化-活化综合方法的矿化机理

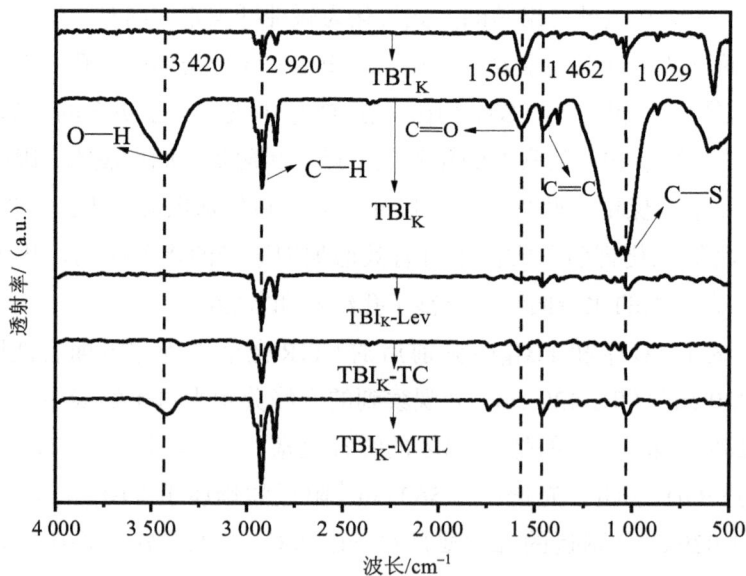

图 12.11　TC、Lev、MTL 吸附前后 TBT$_K$ 和 TBI$_K$ 的红外光谱

第七节　本章小结

本研究介绍了一种采用炭化和碱活化综合方法制备的同源生物炭。与传统的两步法相比，这种方法保留了更多的含氧官能团，有效提高了生物炭中的钾原子掺杂率。氢氧化钾的早期加入使生物炭的活化更彻底，并增加了生物炭中的微孔数量。与采用两步炭化-活化法制备的 TBT_K 相比，采用综合法制备的 TBI_K 具有更大的比表面积（1 252.40 m^2/g）和更丰富的官能团。TBI_K 在模拟混合抗生素废水中表现出较高的吸附能力，在较宽的 pH 范围（3～7）内以及存在共存离子或有机物的情况下都能保持稳定。此外，该工艺在将吸附能力提高近两倍的同时，还节省了 32.80% 的碳排放量。本研究还阐明了 TBI_K 的吸附机理和制备过程。因此，采用综合方法制备的香蒲生物炭不仅对混合抗生素有较高的去除率，而且能够显著降低能耗。这种低碳、集成的香蒲生物炭有望在未来的抗生素废水处理中得到应用。

参考文献

[1] Acosta R，Fierro V，De Yuso A M，et al. Tetracycline adsorption onto activated carbons produced by KOH activation of tyre pyrolysis char[J]. Chemosphere，2016，149：168-176.

[2] Ajala O A，Akinnawo S O，Bamisaye A，et al. Adsorptive removal of antibiotic pollutants from wastewater using biomass/biochar-based adsorbents[J]. RSC Advances，2023，13（7）：4678-4712.

[3] Al-Ghouti A，Daana D A. Guidelines for the use and interpretation of adsorption isotherm models：A review[J]. Journal of Hazardous Materials，2020，393：122383.

[4] Ashiq A，Vithanage M，Sarkar B，et al. Carbon-based adsorbents for fluoroquinolone removal from water and wastewater：A critical review[J]. Environmental Research，2021，197：111091.

[5] Bai H，Zhang Q，Zhou X，et al. Removal of fluoroquinolone antibiotics by adsorption of dopamine-modified biochar aerogel[J]. Korean Journal of Chemical Engineering，2023，40（1）：215-222.

[6] Bardestani R，Patience G S，Kaliaguine S. Experimental methods in chemical engineering：Specific surface area and pore size distribution measurements—BET，BJH，and DFT[J]. The Canadian Journal of Chemical Engineering，2019，97（11）：2781-2791.

[7] Biswal K，Balasubramanian R. Adsorptive removal of sulfonamides，tetracyclines and quinolones from wastewater and water using carbon-based materials：Recent developments and future directions[J]. Journal of Cleaner Production，2022，349，131421.

[8] Cao Q，An T，et al. Insight to the physiochemical properties and DOM of biochar under different pyrolysis temperature and modification conditions[J]. Journal of Analytical and Applied Pyrolysis，2022，166：105590.

[9] Chen H，Li W，Wang J，et al. Adsorption of cadmium and lead ions by phosphoric acid-modified biochar generated from chicken feather：Selective adsorption and influence of dissolved organic matter[J]. Bioresource Technology，2019，292：121948.

[10] Chen L J，Song C，Yang Z C，et al. Multiple roles of humic acid in the photolysis of sulfamethoxazole：Kinetics and mechanism[J]. Environmental Science：Water Research & Technology，2023，9（11）：3036-3048.

[11] Cheng D，Ngo H H，Guo W，et al. Feasibility study on a new pomelo peel derived biochar for tetracycline antibiotics removal in swine wastewater[J]. Science of the Total Environment，2020，720：137662.

[12] Chitongo R，Opeolu B O，Olatunji O S. Abatement of amoxicillin，ampicillin，and chloramphenicol from aqueous solutions using activated carbon prepared from grape slurry[J]. CLEAN–Soil，Air，Water，2019，47（2）：1800077.

[13] Das S K，Ghosh G K，Avasthe R K，et al. Compositional heterogeneity of different biochar：Effect of pyrolysis temperature and feedstocks[J]. Journal of Environmental Management，2021，278：111501.

[14] Feng D，Guo D，Zhang Y，et al. Functionalized construction of biochar with hierarchical pore structures and surface O-/N-containing groups for phenol adsorption[J]. Chemical Engineering Journal，2021，410：127707.

[15] Feng D，Zhao Y，Zhang Y，et al. Synergetic effects of biochar structure and AAEM species on reactivity of H_2O-activated biochar from cyclone air gasification[J]. International Journal of Hydrogen Energy，2017，42（25）：16045-16053.

[16] Guo S，Zou Z，Chen Y，et al. Synergistic effect of hydrogen bonding and π-π interaction for enhanced adsorption of rhodamine B from water using corn straw biochar[J]. Environmental Pollution，2023，320：121060.

[17] Hafizuddin M S，Lee C L，Chin K L，et al. Fabrication of highly microporous structure activated carbon via surface modification with sodium hydroxide[J]. Polymers，2021，13（22）：3954.

[18] Hameed R，Lei C，Lin D. Adsorption of organic contaminants on biochar colloids：Effects of pyrolysis temperature and particle size[J]. Environmental Science and Pollution Research，2020，27：18412-18422.

[19] Hu B，Tang Y，Wang X，et al. Cobalt-gadolinium modified biochar as an adsorbent for antibiotics in single and binary systems[J]. Microchemical Journal，2021，166：106235.

[20] Hu M，Deng W，Hu M，et al. Preparation of binder-less activated char briquettes from pyrolysis of sewage sludge for liquid-phase adsorption of methylene blue[J]. Journal of Environmental Management，2021，299：113601.

[21] Huang S，Yu J，Li C，et al. The effect review of various biological，physical and chemical methods on the removal of antibiotics[J]. Water，2022，14（19）：3138.

[22] Ibrahim I，Tsubota T，Hassan M A，et al. Surface functionalization of biochar from oil palm empty fruit bunch through hydrothermal process[J]. Processes，2021，9（1）：149.

[23] Li C，Zhu X，He H，et al. Adsorption of two antibiotics on biochar prepared in air-containing atmosphere：Influence of biochar porosity and molecular size of antibiotics[J]. Journal of Molecular Liquids，2019，274：353-361.

[24] Liu S，Zhang X，Wang W，et al. Alkaline etched hydrochar–Based magnetic adsorbents produced from

pharmaceutical industry waste for organic dye removal[J]. Environmental Science and Pollution Research, 2023, 30 (24): 65631-65645.

[25] Ma R, Xue Y, Ma Q, et al. Recent advances in carbon-based materials for adsorptive and photocatalytic antibiotic removal[J]. Nanomaterials, 2022, 12 (22): 4045.

[26] Monahan C, Nag R, Morris D, et al. Antibiotic residues in the aquatic environment–current perspective and risk considerations[J]. Journal of Environmental Science and Health, Part A, 2021, 56(7): 733-751.

[27] Nan H, Xiao Z, Zhao L, et al. Nitrogen transformation during pyrolysis of various N-containing biowastes with participation of mineral calcium[J]. ACS Sustainable Chemistry & Engineering, 2020, 8 (32): 12197-12207.

[28] Nguyen V T, Nguyen T B, Huang C P, et al. Alkaline modified biochar derived from spent coffee ground for removal of tetracycline from aqueous solutions[J]. Journal of Water Process Engineering, 2021, 40: 101908.

[29] Panja S, Sarkar D, Datta R. Removal of tetracycline and ciprofloxacin from wastewater by vetiver grass [*Chrysopogon zizanioides* (L.) Roberty] as a function of nutrient concentrations[J]. Environmental Science and Pollution Research, 2020, 27 (28): 34951-34965.

[30] Panwar N L, Pawar A. Influence of activation conditions on the physicochemical properties of activated biochar: A review[J]. Biomass Conversion and Biorefinery, 2020: 1-23.

[31] Pouretedal H R, Sadegh N. Effective removal of amoxicillin, cephalexin, tetracycline and penicillin G from aqueous solutions using activated carbon nanoparticles prepared from vine wood[J]. Journal of Water Process Engineering, 2014, 1: 64-73.

[32] Qalyoubi L, Al-Othman A, Al-Asheh S, et al. Textile-based biochar for the removal of ciprofloxacin antibiotics from water[J]. Emergent Materials, 2024, 7 (2): 577-588.

[33] Saremi F, Miroliaei M R, Nejad M S, et al. Adsorption of tetracycline antibiotic from aqueous solutions onto vitamin B6-upgraded biochar derived from date palm leaves[J]. Journal of Molecular Liquids, 2020, 318: 114126.

[34] Shin J, Lee Y G, Lee S H, et al. Single and competitive adsorptions of micropollutants using pristine and alkali-modified biochars from spent coffee grounds[J]. Journal of Hazardous Materials, 2020, 400: 123102.

[35] Singh A, Nanda S, Guayaquil‐Sosa J F, et al. Pyrolysis of Miscanthus and characterization of value‐added bio‐oil and biochar products[J]. The Canadian Journal of Chemical Engineering, 2021, 99: S55-S68.

[36] Sun Y, Zheng L, Zheng X, et al. Adsorption of sulfonamides in aqueous solution on reusable

coconut-shell biochar modified by alkaline activation and magnetization[J]. Frontiers in Chemistry, 2022, 9: 814647.

[37] Tan Z, Zhang X, Wang L, et al. Sorption of tetracycline on H_2O_2-modified biochar derived from rape stalk[J]. Environmental Pollutants and Bioavailability, 2019, 31 (1): 198-207.

[38] Tatarchuk T, Soltys L, Macyk W. Magnetic adsorbents for removal of pharmaceuticals: A review of adsorption properties[J]. Journal of Molecular Liquids, 2023, 384: 122174.

[39] Thomas B, Shilpa E P, Alexander L K. Role of functional groups and morphology on the pH-dependent adsorption of a cationic dye using banana peel, orange peel, and neem leaf bio-adsorbents[J]. Emergent Materials, 2021, 4 (5): 1479-1487.

[40] Ton-That L, Huynh T N L, Duong B N, et al. Kinetic studies of the removal of methylene blue from aqueous solution by biochar derived from jackfruit peel[J]. Environmental Monitoring and Assessment, 2023, 195 (11): 1266.

[41] Ullah F, Ji G, Irfan M, et al. Adsorption performance and mechanism of cationic and anionic dyes by KOH activated biochar derived from medical waste pyrolysis[J]. Environmental Pollution, 2022, 314: 120271.

[42] Veerakumar P, Thanasekaran P, Lin K C, et al. Biomass derived sheet-like carbon/palladium nanocomposite: An excellent opportunity for reduction of toxic hexavalent chromium[J]. ACS Sustainable Chemistry & Engineering, 2017, 5 (6): 5302-5312.

[43] Wang J, Liu T L, Huang Q X, et al. Production and characterization of high quality activated carbon from oily sludge[J]. Fuel Processing Technology, 2017, 162: 13-19.

[44] Wang N, Peng L, Gu Y, et al. Insights into biodegradation of antibiotics during the biofilm--Based wastewater treatment processes[J]. Journal of Cleaner Production, 2023, 393: 136321.

[45] Wang Q, Yang M, Qi X, et al. A novel graphene oxide decorated with halloysite nanotubes (HNTs/GO) composite used for the removal of levofloxacin and ciprofloxacin in a wide pH range[J]. New Journal of Chemistry, 2021, 45 (39): 18315-18326.

[46] Wei X L, Fahlman M, Epstein A J. XPS study of highly sulfonated polyaniline[J]. Macromolecules, 1999, 32 (9): 3114-3117.

[47] Xiang Y, Xu Z, Wei Y, et al. Carbon-based materials as adsorbent for antibiotics removal: Mechanisms and influencing factors[J]. Journal of Environmental Management, 2019, 237: 128-138.

[48] Xu Z, He M, Xu X, et al. Impacts of different activation processes on the carbon stability of biochar for oxidation resistance[J]. Bioresource Technology, 2021, 338: 125555.

[49] Xu Z, Zhao D, Lu J, et al. Multiple roles of nanomaterials along with their based nanotechnologies in

the elimination and dissemination of antibiotic resistance[J]. Chemical Engineering Journal, 2023, 455: 140927.

[50] Yan L, Liu Y, Zhang Y, et al. ZnCl$_2$ modified biochar derived from aerobic granular sludge for developed microporosity and enhanced adsorption to tetracycline[J]. Bioresource Technology, 2020, 297: 122381.

[51] Yang C, Wu H, Zeng X, et al. Biochar derived from mild temperature carbonization of alkali-treated sugarcane bagasse for efficient adsorption to organic and metallic pollutants in water[J]. Biomass Conversion and Biorefinery, 2023, 13 (17): 15565-15576.

[52] Yang Z, Yang X, Wang T, et al. Oxygen-functionalized typha angustifolia biochars derived from various pyrolysis temperatures: Physicochemical properties, heavy metal capture behaviors and mechanism[J]. Colloids and Surfaces A: Physicochemical and Engineering Aspects, 2021, 628: 127259.

[53] Yao B, Luo Z, Du S, et al. Sustainable biochar/MgFe$_2$O$_4$ adsorbent for levofloxacin removal: Adsorption performances and mechanisms[J]. Bioresource Technology, 2021, 340: 125698.

[54] Yin P, Zhang L, Sun P, et al. Apium-derived biochar loaded with MnFe$_2$O$_4$ @ C for excellent low frequency electromagnetic wave absorption[J]. Ceramics International, 2020, 46 (9): 13641-13650.

[55] Yu C, Chen X, Li N, et al. Biomass ash pyrolyzed from municipal sludge and its adsorption performance toward tetracycline: Effect of pyrolysis temperature and KOH activation[J]. Environmental Science and Pollution Research, 2022, 29 (54): 81383-81395.

[56] Yu Y, Wang W, Shi J, et al. Enhanced levofloxacin removal from water using zirconium (IV) loaded corn bracts[J]. Environmental Science and Pollution Research, 2017, 24: 10685-10694.

[57] Zhang X, Zhen D, Liu F, et al. An achieved strategy for magnetic biochar for removal of tetracyclines and fluoroquinolones: Adsorption and mechanism studies[J]. Bioresource Technology, 2023, 369: 128440.

[58] Zhang Y, Xu J, Li B, et al. Enhanced adsorption performance of tetracycline in aqueous solutions by KOH-modified peanut shell-derived biochar[J]. Biomass Conversion and Biorefinery, 2023, 13: 15917-15931.

[59] Zhao C, Ma J, Li Z, et al. Highly enhanced adsorption performance of tetracycline antibiotics on KOH-activated biochar derived from reed plants[J]. RSC Advances, 2020, 10 (9): 5066-5076.

[60] Zhao H, Wang Z, Liang Y, et al. Adsorptive decontamination of antibiotics from livestock wastewater by using alkaline-modified biochar[J]. Environmental Research, 2023, 226: 115676.

[61] Zhao J, Dai Y. Tetracycline adsorption mechanisms by NaOH-modified biochar derived from waste

auricularia auricula dregs[J]. Environmental Science and Pollution Research，2022：1-11.

[62] Zhou H，Jiao G，Li X，et al. High capacity adsorption of oxytetracycline by lignin-based carbon with mesoporous structure：Adsorption behavior and mechanism[J]. International Journal of Biological Macromolecules，2023，234：123689.

[63] Zhou Y，Liu S，Liu Y，et al. Efficient removal 17-estradiol by graphene-like magnetic sawdust biochar：Preparation condition and adsorption mechanism[J]. International Journal of Environmental Research and Public Health，2020，17（22）：8377.